"十四五"职业教育国家规划教材

教育部高职高专推荐教材

"十二五"职业教育国家规划教材

经全国职业教育教材审定委员会审定

普通高等教育"十一五"国家级规划教材

新编21世纪高等职业教育精品教材

公共基础课系列

微积分

（第七版）

（各专业通用）

曹景龙　胡庆华　周誓达　编　著

中国人民大学出版社

·北京·

图书在版编目（CIP）数据

微积分：各专业通用/曹景龙，胡庆华，周誓达编著．--7版．--北京：中国人民大学出版社，2023.6
新编21世纪高等职业教育精品教材．公共基础课系列
ISBN 978-7-300-31763-2

Ⅰ.①微… Ⅱ.①曹…②胡…③周… Ⅲ.①微积分-高等职业教育-教材 Ⅳ.①O172

中国国家版本馆CIP数据核字（2023）第098247号

“十四五”职业教育国家规划教材
教育部高职高专推荐教材
“十二五”职业教育国家规划教材
经全国职业教育教材审定委员会审定
普通高等教育“十一五”国家级规划教材
新编21世纪高等职业教育精品教材·公共基础课系列
微积分（第七版）
（各专业通用）
曹景龙　胡庆华　周誓达　编著
Weijifen

出版发行	中国人民大学出版社		
社　　址	北京中关村大街31号	**邮政编码**	100080
电　　话	010－62511242（总编室）		010－62511770（质管部）
	010－82501766（邮购部）		010－62514148（门市部）
	010－62515195（发行公司）		010－62515275（盗版举报）
网　　址	http://www.crup.com.cn		
经　　销	新华书店		
印　　刷	北京溢漾印刷有限公司	**版　　次**	1994年6月第1版
开　　本	787 mm×1092 mm　1/16		2023年6月第7版
印　　张	12.5	**印　　次**	2024年12月第2次印刷
字　　数	290 000	**定　　价**	35.00元

第七版前言

本教材自 1994 年 6 月第一版出版，多年来得到全国高职高专院校师生的普遍认可和高度评价. 第一版于 1999 年被评为教育部高职高专推荐教材，第三版于 2006 年被评为普通高等教育“十一五”国家级规划教材，第四版于 2014 年被评为“十二五”职业教育国家规划教材.

现《微积分（第七版）》为了更加符合职业教育规律，推进“三教”改革，全面贯彻党的教育方针，落实立德树人的根本任务，以习近平新时代中国特色社会主义思想和中国共产党第二十次全国代表大会提出的“坚持问题导向”为指导，在第六版教材的基础上，增加了思维导图、教学目标、引导案例、拓展阅读、数学微启示育人微课等，引导学生树立正确的世界观、人生观和价值观，培养学生善于观察、勤于思考、勇于探索的科学精神和创新精神.

《微积分（第七版）》共分五章，介绍了实际工作所需要的一元微积分. 书首列有预备知识：初等数学小结，供不同基础的学生查阅和选用. 在每章前列出了本章知识思维导图. 教学目标包括知识目标、能力目标和素养目标，使学生清晰地了解“学什么、会什么、能解决什么问题、能养成什么素养、成为什么样的人”，从而使学习更加有的放矢，更有针对性. 思维导图是一种重要的学习工具，可以引导学生将抽象的数学内容形象地表达出来，使学生拥有清晰的知识脉络，对学习内容有整体的了解和把握. 书末列有后续内容：二元函数微分学与无穷级数，针对不同专业需求、不同学时安排及学有余力的学生选修开设.

本书着重讲解基本概念、基本理论及基本方法，借助于数学知识载体培养学生清晰思考、探索未知、追求真理的数学素养、思维能力和科学精神. 其特色如下：任务驱动，每章正文之前增加结合实际问题或者专业知识的引导案例，激发学生的学习兴趣，培养学生熟练的运算能力与解决实际问题的能力；正文之后增加了数学史、数学家等拓展阅读，融入了部分中国代表性数学家和数学成果，培养学生的数学素养和爱国情怀，扩大了学生的知识面；为适应教育数字化需求，增加了部分重要知识点的微课，便于学生随时随地扫码解惑，也便于教师开展混合式教学改革.

高职高专毕竟不同于大学本科，本着“打好基础，够用为度”的原则，本书去掉了对于实际工作并不急需的某些内容与某些定理的严格证明，而用较多篇幅详细讲述那些急需的内容，讲得流畅，讲得透彻，实现“在战术上以多胜少”的策略. 本书不求深、不求全，只求实用，重视在实际工作中的应用，体现“学必期于用”，注意与专业课接轨.

基础课毕竟不是专业课，本着“服务专业，兼顾数学体系”的育人原则，“有所为，必须有所不为”. 本书不盲目攀比难度，做到难易适当，深入浅出，举一反三，融会贯通，达到“跳一跳就能够着苹果”的效果. 本书在内容编排上做到前后呼应，使得前面的内容在后面都有归宿，后面的内容在前面都有伏笔，形象直观地说明问题，适当注意知识面的拓宽，实现“讲起来好讲，学起来好学”.

质量是教材的生命，质量是特色的反映，质量不过硬，教材就站不住脚. 本书在质量上坚持高标准，不但内容正确，而且编排科学合理，尤其在复合函数导数运算法则的讲解上、在不定积分第一换元积分法则与分部积分法则的论述上都有许多独到之处，便于理解与掌握. 衡量教材质量的一项重要标准是减少以至消灭差错，本书的内容都经过编者再三验算.

例题、习题是教材的窗口，集中展示了教学意图. 本书对例题、习题给予高度重视，例题、习题都经过精心设计与编选，它们与概念、理论、方法的讲述完全配套，其中除计算题、证明题及实际应用题外，尚有考查基本概念与基本运算技能的填空题与单项选择题. 填空题要求将正确答案直接填在空白处；单项选择题是指在四项备选答案中，只有一项备选答案是正确的，要求将正确备选答案前面的字母填在括号内. 书末附有全部习题答案，便于学生检查学习效果.

相信读者学习本书后会大有收获，并对学习微积分产生兴趣，快乐地学习微积分，增强学习信心，提高科学素养. 记得尊敬的老舍先生关于文学创作曾经说过：写什么固然重要，怎样写尤其重要. 这句至理名言对于编著教材同样具有指导意义，诚挚欢迎各位教师与广大读者提出宝贵意见，编者将不断改进与完善本书，坚持不懈地提高质量，突出自己的特色，更好地为教学第一线服务.

本教材在修订过程中得到了中国人民大学出版社的大力支持，特别是李丽虹编辑的关心与鼓励，在此表示感谢!

参加本教材修订工作的人员还有华北科技学院王涛副教授、北京电子科技职业学院闫琳静副教授。

为方便广大读者学习，本书配有辅导书《微积分学习指导》，它包括两部分内容：各章学习要点与全部习题详细解答，通过中国人民大学出版社网站供各位教师与广大读者免费下载使用，有意者登录 www. crup. com. cn 后输入书名“微积分（第七版)”即可获取.

编　者

本书特色

本书共分五章，介绍了实际工作所需要的一元微积分，书首列有预备知识“初等数学小结”，书末列有后继内容“二元函数微分学”与“无穷级数”. 本书着重讲解微积分的基本概念、基本理论及基本方法，培养学生熟练的运算能力与解决实际问题的能力.

本书密切结合实际工作的需要，充分注意逻辑思维的规律，突出重点，说理透彻，循序渐进，通俗易懂，在质量上坚持高标准.

本书第一版于 1999 年被评为教育部高职高专推荐教材，第三版于 2006 年被评为普通高等教育“十一五”国家级规划教材，第四版于 2014 年被评为“十二五”职业教育国家规划教材.

新编 21 世纪高等职业教育精品教材·公共基础课系列

微积分（第七版）

线性代数与概率率（第四版）

线性代数（第二版）

概率论（第四版）

简明微积分（第二版）

大学本科经济应用数学基础特色教材系列

微积分（第四版）

线性代数与线性规划（第四版）

概率论与数理统计（第四版）

本书配有学习指导

请登录 www.crup.com.cn 免费获取

目　录

引　论
微积分思路

高等数学是研究各个领域内数量关系与优化规律的科学,微积分是高等数学的基础.

微积分研究的对象是函数,主要是初等函数,研究的主要工具是极限.

微积分中最重要的基本概念是导数、微分、不定积分及定积分,最重要的基本运算是求导数与求不定积分.

应用微积分解决实际工作中函数的优化问题,是微积分的重要内容.

作为一元微积分的延续,二元微分学与无穷级数在实际工作中有着广泛的应用.

微积分的精髓在于:在变化中考察各量之间的关系.可以说,没有变化就没有微积分.因此,必须以变化的观点学习微积分.

微积分的创立和发展离不开两位时代巨匠牛顿与莱不尼兹的贡献.

牛顿(Newton,1642—1727),英国数学家、物理学家,一生在科学上的贡献巨大,是微积分的创始人之一,是经典力学的奠基者.在1665—1666年,创造性地总结与发展前人的研究成果,从运动学的研究中发现了微积分的一般方法,称为"流数术",提出三个重要的概念:流动量(连续变化的变量)、流动率(流动量的变化率)、瞬(刚刚产生的无限小的量),使得一切与变化率有关的问题有了统一的认识,直接揭示了原函数与导函数的可逆关系,同时应用流数术得到了隐函数的求导法则以及求曲线切线与拐点、函数最大值与最小值的一般方法.代表性著作是《自然哲学的数学原理》,其他著作还有《运用无限多项方程的分析》《流数法》《曲线求积术》等.

莱不尼兹(Leibniz,1646—1716),德国数学家,是微积分的创始人之一,并在微分方程、线性代数等方面都有重大成就.在1673—1677年,吸取与发展前人的学术成果,从几何学的研究中发现了微积分的一般方法,称为"微分法",注意到作为求和过程的积分是微分的逆过程,明确给出微分的定义,给出函数和、差、积、商的微分法则以及幂函数、对数函数、指数函数与复合函数的微分法则，论证了一阶微分形式的不变性，给出求函数极值与曲线拐点的方法，所使用的微分符号与积分符号由于精巧合理而被后世沿用下来；在无穷级数的研究中，给出了交错级数的莱不尼兹判别法则；在1694年，提出解一阶线性微分方程的常数变易法.主要著作有《一种求极大与极小值和求切线的新方法》《深奥的几何与不可分量及无限的分析》等.

牛顿和莱不尼兹在创立微积分过程中殊途同归，最终完成了创建微积分的盛业.

预备知识　初等数学小结

知识目标

- 了解区间的记号及常用的幂的运算关系式.
- 理解函数的概念及常用的几类基本初等函数的定义、图像和性质.
- 掌握一些常用的基本计算公式及计算方法.

能力目标

- 能建立简单现实问题的函数模型.
- 会求函数的定义域及函数值.
- 能画出常用的基本初等函数的图像.

素养目标

通过“预备知识”的学习和训练,教师要让学生明白:只有基础牢固,才能建起高楼大厦.激发学生重视基础知识的学习,让学生明白,做人不仅要仰望星空,更要脚踏实地的道理.

本章知识思维导图

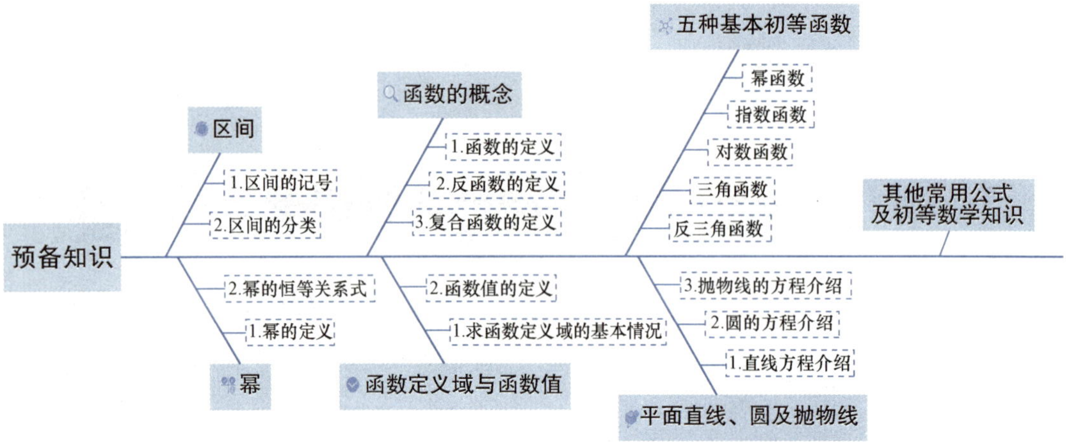

微积分是以初等数学作为基础的,学习微积分必须熟练掌握下列初等数学知识.

1. 区间

全体实数与数轴上的全体点一一对应,因此不严格区别数与点:实数 x 代表数轴上点 x,数轴上点 x 也代表实数 x.

在表示数值范围时,经常采用区间记号. 已知数 a 与 b,且 $a<b$,则开区间

$$(a,b)=\{x \mid a<x<b\}$$

闭区间

$$[a,b]=\{x \mid a\leqslant x\leqslant b\}$$

半开区间

$$(a,b]=\{x \mid a<x\leqslant b\}$$

$$[a,b)=\{x \mid a\leqslant x<b\}$$

上述三类区间是有穷区间,点 a 称为左端点,点 b 称为右端点. 此外还有无穷区间:

$$(-\infty,b)=\{x \mid x<b\}$$

$$(-\infty,b]=\{x \mid x\leqslant b\}$$

$$(a,+\infty)=\{x \mid x>a\}$$

$$[a,+\infty)=\{x \mid x\geqslant a\}$$

$$(-\infty,+\infty)=\{x \mid x\text{ 为实数}\}$$

数学微启示

由幂的运算引发的思考:不积跬步无以至千里

2. 幂

数学表达式 a^b 称为幂,其中 a 称为底,b 称为指数. 当指数取值为有理数时,相应幂的表达式表示为

$$a^n=\underbrace{a\,a\cdots a}_{n\text{个}}\quad(n\text{ 为正整数})$$

$$a^{-n}=\frac{1}{a^n}\quad(a\neq 0,n\text{ 为正整数})$$

$$a^0=1\quad(a\neq 0)$$

$$a^{\frac{m}{n}} = \sqrt[n]{a^m} = (\sqrt[n]{a})^m \quad (a \geqslant 0, m, n \text{ 为互质正整数，且 } n > 1)$$

$$a^{-\frac{m}{n}} = \frac{1}{\sqrt[n]{a^m}} = \frac{1}{(\sqrt[n]{a})^m} \quad (a > 0, m, n \text{ 为互质正整数，且 } n > 1)$$

在等号两端皆有意义的条件下，幂恒等关系式为

(1)$a^{b_1} a^{b_2} = a^{b_1 + b_2}$

(2)$\dfrac{a^{b_1}}{a^{b_2}} = a^{b_1 - b_2}$

(3)$(a^{b_1})^{b_2} = a^{b_1 b_2}$

(4)$(a_1 a_2)^b = a_1^b a_2^b$

(5)$\left(\dfrac{a_1}{a_2}\right)^b = \dfrac{a_1^b}{a_2^b}$

3. 函数的概念

函数的概念

定义预.1　已知变量 x 与 y，当变量 x 任取一个属于某个非空实数集合 D 的数值时，若变量 y 符合对应规则 f 的取值恒为唯一确定的实数值与之对应，则称对应规则 f 表示变量 y 为 x 的函数，记作

$$y = f(x)$$

其中变量 x 称为自变量，自变量 x 的取值范围 D 称为函数定义域；函数 y 也称为因变量，函数 y 的取值范围称为函数值域，记作 G；对应规则 f 也称为对应关系或函数关系.

若函数 $f(x)$ 的定义域为 D，又区间 $I \subset D$，则称函数 $f(x)$ 在定义域 D 或区间 I 上有定义.

考虑对应规则 $y^2 = x$，无论变量 x 取任何正实数，变量 y 恒有两个实数值与之对应，因此对应规则 $y^2 = x$ 不表示变量 y 为 x 的函数，但是可以限制变量 y 的取值范围为 $y \leqslant 0$ 或 $y \geqslant 0$，而使得它分别代表函数 $y = -\sqrt{x}$ 与 $y = \sqrt{x}$.

函数关系的表示方法有公式法、列表法及图形法，在应用公式法表示函数关系时，函数表达式主要有显函数 $y = f(x)$ 与隐函数即由方程式 $F(x, y) = 0$ 确定变量 y 为 x 的函数.

定义预.2　已知函数 $y = f(x)$，从表达式 $y = f(x)$ 出发，经过代数恒等变形，将变量 x 表示为 y 的表达式，若这个对应规则表示变量 x 为 y 的函数，则称它为函数 $y = f(x)$ 的反函数，记作

$$x = f^{-1}(y)$$

如果函数 $y = f(x)$ 存在反函数 $x = f^{-1}(y)$，则反函数 $x = f^{-1}(y)$ 也存在反函数 $y = f(x)$，因此函数 $y = f(x)$ 与 $x = f^{-1}(y)$ 互为反函数.

定义预.3　已知函数 $y = f(u)$ 的定义域为 U_1，函数 $u = u(x)$ 的值域为 U_2，若交集 $U_1 \cap U_2$ 非空集，则称变量 y 为 x 的复合函数，记作

$$y = f(u(x))$$

其中变量 x 称为自变量，变量 u 称为中间变量，复合函数 y 也称为因变量.

只有一个自变量的函数称为一元函数,有两个自变量的函数称为二元函数.

求函数的定义域

4. 函数定义域与函数值

对于并未说明实际背景的函数表达式,若没有指明自变量的取值范围,则求函数定义域的基本情况只有四种:

(1) 对于分式$\dfrac{1}{P(x)}$,要求分母 $P(x)\neq 0$;

(2) 对于偶次根式$\sqrt[2n]{Q(x)}$(n 为正整数),要求被开方式 $Q(x)\geqslant 0$;

(3) 对于对数式 $\log_a R(x)(a>0,a\neq 1)$,要求真数 $R(x)>0$;

(4) 对于反正弦式 $\arcsin S(x)$ 与反余弦式 $\arccos S(x)$,要求正弦式或余弦式 $S(x)$ 满足不等式组 $-1\leqslant S(x)\leqslant 1$.

求函数定义域的方法是:观察所给函数表达式是否含上述四种基本情况.如果函数表达式含上述四种基本情况中的一种或多种,则解相应的不等式或不等式组,得到函数定义域;如果函数表达式不含上述四种基本情况中的任何一种,则说明对自变量取值没有任何限制,所以函数定义域为全体实数,即 $D=(-\infty,+\infty)$.

已知函数 $y=f(x)$,当自变量 x 取一个属于定义域 D 的具体数值 x_0 时,它对应的函数 y 值称为函数 $y=f(x)$ 在点 $x=x_0$ 处的函数值,记作 $y\Big|_{x=x_0}$ 或 $f(x_0)$,这意味着在函数 $y=f(x)$ 的表达式中,自变量 x 用数 x_0 代入所得到的数值就是函数值 $y\Big|_{x=x_0}$ 即 $f(x_0)$.

有时为了简化函数记号,函数关系也可以记作 $y=y(x)$,其中等号左端的记号 y 表示函数值,等号右端的记号 y 表示对应规则.

在平面直角坐标系中,一元函数的图形通常是一条平面曲线,称为函数曲线.

5. 幂函数

在幂的表达式中,若底为变量 x,而指数为常数 α,则称函数 $y=x^\alpha$ 为幂函数.当然有

$$\frac{1}{x}=x^{-1}$$

$$\frac{1}{x^2}=x^{-2}$$

$$\frac{1}{x^{10}}=x^{-10}$$

$$\sqrt{x}=x^{\frac{1}{2}}$$

$$\sqrt{x^3}=x^{\frac{3}{2}}$$

$$\sqrt[3]{x}=x^{\frac{1}{3}}$$

$$\frac{1}{\sqrt{x}}=x^{-\frac{1}{2}}$$

幂函数 $y=x,y=x^2,y=\dfrac{1}{x}$ 及 $y=\sqrt{x}$ 的图形如图预-1.

6. 指数函数

在幂的表达式中,若底为常数 $a(a>0,a\neq 1)$,而指数为变量 x,则称函数 $y=a^x$ 为指数

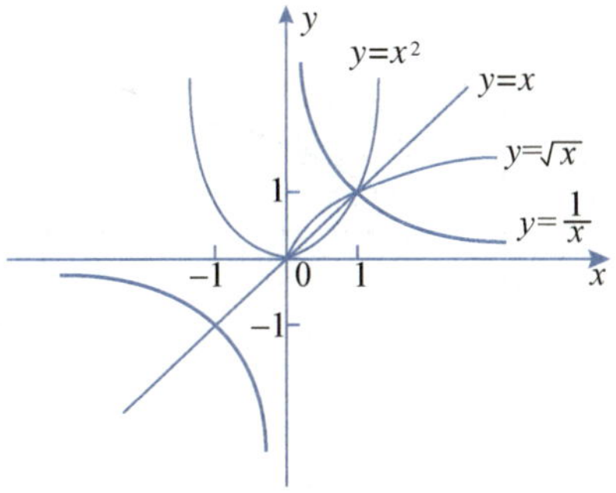

图预-1

函数.

指数函数 $y=a^x(a>1)$ 的图形如图预-2.

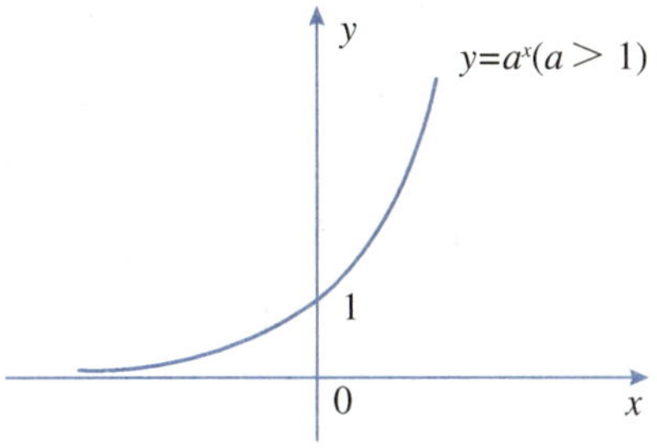

图预-2

7. 对数函数

若 $a^y=x(a>0,a\neq 1)$，则将 y 表示为 $\log_a x$，称函数 $y=\log_a x$ 为对数函数，其中 a 称为底，x 称为真数，y 称为对数. 指数式 $a^y=x$ 与对数式 $\log_a x=y$ 是表示 a,x,y 三者同一关系的不同表示方法，这两种形式可以互相转化. 以 10 为底的对数称为常用对数，变量 x 的常用对数记作 $\lg x$，即 $\lg x=\log_{10} x$.

根据对数函数与指数函数的关系，再根据反函数的定义，可知对数函数 $y=\log_a x$ 的反函数为指数函数 $x=a^y(a>0,a\neq 1)$.

特殊的对数函数值为真数取值等于 1 或底时的对数值，即

$$\log_a 1=0$$

$$\log_a a=1$$

在等号两端皆有意义的条件下，对数恒等关系式为

(1) $\log_a x_1x_2=\log_a x_1+\log_a x_2$

(2) $\log_a \dfrac{x_1}{x_2}=\log_a x_1-\log_a x_2$

(3) $\log_a x^\alpha=\alpha\log_a x$

对数函数 $y=\log_a x(a>1)$ 的图形如图预-3.

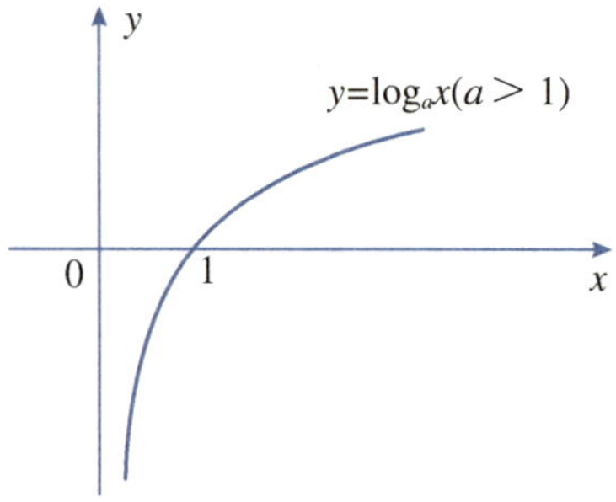

图预-3

8. 三角函数

以弧度作为度量角的单位时,"弧度"二字经常省略不写,弧度与度的换算关系为:π 弧度 $=180°$,从而得到:0 弧度 $=0°$,$\frac{\pi}{6}$ 弧度 $=30°$,$\frac{\pi}{4}$ 弧度 $=45°$,$\frac{\pi}{3}$ 弧度 $=60°$,$\frac{\pi}{2}$ 弧度 $=90°$. 角 x 的正弦、余弦、正切、余切、正割及余割函数统称为三角函数,分别表示为 $y=\sin x$,$y=\cos x$,$y=\tan x$,$y=\cot x$,$y=\sec x$ 及 $y=\csc x$.

特别当角 x 为锐角时,其三角函数可以用直角三角形有关两条边的比值表示,如图预-4,在 Rt$\triangle ABC$ 中,设锐角 x 的对边为 a,邻边为 b,斜边为 c,当然斜边 $c=\sqrt{a^2+b^2}$,则有

$$\sin x=\frac{\text{对边}}{\text{斜边}}=\frac{a}{c}$$

$$\cos x=\frac{\text{邻边}}{\text{斜边}}=\frac{b}{c}$$

$$\tan x=\frac{\text{对边}}{\text{邻边}}=\frac{a}{b}$$

$$\cot x=\frac{\text{邻边}}{\text{对边}}=\frac{b}{a}$$

$$\sec x=\frac{\text{斜边}}{\text{邻边}}=\frac{c}{b}$$

$$\csc x=\frac{\text{斜边}}{\text{对边}}=\frac{c}{a}$$

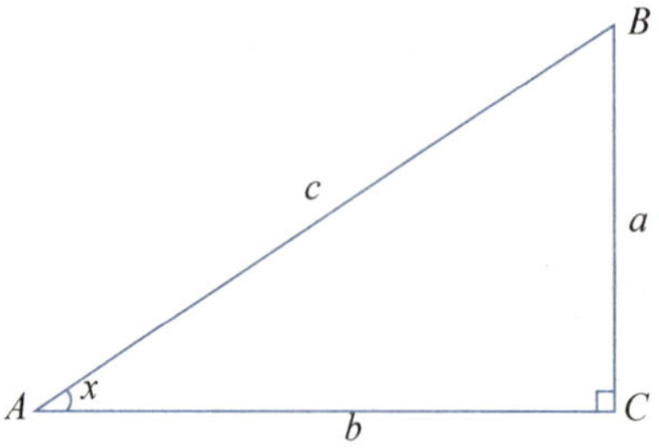

图预-4

特殊角的正弦函数值、余弦函数值及正切函数值列表如表预-1.

表预-1

x	0	$\frac{\pi}{6}$	$\frac{\pi}{4}$	$\frac{\pi}{3}$	$\frac{\pi}{2}$	π	2π
$\sin x$	0	$\frac{1}{2}$	$\frac{\sqrt{2}}{2}$	$\frac{\sqrt{3}}{2}$	1	0	0
$\cos x$	1	$\frac{\sqrt{3}}{2}$	$\frac{\sqrt{2}}{2}$	$\frac{1}{2}$	0	-1	1
$\tan x$	0	$\frac{\sqrt{3}}{3}$	1	$\sqrt{3}$	不存在	0	0

在等号两端皆有意义的条件下，同角三角函数恒等关系式主要有

(1)$\tan x = \dfrac{\sin x}{\cos x}$

(2)$\cot x = \dfrac{\cos x}{\sin x}$

(3)$\tan x \cot x = 1$

(4)$\sec x = \dfrac{1}{\cos x}$

(5)$\csc x = \dfrac{1}{\sin x}$

(6)$\sin^2 x + \cos^2 x = 1$

(7)$1 + \tan^2 x = \sec^2 x$

(8)$1 + \cot^2 x = \csc^2 x$

异角三角函数恒等关系式中有

(1)$\sin(-x) = -\sin x$

(2)$\cos(-x) = \cos x$

正弦函数 $y = \sin x$ 的图形如图预-5.

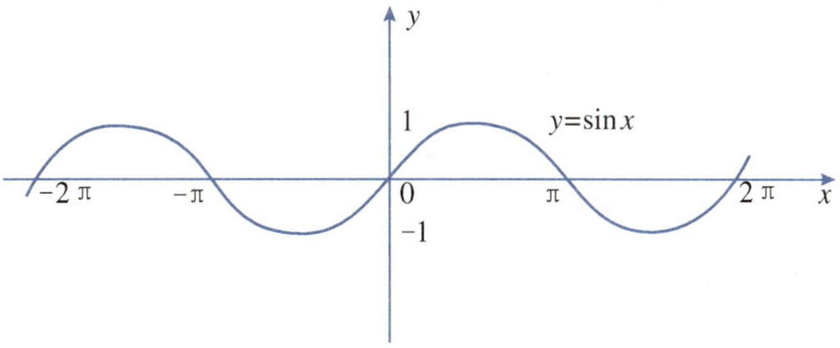

图预-5

9. 反三角函数

若 $\sin y = x\left(-\dfrac{\pi}{2} \leqslant y \leqslant \dfrac{\pi}{2}\right)$，则将 y 表示为 $\arcsin x$，称函数 $y = \arcsin x$ 为反正弦函数；

若 $\cos y = x(0 \leqslant y \leqslant \pi)$，则将 y 表示为 $\arccos x$，称函数 $y = \arccos x$ 为反余弦函数；

若 $\tan y = x\left(-\frac{\pi}{2} < y < \frac{\pi}{2}\right)$,则将 y 表示为 $\arctan x$,称函数 $y = \arctan x$ 为反正切函数;

若 $\cot y = x(0 < y < \pi)$,则将 y 表示为 $\text{arccot}\, x$,称函数 $y = \text{arccot}\, x$ 为反余切函数.

上述函数统称为反三角函数.

根据反三角函数与三角函数的关系,再根据反函数的定义,可知反正弦函数 $y = \arcsin x$ 的反函数为正弦函数 $x = \sin y\left(-\frac{\pi}{2} \leqslant y \leqslant \frac{\pi}{2}\right)$,反正切函数 $y = \arctan x$ 的反函数为正切函数 $x = \tan y\left(-\frac{\pi}{2} < y < \frac{\pi}{2}\right)$.

特殊的反正弦函数值与反正切函数值列表如表预-2.

表预-2

x	0	$\frac{1}{2}$	1	$\sqrt{3}$
$\arcsin x$	0	$\frac{\pi}{6}$	$\frac{\pi}{2}$	无意义
$\arctan x$	0		$\frac{\pi}{4}$	$\frac{\pi}{3}$

反正切函数 $y = \arctan x$ 的图形如图预-6.

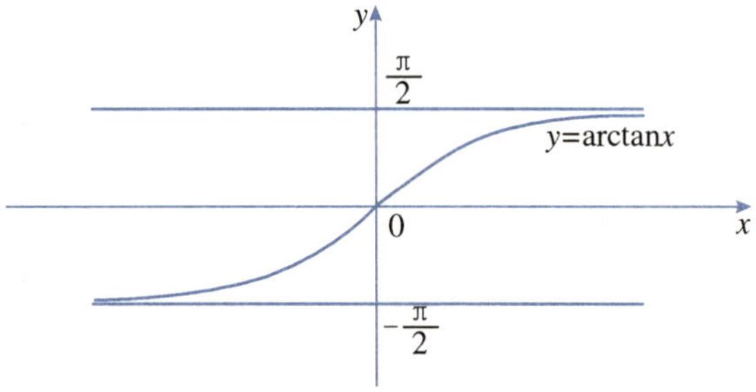

图预-6

10. 平面直线、圆及抛物线

在平面直角坐标系 Oxy 中,方程式

$$ax + by + c = 0 \quad (a, b\text{ 不同时为 }0)$$

代表直线. 特别地,方程式 $y = y_0(y_0 \neq 0)$ 代表经过点$(0, y_0)$ 且平行于 x 轴的直线,方程式 $y = 0$ 代表 x 轴;方程式 $x = x_0(x_0 \neq 0)$ 代表经过点$(x_0, 0)$ 且平行于 y 轴即垂直于 x 轴的直线,方程式 $x = 0$ 代表 y 轴. 经过点$M_0(x_0, y_0)$ 且斜率为 k 的直线方程的点斜式为

$$y - y_0 = k(x - x_0)$$

存在斜率的两条直线平行意味着斜率相等.

在平面直角坐标系 Oxy 中,方程式

$$x^2 + y^2 = r^2 \quad (r > 0)$$

代表圆心在原点、半径为 r 的圆. 特别地，方程式 $y=-\sqrt{r^2-x^2}$ 代表下半圆，方程式 $y=\sqrt{r^2-x^2}$ 代表上半圆.

在平面直角坐标系 Oxy 中，方程式

$$y=ax^2 \quad (a\neq 0)$$

代表顶点在原点、对称于 y 轴的抛物线. 若系数 $a<0$，则开口向下；若系数 $a>0$，则开口向上.

11. 其他

(1) 完全平方与立方

$$(a+b)^2=a^2+2ab+b^2$$

$$(a-b)^2=a^2-2ab+b^2$$

$$(a+b)^3=a^3+3a^2b+3ab^2+b^3$$

$$(a-b)^3=a^3-3a^2b+3ab^2-b^3$$

(2) 因式分解

$$a^2-b^2=(a+b)(a-b)$$

$$a^3+b^3=(a+b)(a^2-ab+b^2)$$

$$a^3-b^3=(a-b)(a^2+ab+b^2)$$

$$x^2+(m+n)x+mn=(x+m)(x+n)$$

(3) 有理化因式

无理式 $\sqrt{a}-\sqrt{b}$ 与 $\sqrt{a}+\sqrt{b}$ 互为有理化因式，有

$$(\sqrt{a}-\sqrt{b})(\sqrt{a}+\sqrt{b})=a-b$$

(4) 阶乘

前 n 个正整数的连乘积称为 n 的阶乘，记作

$$n!=n(n-1)\cdot\cdots\cdot 1 \quad (n\text{ 为正整数})$$

并规定 $0!=1$.

(5) 绝对值

实数 x 的绝对值

$$|x|=\begin{cases}-x, & x<0\\ x, & x\geqslant 0\end{cases}$$

对于任何实数 x 都有关系式 $\sqrt{x^2}=|x|$. 当然，当 $x\geqslant 0$ 时，才有关系式 $\sqrt{x^2}=x$.

(6) 一元二次方程式

一元二次方程式 $(x-x_1)(x-x_2)=0$ 的根为 $x=x_1, x=x_2$.

(7) 一元二次不等式

一元二次不等式 $(x-x_1)(x-x_2)\geqslant 0\ (x_1<x_2)$ 的解为 $x\leqslant x_1$ 或 $x\geqslant x_2$；

一元二次不等式 $(x-x_1)(x-x_2)\leqslant 0\ (x_1<x_2)$ 的解为 $x_1\leqslant x\leqslant x_2$.

学习微积分还应了解下列初等数学知识.

1. n 方差

$$a^n-b^n=(a-b)(a^{n-1}+a^{n-2}b+\cdots+ab^{n-2}+b^{n-1}) \quad (n\text{ 为正整数})$$

2. 对数换底

$$\log_a b = \frac{1}{\log_b a}$$

3. 三角函数和差化积

$$\sin\alpha - \sin\beta = 2\sin\frac{\alpha-\beta}{2}\cos\frac{\alpha+\beta}{2}$$

$$\cos\alpha - \cos\beta = -2\sin\frac{\alpha-\beta}{2}\sin\frac{\alpha+\beta}{2}$$

4. 反三角函数基本关系

$$\arcsin x + \arccos x = \frac{\pi}{2}$$

$$\arctan x + \text{arccot}\, x = \frac{\pi}{2}$$

5. 等比数列的前 n 项和

首项 $a \neq 0$,公比 $q \neq 1$ 的等比数列

$$a, aq, aq^2, \cdots, aq^{n-1}, \cdots$$

的前 n 项和

$$S_n = a + aq + aq^2 + \cdots + aq^{n-1} = \frac{a(1-q^n)}{1-q}$$

6. 最大、最小及总和记号

已知 n 个实数 $x_1, x_2, \cdots, x_n$,它们中的最大者记作 $\max\{x_1, x_2, \cdots, x_n\}$,最小者记作 $\min\{x_1, x_2, \cdots, x_n\}$,它们的总和记作 $\sum_{i=1}^{n} x_i = x_1 + x_2 + \cdots + x_n$.

7. 逻辑推理

若命题A成立必然得到命题B成立,则称命题A为命题B的充分条件,或称命题B为命题A的必要条件.

若命题A成立必然得到命题B成立,且命题B成立也必然得到命题A成立,则称命题A为命题B的充分必要条件,或称命题B为命题A的充分必要条件,这意味着命题A等价于命题B.

[拓展阅读]

李善兰与函数

李善兰(1811—1882),原名李心兰,字竟芳,号秋纫,别号壬叔.中国近代著名的数学家、天文学家、力学家和植物学家.李善兰自幼受到了良好的教育.他在数学方面很有天赋,九岁时第一次接触到《九章算术》,从此迷上了数学,后又自学欧几里得《几何原本》,年仅30岁便获得创造性数学成果.其实相比于当时国际上数学领域的发展,李善兰的研究并不突出,但是在当时的中国,他的创造性研究使得近代中国数学与高等数学接轨,对中国近代数学

的发展而言非常重要.李善兰的成果中最为重要的“李善兰恒等式”是组合数学中的一个恒等式,于1859年在《垛积比类》一书中首次提出,也是中国近代史上唯一一个被国际数学界以中国人的名字命名的数学公式,是“十九世纪中国数学界最大成就”.他在西方近代数学传入之前独创尖锥术,相当于得出定积分公式.

“函数”一词是转译词,是李善兰在《代数学》的译本(1859)中,把“function”译成“函数”,“凡式中有天,为天之函数”.我国古代以天、地、人、物表示未知数(如x、y、z),所以这个函数的定义相当于:若一式中含有x,则称为关于x的函数.“函”和“含”在我国古代可以通用,“函”有着包含的意思,所以“函数”是指公式中含有变量的意思.

第一章　函数与极限

知识目标

- 了解复合函数的概念及分段函数的概念.
- 理解函数的性质、极值与最值的概念.
- 理解极限的概念及无穷小量、无穷大量的概念.
- 理解连续的概念及性质.
- 掌握极限的四则运算法则及两个重要的极限.

能力目标

- 能熟练分解复合函数.
- 能熟练建立几何与经济方面的函数关系式并计算出其定义域.
- 能理解极限思想方法，认识有限与无限、量变与质变、离散与连续的对立统一关系，增强辩证思维能力.
- 能熟练利用恒等变形及基本运算法则计算极限.
- 能利用第二个重要极限解决连续复利问题.
- 能熟练判断函数在某点处的连续性.

素养目标

通过“函数与极限”的学习和训练，教师要让学生了解我国古代极限思想和实质，从有限中认识无限，从量变中认识质变，从离散中认识连续的思想方法，激发学生勇于探索、锲而不舍的精神. 理解习近平总书记提到的“养小德才能成大德”，引导学生明白中华传统文化“连绵不绝”的传承给我们带来的巨大价值.

本章知识思维导图

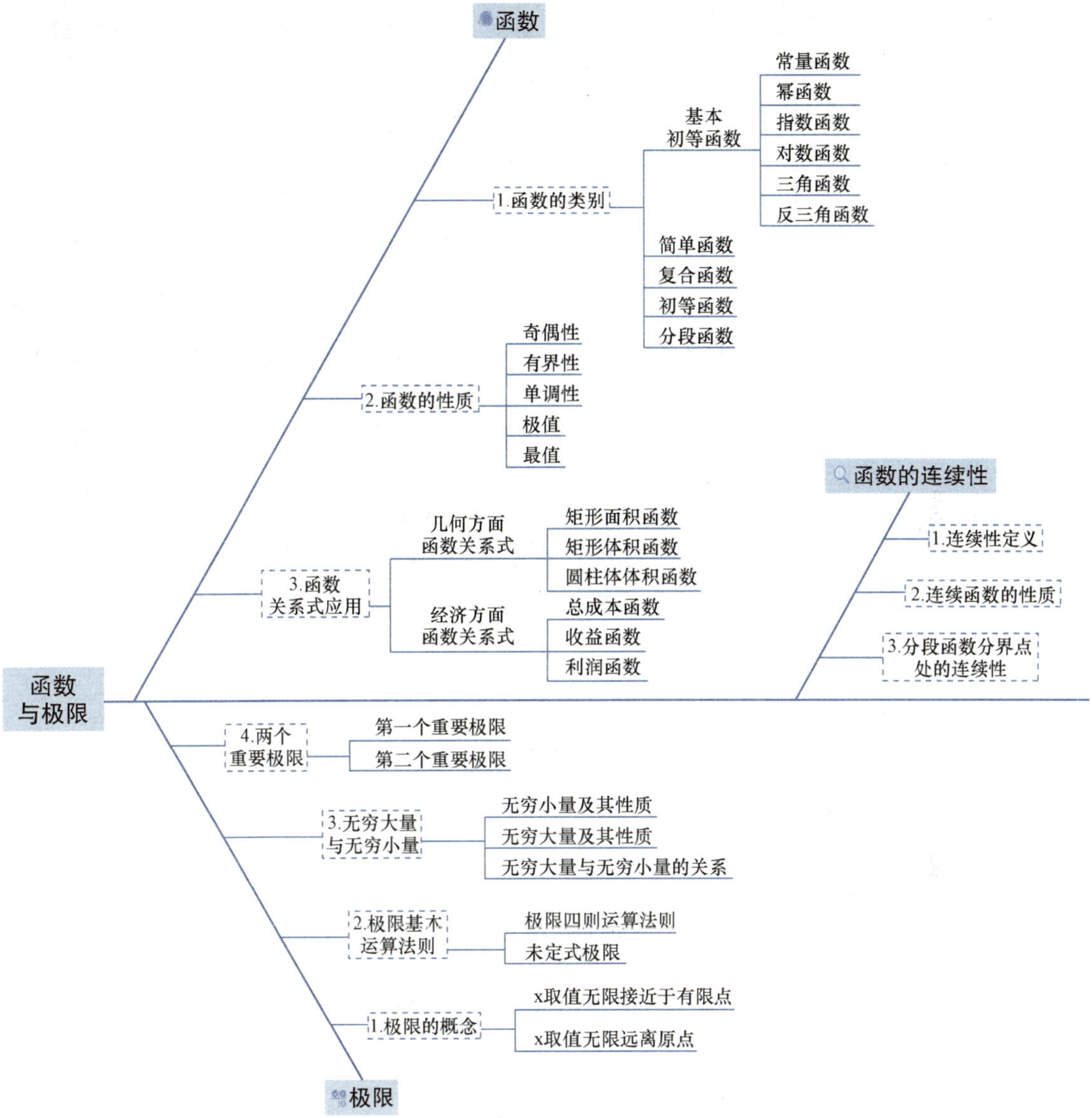

【引导案例】

个人所得税问题

2019年1月1日起施行新修改的《中华人民共和国个人所得税法》，对于工资薪金所得计税时适用新的基本减除费用标准（5 000元／月）．个人所得税税率表（综合所得适用）如下：

个人所得税税率表（综合所得适用）

级数	全年应纳税所得额	税率(%)	速算扣除数
1	不超过36 000元	3	0

续表

级数	全年应纳税所得额	税率(%)	速算扣除数
2	超过 36 000 元至 144 000 元的部分	10	2 520
3	超过 144 000 元至 300 000 元的部分	20	16 920
4	超过 300 000 元至 420 000 元的部分	25	31 920
5	超过 420 000 元至 660 000 元的部分	30	52 920
6	超过 660 000 元至 960 000 元的部分	35	85 920
7	超过 960 000 元的部分	45	181 920

即新个税计算方法:若全年应纳税所得额在 0 ~ 36 000 元,税率为 3%;若全年应纳税所得额在 36 000 ~ 144 000 元,税率为 10%…….若工资薪金个人全年应纳税所得额为 x 元,请写出个人所得税金额 y 与 x 之间的关系.以北京地区为例,某公司小王每月工资中应纳税额 10 000.00 元,计算他应缴纳多少个人所得税.

分析:当一个人的工资薪金确定以后,按照上面的计算方法,就可以计算出相应的个人纳税额,其本质是:当一个变量在某一范围内取定一个数值时,按照某种确定的对应法则,可求得另一个变量的唯一一个确定值与之对应,由此可引入函数概念、分段函数概念及分段函数在某点处的函数值的计算方法.

§1.1 函数的类别与基本性质

首先讨论基本初等函数,它共有六大类.

1. 常量函数 $y = c$ (c 为常数)

属于这一类的函数有无穷多个,它们的定义域 $D = (-\infty, +\infty)$.

2. 幂函数 $y = x^\alpha$ (α 为常数)

属于这一类的函数有无穷多个,它们的定义域 D 与指数 α 的值有关,但无论指数 α 的值等于多少,恒有 $D \supset (0, +\infty)$.

3. 指数函数 $y = a^x$ ($a > 0, a \neq 1$)

属于这一类的函数有无穷多个,它们的定义域 $D = (-\infty, +\infty)$.

4. 对数函数 $y = \log_a x$ ($a > 0, a \neq 1$)

属于这一类的函数有无穷多个,它们的定义域 $D = (0, +\infty)$.

5. 三角函数

属于这一类的函数有六个,主要是四个:

正弦函数 $y = \sin x$,定义域 $D = (-\infty, +\infty)$;

余弦函数 $y = \cos x$,定义域 $D = (-\infty, +\infty)$;

正切函数 $y = \tan x$,定义域 $D \supset \left(-\frac{\pi}{2}, \frac{\pi}{2}\right)$;

余切函数 $y = \cot x$,定义域 $D \supset (0, \pi)$.

此外尚有正割函数 $y = \sec x$ 与余割函数 $y = \csc x$.在本门课程中,一律以弧度作为度量角的单位.

6. 反三角函数

属于这一类的函数也有六个，主要是四个：

反正弦函数 $y = \arcsin x$，定义域 $D = [-1,1]$，值域 $G = \left[-\frac{\pi}{2},\frac{\pi}{2}\right]$；

反余弦函数 $y = \arccos x$，定义域 $D = [-1,1]$，值域 $G = [0,\pi]$；

反正切函数 $y = \arctan x$，定义域 $D = (-\infty,+\infty)$，值域 $G = \left(-\frac{\pi}{2},\frac{\pi}{2}\right)$；

反余切函数 $y = \operatorname{arccot} x$，定义域 $D = (-\infty,+\infty)$，值域 $G = (0,\pi)$.

基本初等函数经过有限次四则运算得到的函数称为简单函数.

考虑函数 $y = f(x)$，自变量取值皆属于定义域，在属于定义域的点 x_0 处，当自变量有了改变量 $\Delta x \neq 0$，即自变量取值从 x_0 变化到 $x_0 + \Delta x$，这时相应的函数值从 $f(x_0)$ 变化到 $f(x_0+\Delta x)$，因而函数也有了改变量，函数改变量记作

$$\Delta y = f(x_0 + \Delta x) - f(x_0)$$

一般地，对于函数 $y = f(x)$，在属于定义域的任意点 x 处，若自变量有了改变量 $\Delta x \neq 0$，则函数改变量为

$$\Delta y = f(x + \Delta x) - f(x)$$

特别对于常量函数 $f(x) = c$（c 为常数），函数改变量为

$$f(x + \Delta x) - f(x) = c - c = 0$$

在进行微积分运算时，有时需要分解复合函数.分解自变量为 x 的复合函数 y 是指：令中间变量 u 等于复合函数 y 中作最后数学运算的表达式，将复合函数 y 分解为基本初等函数 $y = f(u)$ 与函数 $u = u(x)$.若函数 $u(x)$ 为基本初等函数或简单函数，则分解终止；若函数 $u(x)$ 仍为复合函数，则继续分解复合函数 $u(x)$.

例 1　分解复合函数 $y = \sqrt{1-x^2}$.

解：这个复合函数中最后的数学运算是表达式 $1 - x^2$ 作为被开方式求平方根运算，因而令中间变量 $u = 1 - x^2$，所以复合函数 $y = \sqrt{1-x^2}$ 分解为

$$y = \sqrt{u} \text{ 与 } u = 1 - x^2$$

例 2　分解复合函数 $y = \lg\lg x$.

解：这个复合函数中最后的数学运算是表达式 $\lg x$ 作为真数取对数运算，因而令中间变量 $u = \lg x$，所以复合函数 $y = \lg\lg x$ 分解为

$$y = \lg u \text{ 与 } u = \lg x$$

例 3　分解复合函数 $y = \cos^4 5x$.

解：这个复合函数中最后的数学运算是表达式 $\cos 5x$ 作为底求幂运算，因而令中间变量 $u = \cos 5x$，所以复合函数 $y = \cos^4 5x$ 分解为

$$y = u^4 \text{ 与 } u = \cos 5x$$

但函数 $u = \cos 5x$ 仍为复合函数，这个复合函数中最后的数学运算是表达式 $5x$ 作为角度求余弦运算，再令中间变量 $v = 5x$，继续将复合函数 $u = \cos 5x$ 分解为

$$u = \cos v \text{ 与 } v = 5x$$

为了微积分运算的需要，有的简单函数可以看作是复合函数而进行分解，如简单函数 $y = (1 + x^3)^{10}$ 是 30 次多项式，分解为 $y = u^{10}$ 与 $u = 1 + x^3$；简单函数 $y = 10^{-x}$ 是分式 $\frac{1}{10^x}$，

分解为 $y=10^u$ 与 $u=-x$.

其次给出初等函数的定义.

定义 1.1 若函数是由基本初等函数经过有限次的四则运算与有限次的复合运算构成的,且用一个数学表达式表示,则称这样的函数为初等函数.

除初等函数外,还有分段函数.

定义 1.2 已知函数定义域被分成有限个区间,若在各个区间上表示对应规则的数学表达式一样,但单独定义各个区间公共端点处的函数值;或者在各个区间上表示对应规则的数学表达式不完全一样,则称这样的函数为分段函数.

其中定义域所分成的有限个区间称为分段区间,分段区间的公共端点称为分界点,同时假定分段函数在各个分段区间上的对应规则都是初等函数表达式.

如何计算分段函数的函数值?观察分段函数在各分段区间上的对应规则与在各分界点处的取值,明确所给自变量取值属于哪个分段区间或分界点,再用该分段区间上的数学表达式计算函数值或等于该分界点处的函数取值. 如分段函数

$$f(x)=\begin{cases}3x-1, & x<1\\ x^2+1, & x\geqslant 1\end{cases}$$

在点 $x=0$ 处的函数值 $f(0)=3\times 0-1=-1$,在点 $x=1$ 处的函数值 $f(1)=1^2+1=2$.

案例解决:设工资薪金个人全年应纳税所得额为 x 元,则个人所得税金额 y 与 x 之间的关系为

$$y=\begin{cases}0.03x,\ x\leqslant 36\ 000\\ 0.1x-2\ 520, 36\ 000<x\leqslant 144\ 000\\ 0.2x-16\ 920, 144\ 000<x\leqslant 300\ 000\\ 0.25x-31\ 920, 300\ 000<x\leqslant 420\ 000\\ 0.3x-52\ 920, 420\ 000<x\leqslant 660\ 000\\ 0.35x-85\ 920, 660\ 000<x\leqslant 960\ 000\\ 0.45x-181\ 920, x>960\ 000\end{cases}$$

已知小王每月工资中应纳税额 10 000 元,则年薪为 120 000 元

$\because 120\ 000\in(36\ 000, 144\ 000]$

$\therefore$ 把 120 000 代入上面函数表达式 $y=0.1x-2520$

得 $y=9\ 480$,故小王应缴纳个税为 9 480 元.

可见,分段函数可以让工作做得更细致,分段缴税,也是为了缩小贫富差距.

类似的分段应用还有很多,如水、电、天然气、出租车等的分段计价,可以有效抑制浪费,养成节约的好习惯.

最后讨论函数的基本性质,函数的基本性质主要有五种:

1. 奇偶性

定义 1.3 已知函数 $f(x)$ 的定义域为 D,对于任意点 $x\in D$,若恒有 $f(-x)=-f(x)$,

则称函数 $f(x)$ 为奇函数；若恒有 $f(-x)=f(x)$，则称函数 $f(x)$ 为偶函数.

奇函数的图形对称于原点，偶函数的图形对称于纵轴.

当然，许多函数既不是奇函数，也不是偶函数，称为非奇非偶函数.

例 4 判断函数 $f(x)=x^2\sin x$ 的奇偶性.

解：由于关系式

$$f(-x)=(-x)^2\sin(-x)=-x^2\sin x=-f(x)$$

所以函数 $f(x)=x^2\sin x$ 为奇函数.

例 5 判断函数 $f(x)=x^4-3x^2$ 的奇偶性.

解：由于关系式

$$f(-x)=(-x)^4-3(-x)^2=x^4-3x^2=f(x)$$

所以函数 $f(x)=x^4-3x^2$ 为偶函数.

2. 有界性

定义 1.4 已知函数 $f(x)$ 在区间 I（可以是开区间，也可以是闭区间或半开区间）上有定义，若存在一个常数 $M>0$，使得对于所有点 $x\in I$，恒有 $|f(x)|\leqslant M$，则称函数 $f(x)$ 在区间 I 上有界；否则称函数 $f(x)$ 在区间 I 上无界.

例 6 判断函数 $f(x)=\sin x$ 在定义域 $D=(-\infty,+\infty)$ 内的有界性.

解：在定义域 $D=(-\infty,+\infty)$ 内，无论自变量即角度 x 取值等于多少，恒有关系式 $|f(x)|=|\sin x|\leqslant 1$，所以函数 $f(x)=\sin x$ 在定义域 $D=(-\infty,+\infty)$ 内有界.

例 7 判断函数 $f(x)=\dfrac{1}{x}$ 在区间 $(0,1)$ 内的有界性.

解：在区间 $(0,1)$ 内，自变量即分母 x 取值可以无限接近于零，因而使得对应的分式绝对值 $\left|\dfrac{1}{x}\right|$ 即 $|f(x)|$ 可以无限增大，说明对于任意正的常数，都存在充分接近于原点的点 x，使得函数绝对值大于它，所以函数 $f(x)=\dfrac{1}{x}$ 在区间 $(0,1)$ 内无界.

3. 单调性

定义 1.5 已知函数 $f(x)$ 在开区间 J 内有定义，对于开区间 J 内的任意两点 x_1,x_2，当 $x_2>x_1$ 时，若恒有 $f(x_2)>f(x_1)$，则称函数 $f(x)$ 在开区间 J 内单调增加，开区间 J 为函数 $f(x)$ 的单调增加区间；若恒有 $f(x_2)<f(x_1)$，则称函数 $f(x)$ 在开区间 J 内单调减少，开区间 J 为函数 $f(x)$ 的单调减少区间.

函数单调增加与函数单调减少统称为函数单调，单调增加区间与单调减少区间统称为单调区间.

函数单调说明因变量与自变量一一对应，它存在反函数，反函数也单调.

函数单调增加，说明函数值随自变量取值增大而增大，函数曲线上升；函数单调减少，说明函数值随自变量取值增大而减小，函数曲线下降.

4. 极值

定义 1.6 已知函数 $f(x)$ 在点 x_0 处及其左右有定义，对于点 x_0 左右很小范围内任意点 $x\neq x_0$，若恒有 $f(x_0)>f(x)$，则称函数值 $f(x_0)$ 为函数 $f(x)$ 的极大值，点 x_0 为函数 $f(x)$ 的极大值点；若恒有 $f(x_0)<f(x)$，则称函数值 $f(x_0)$ 为函数 $f(x)$ 的极小值，点 x_0 为函数

$f(x)$ 的极小值点.

极大值与极小值统称为极值,极大值点与极小值点统称为极值点.

极值是局部性的概念,它只是与极值点左右很小范围内对应的函数值比较而得到的.极值点只能是给定区间内部的点,不能是给定区间的端点.显然,单调函数无极值.

5. 最值

定义 1.7 已知函数 $f(x)$ 在区间 I(可以是开区间,也可以是闭区间或半开区间)上有定义,且点 $x_0 \in I$. 对于任意点 $x \in I$,若恒有 $f(x_0) \geqslant f(x)$,则称函数值 $f(x_0)$ 为函数 $f(x)$ 在区间 I 上的最大值,点 x_0 为函数 $f(x)$ 在区间 I 上的最大值点;若恒有 $f(x_0) \leqslant f(x)$,则称函数值 $f(x_0)$ 为函数 $f(x)$ 在区间 I 上的最小值,点 x_0 为函数 $f(x)$ 在区间 I 上的最小值点.

最大值与最小值统称为最值,最大值点与最小值点统称为最值点.

最值是整体性的概念,它是与给定区间上的所有函数值比较而得到的.最值点可以是给定区间内部的点,也可以是给定区间的端点.

§1.2 几何与经济方面函数关系式

由于主要用公式法表示函数,因此建立函数关系式就是找出函数表达式,下面分别讨论几何与经济方面一些基本函数关系式的建立.

1. 几何方面函数关系式

(1) 矩形面积 S 等于长 x 与宽 u 的积,即

$$S = xu$$

特别地,正方形面积 S 等于边长 x 的平方,即

$$S = x^2$$

(2) 长方体体积 V 等于底面积(矩形面积)S 与高 h 的积,即

$$V = Sh$$

(3) 圆柱体体积 V 等于底面积(圆面积)πr^2(r 为底半径)与高 h 的积,即

$$V = \pi r^2 h$$

侧面积(相当于矩形面积)S 等于底周长 $2\pi r$ 与高 h 的积,即

$$S = 2\pi rh$$

例 1 欲围一块面积为 216 m^2 的矩形场地,矩形场地东西方向长 xm、南北方向宽 um,沿矩形场地四周建造高度相同的围墙,并在正中间南北方向建造同样高度的一堵墙,把矩形场地隔成两块,试将墙的总长度 Lm 表示为矩形场地长 xm 的函数.

解:已设矩形场地长为 xm、宽为 um,如图 1-1.

由于矩形场地面积为 216 m^2,因而有关系式 $xu = 216$,即

$$u = \frac{216}{x}$$

所以墙的总长度

$$\begin{aligned} L = L(x) &= 2x + 3u = 2x + 3 \times \frac{216}{x} \\ &= 2x + \frac{648}{x}(\mathrm{m}) \quad (x > 0) \end{aligned}$$

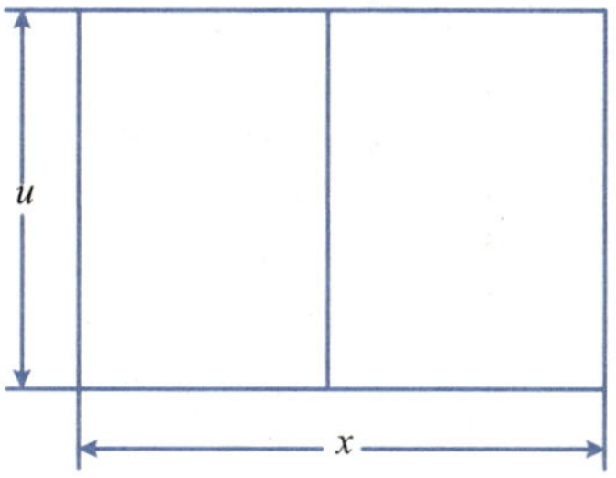

图 1-1

例 2　欲做一个底为正方形、表面积为 108 m^2 的长方体开口容器，试将长方体开口容器的容积 $V m^3$ 表示为底边长 $x m$ 的函数.

解：已设长方体开口容器底边长为 xm，再设高为 hm，如图 1-2.

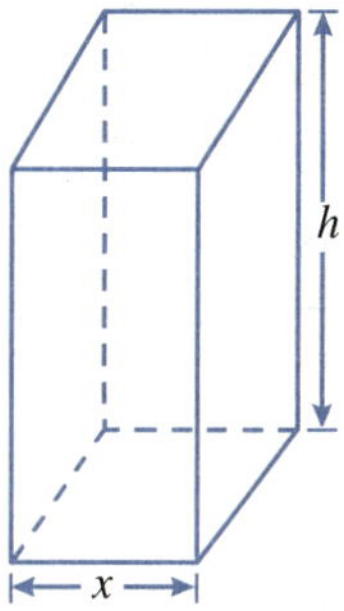

图 1-2

由于长方体开口容器表面积为 108 m^2，它等于下底面积 x^2 与侧面积 $4xh$ 之和，因而有关系式 $x^2+4xh=108$，即

$$h=\frac{1}{4x}(108-x^2)=\frac{27}{x}-\frac{1}{4}x$$

所以长方体开口容器容积

$$V=V(x)=x^2h=x^2\left(\frac{27}{x}-\frac{1}{4}x\right)=27x-\frac{1}{4}x^3(m^3)$$

由于底边长 $x>0$；又由于高 $h>0$，即$\frac{27}{x}-\frac{1}{4}x>0$，得到$0<x<6\sqrt{3}$，因而函数定义域为 $0<x<6\sqrt{3}$.

例 3　欲做一个容积为 V_0 的圆柱形封闭罐头盒，试将圆柱形封闭罐头盒表面积 S 表示为底半径 r 的函数.

解：已设圆柱形封闭罐头盒底半径为 r，再设高为 h，如图 1-3.

由于罐头盒容积为 V_0，因而有关系式 $\pi r^2h=V_0$，即

$$h=\frac{V_0}{\pi r^2}$$

由于上、下底面积分别为 πr^2，侧面积为 $2\pi rh$，因此圆柱形封闭罐头盒表面积

$$S=S(r)=2\pi r^2+2\pi rh=2\pi r^2+2\pi r\frac{V_0}{\pi r^2}=2\pi r^2+\frac{2V_0}{r}\quad(r>0)$$

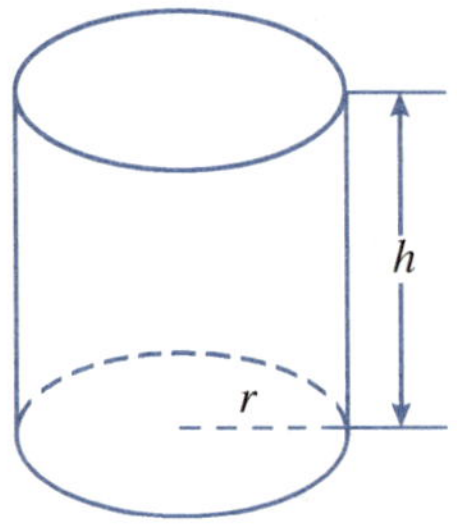

图 1-3

2. 经济方面函数关系式

(1) 在生产过程中,产品的总成本 C 为产量 x 的单调增加函数,记作

$$C=C(x)$$

它包括两部分:固定成本 C_0(厂房及设备折旧费、保险费等)、变动成本 C_1(材料费、燃料费、提成奖金等). 固定成本 C_0 不受产量 x 变化的影响,产量 $x=0$ 时的总成本值就是固定成本,即 $C_0=C(0)$;变动成本 C_1 受产量 x 变化的影响,记作 $C_1=C_1(x)$. 于是总成本

$$C=C(x)=C_0+C_1(x)$$

(2) 在讨论总成本的基础上,还要进一步讨论均摊在单位产量上的成本. 均摊在单位产量上的成本称为平均单位成本,记作

$$\overline{C}=\overline{C}(x)=\frac{C(x)}{x}$$

(3) 产品全部销售后总收益 R 等于产量 x 与销售价格 p 的积. 若销售价格 p 为常数,则总收益 R 为产量 x 的正比例函数,即

$$R=R(x)=px$$

若考虑产品销售时的附加费用、折扣等因素,这时作为平均值的销售价格 p 受产量 x 变化的影响,不再为常数,记作 $p=p(x)$,则总收益

$$R=R(x)=xp(x)$$

(4) 产品全部销售后获得的总利润 L 等于总收益 R 减去总成本 C,即

$$L=L(x)=R(x)-C(x)$$

(5) 销售商品时,应密切注意市场的需求情况,需求量 Q 当然与销售价格 p 有关,此外还涉及消费者的数量、收入等其他因素,若这些因素固定不变,则需求量 Q 为销售价格 p 的函数,这个函数称为需求函数,记作

$$Q=Q(p)$$

一般说来,当商品提价时,需求量会减少;当商品降价时,需求量就会增加. 因此需求函数为单调减少函数.

在理想情况下,商品的生产既满足市场需求又不造成积压. 这时需求多少就销售多少,销售多少就生产多少,即产量等于销售量,也等于需求量,它们有时用记号 x 表示,也有时用记号 Q 表示. 本门课程讨论这种理想情况下的经济函数.

例 4 某产品总成本 C 万元为年产量 xt 的函数

$$C=C(x)=a+bx^2$$

其中 a,b 为待定常数. 已知固定成本为 400 万元,且当年产量 $x=100$t 时,总成本 $C=500$ 万元. 试将平均单位成本 $\bar{C}$ 万元 /t 表示为年产量 xt 的函数.

解:由于总成本 $C = C(x) = a + bx^2$,从而当产量 $x = 0$ 时的总成本 $C(0) = a$,说明常数项 a 为固定成本,因此确定常数

$$a = 400$$

再将已知条件:$x = 100$ 时,$C = 500$ 代入到总成本 C 的表达式中,得到关系式

$$500 = 400 + b \cdot 100^2$$

从而确定常数

$$b = \frac{1}{100}$$

于是得到总成本函数表达式

$$C = C(x) = 400 + \frac{1}{100}x^2$$

所以平均单位成本

$$\bar{C} = \bar{C}(x) = \frac{C(x)}{x} = \frac{400}{x} + \frac{1}{100}x(\text{万元 /t}) \quad (x > 0)$$

例 5　某产品总成本 C 元为日产量 $x$kg 的函数

$$C = C(x) = \frac{1}{9}x^2 + 6x + 100$$

产品销售价格为 p 元 /kg,它与日产量 $x$kg 的关系为

$$p = p(x) = 46 - \frac{1}{3}x$$

试将每日产品全部销售后获得的总利润 L 元表示为日产量 $x$kg 的函数.

解:生产 $x$kg 产品,以价格 p 元 /kg 销售,总收益为

$$R = R(x) = xp(x) = x\left(46 - \frac{1}{3}x\right) = -\frac{1}{3}x^2 + 46x$$

又已知生产 $x$kg 产品的总成本为

$$C = C(x) = \frac{1}{9}x^2 + 6x + 100$$

所以每日产品全部销售后获得的总利润

$$L = L(x) = R(x) - C(x) = \left(-\frac{1}{3}x^2 + 46x\right) - \left(\frac{1}{9}x^2 + 6x + 100\right)$$

$$= -\frac{4}{9}x^2 + 40x - 100(\text{元})$$

由于产量 $x > 0$;又由于销售价格 $p > 0$,即 $46 - \frac{1}{3}x > 0$,得到 $0 < x < 138$,因而函数定义域为 $0 < x < 138$.

上述讨论的目的不仅是建立几何与经济方面函数关系式,而是在此基础上继续研究它们的性质,其中一个主要内容是求它们的最值点,即讨论几何与经济方面函数的优化问题:在例 1 中,矩形场地长 x 为多少时,才能使得墙的总长度 L 最短;在例 2 中,长方体开口容器底边长 x 为多少时,才能使得容器容积 V 最大;在例 3 中,圆柱形封闭罐头盒底半径 r 为多少时,才能使得罐

头盒表面积 S 最小;在例 4 中,年产量 x 为多少时,才能使得平均单位成本 $\overline{C}$ 最低;在例 5 中,日产量 x 为多少时,才能使得每日产品全部销售后获得的总利润 L 最大. 这种问题将在 §3.7 得到解决,在这种意义上,建立几何与经济方面函数关系式是为 §3.7 做准备的.

极限的概念

§1.3　极限的概念与基本运算法则

极限思想是整个微积分的基础,是数学史上一颗璀璨的明珠. 极限的概念等相关知识是欧洲数学家最早提出的,但极限思想在我国古代早就出现过.

刘徽 —— 割圆术

刘徽,古代世界数学泰斗,中国古代最伟大的数学家,生评不详,其籍贯为淄乡,今山东邹平. 刘徽是中国传统数学理论的奠基者,曾取得无数辉煌成就.

刘徽在为《九章算术》做注解时,创造了一种卓越的方法 —— 割圆术,是极限思想与无穷小分割的首秀,超过了古希腊数学的同类思想. 他从圆内接正六边形开始割圆,依次得到圆内接正 12,24,48,92,…,6×2^n(n 为割圆的次数,$n=1,2,3\cdots$)边形,圆内接正 6×2^n 边形面积小于圆面积,但是随着分割的次数越来越多,两者之间的面积越来越小,"割之弥细,所失弥少,割之又割,以至于不可割,则与圆合体,而无所失矣",即割了无数多次不能再割时,则圆内接正多边形与圆的面积完全重合,即

$$\lim_{n\to\infty} S_n = S$$

在计算中,刘徽反复使用极限思想,这是他在数学上极其重要的成就,反映了他先进的数学思想.

庄周 —— 截杖问题

战国时期哲学家庄周在《庄子·天下篇》中有"一尺之棰,日取其半,万世不竭". 这说的是一尺长的竹棒,每天截取它的一半,不断截下去,永远也截不完,即长度永远也不可能为零,但是长度的变化趋势是趋于 0. 即

$$\lim_{n\to\infty}\frac{1}{2^n}=0$$

考虑函数 $y=f(x)$,自变量 x 在变化过程中的取值一定属于函数定义域,分下列两种基本情况讨论函数 $y=f(x)$ 的变化趋势.

1. 第一种基本情况

自变量 x 取值无限远离原点,这意味着自变量 x 的绝对值 $|x|$ 无限增大,记作 $x\to\infty$. $x\to\infty$ 包括两个方向:一个是沿着 x 轴的负向远离原点,这时自变量 x 取值为负且 $|x|$ 无限增大,记作 $x\to-\infty$;另一个则是沿着 x 轴的正向远离原点,这时自变量 x 取值为正且 $|x|$ 无限增大,记作 $x\to+\infty$. 因而 $x\to\infty$ 意味着同时考虑 $x\to-\infty$ 与 $x\to+\infty$.

例 1　考虑函数 $y=\dfrac{1}{x}$,观察函数图形,如图 1-4,容易看出:当 $x\to-\infty$ 与 $x\to+\infty$

时，对应的函数曲线 $y=\frac{1}{x}$ 都无限接近于 x 轴，即对应的函数 y 值都无限接近于常数零，意味着当 $x\to\infty$ 时，对应的函数 y 值无限接近于常数零.

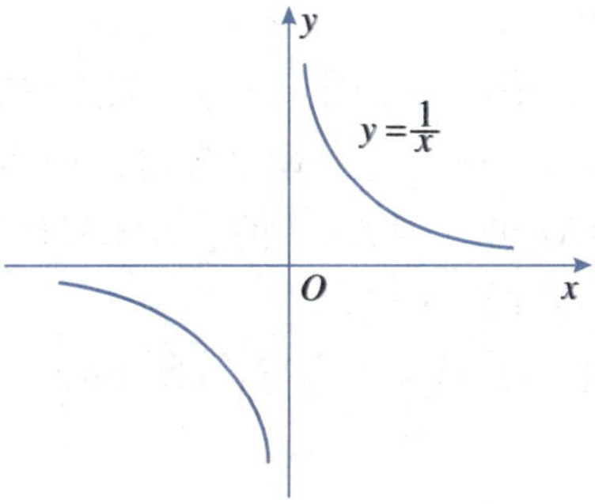

图 1-4

定义 1.8　已知函数 $f(x)$ 在自变量 x 取值无限远离原点的情况下有定义，当 $x\to\infty$ 时，若函数 $f(x)$ 无限接近于常数 A，则称当 $x\to\infty$ 时函数 $f(x)$ 的极限为 A，记作

$$\lim_{x\to\infty}f(x)=A \quad 或\ f(x)\to A \quad (x\to\infty)$$

注意到 $x\to\infty$ 意味着同时考虑 $x\to-\infty$ 与 $x\to+\infty$. 于是有下面的定理.

数学微启示

由极限的概念引发的思考：愚公移山，知难而进

定理 1.1　极限 $\lim\limits_{x\to\infty}f(x)=A$ 成立等价于极限

$$\begin{cases}\lim\limits_{x\to-\infty}f(x)=A\\ \lim\limits_{x\to+\infty}f(x)=A\end{cases}$$

同时成立.

根据这个定理，极限 $\lim\limits_{x\to-\infty}f(x)$ 与 $\lim\limits_{x\to+\infty}f(x)$ 中只要有一个不存在，或者虽然都存在但不相等，则极限 $\lim\limits_{x\to\infty}f(x)$ 不存在. 有时也单独考虑极限 $\lim\limits_{x\to-\infty}f(x)$ 或 $\lim\limits_{x\to+\infty}f(x)$.

根据函数极限的定义，在例 1 中极限

$$\lim_{x\to\infty}\frac{1}{x}=0$$

例 2　讨论极限 $\lim\limits_{x\to\infty}\sin x$.

解：观察函数 $y=\sin x$ 的图形，如图 1-5，容易看出：无论当 $x\to-\infty$ 时还是当 $x\to+\infty$ 时，对应的函数 y 值都在区间 $[-1,1]$ 上振荡，不能无限接近于任何常数，所以极限

$$\lim_{x\to\infty}\sin x\ 不存在$$

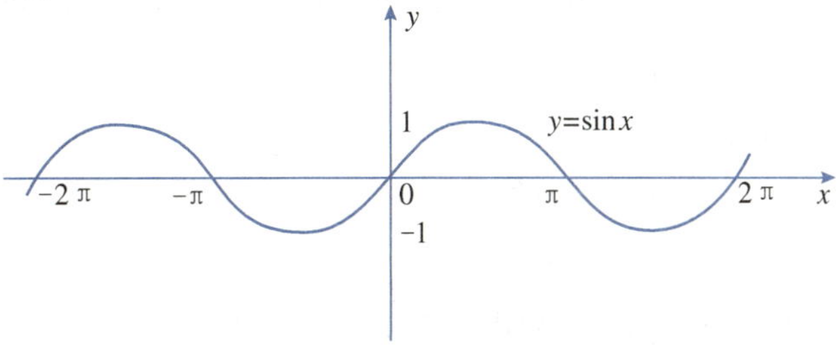

图 1-5

同样考虑数列极限,项数 n 无限增大记作 $n\to\infty$,注意到数列极限 $\lim\limits_{n\to\infty}f(n)$ 是函数极限 $\lim\limits_{x\to+\infty}f(x)$ 的特殊情况,于是有下面的定理.

定理 1.2 如果函数极限 $\lim\limits_{x\to+\infty}f(x)=A$,则数列极限 $\lim\limits_{n\to\infty}f(n)=A$.

2. 第二种基本情况

自变量 x 取值无限接近于有限点 x_0,记作 $x\to x_0$. 应注意的是:在 $x\to x_0$ 的过程中,点 x 始终不到达点 x_0,即恒有 $x\neq x_0$. $x\to x_0$ 包括两个方向:一个是点 x 从点 x_0 的左方无限接近于点 x_0,记作 $x\to x_0^-$;另一个则是点 x 从点 x_0 的右方无限接近于点 x_0,记作 $x\to x_0^+$. 因而 $x\to x_0$ 意味着同时考虑 $x\to x_0^-$ 与 $x\to x_0^+$.

例 3 考虑函数 $y=2x+1$,在点 $x=5$ 左右,自变量 x 与函数 y 的对应数值情况列表如表 1 - 1.

表 1 - 1

x	4.9	4.99	4.999	…	5.001	5.01	5.1
y	10.8	10.98	10.998	…	11.002	11.02	11.2

从表 1 - 1 中容易看出:当 $x\to 5$ 时,对应的函数 y 值无限接近于常数 11.

定义 1.9 已知函数 $f(x)$ 在点 x_0 左右有定义,当 $x\to x_0$ 时,若函数 $f(x)$ 无限接近于常数 A,则称当 $x\to x_0$ 时函数 $f(x)$ 的极限为 A,记作

$$\lim_{x\to x_0}f(x)=A \quad 或\ f(x)\to A \quad (x\to x_0)$$

极限 $\lim\limits_{x\to x_0}f(x)$ 也可以称为函数 $f(x)$ 在点 x_0 处的极限,极限 $\lim\limits_{x\to x_0^-}f(x)$ 称为函数 $f(x)$ 在点 x_0 处的左极限,极限 $\lim\limits_{x\to x_0^+}f(x)$ 称为函数 $f(x)$ 在点 x_0 处的右极限. 注意到 $x\to x_0$ 意味着同时考虑 $x\to x_0^-$ 与 $x\to x_0^+$,于是有下面的定理.

定理 1.3 极限 $\lim\limits_{x\to x_0}f(x)=A$ 成立等价于

$$\begin{cases}左极限 \lim\limits_{x\to x_0^-}f(x)=A\\ 右极限 \lim\limits_{x\to x_0^+}f(x)=A\end{cases}$$

同时成立.

这个定理说明:函数在有限点处极限存在等价于左极限与右极限都存在且相等. 根据这个定理,左极限 $\lim\limits_{x\to x_0^-}f(x)$ 与右极限 $\lim\limits_{x\to x_0^+}f(x)$ 中只要有一个不存在,或者虽然都存在但不相等,则极限 $\lim\limits_{x\to x_0}f(x)$ 不存在. 有时也单独考虑左极限 $\lim\limits_{x\to x_0^-}f(x)$ 或右极限 $\lim\limits_{x\to x_0^+}f(x)$.

由于在 $x\to x_0$ 的过程中,恒有 $x\neq x_0$,因而在一般情况下,函数 $f(x)$ 在点 x_0 处有无定义都不影响它在点 x_0 处的极限情况.

根据函数极限的定义,在例 3 中极限

$$\lim_{x\to 5}(2x+1)=11$$

数列与函数统称为变量,它们的极限统称为变量极限. 如果变量极限存在,则其极限是唯一的,其在极限过程中某时刻后有界. 若变量 y 的极限为 A,则记作

$$\lim y = A$$

以后只在讨论对于数列极限与函数极限皆适用的一般性结论时，才能使用通用记号 $\lim y$. 若已经给出变量 y 的函数表达式，则不能使用通用记号，必须在极限记号下面标明自变量的变化趋势.

显然，常数 c 的极限等于 c，即

$$\lim c = c \quad (c\text{ 为常数})$$

下面给出极限基本运算法则：

法则 1　如果极限 $\lim u$ 与 $\lim v$ 都存在，则极限

$$\lim(u \pm v) = \lim u \pm \lim v$$

法则 2　如果极限 $\lim u$ 与 $\lim v$ 都存在，则极限

$$\lim uv = \lim u \lim v$$

法则 3　如果极限 $\lim u$ 与 $\lim v$ 都存在，且极限 $\lim v \neq 0$，则极限

$$\lim \frac{u}{v} = \frac{\lim u}{\lim v}$$

法则 4　如果极限 $\lim u(x)$ 存在，且函数值 $f(\lim u(x))$ 有意义，则极限

$$\lim f(u(x)) = f(\lim u(x))$$

法则 5　如果函数 $f(x)$ 是定义域为 D 的初等函数，且有限点 $x_0 \in D$，则极限

$$\lim_{x \to x_0} f(x) = f(x_0)$$

推论 1　如果有限个变量 $u_1, u_2, \cdots, u_m$ 的极限都存在，则极限

$$\lim(u_1 + u_2 + \cdots + u_m) = \lim u_1 + \lim u_2 + \cdots + \lim u_m$$

推论 2　如果有限个变量 $u_1, u_2, \cdots, u_m$ 的极限都存在，则极限

$$\lim u_1 u_2 \cdots u_m = \lim u_1 \lim u_2 \cdots \lim u_m$$

推论 3　如果极限 $\lim v$ 存在，k 为常数，则极限

$$\lim kv = k \lim v$$

在满足法则 4 条件的情况下，函数的复合运算与极限运算可以交换次序；在满足法则 5 条件的情况下，求函数的极限就化为计算相应的函数值.

例 4　$\lim\limits_{x \to \infty} \sin \dfrac{1}{x} = \sin\left(\lim\limits_{x \to \infty} \dfrac{1}{x}\right) = \sin 0 = 0$

$$\lim_{x \to 3} \frac{\sqrt{x+1}+2}{\sqrt{x-2}+1} = \frac{\sqrt{3+1}+2}{\sqrt{3-2}+1} = 2$$

$$\lim_{x \to 0} \lg(2+x) = \lg(2+0) = \lg 2$$

本来在一般情况下，函数在属于定义域的有限点处的极限值与它在该点处的函数值没有必然联系，但法则 5 说明：初等函数在属于定义域的有限点处的极限值却等于它在该点处的函数值，因此法则 5 解决了初等函数的基本极限计算，在计算初等函数 $f(x)$ 在有限点 x_0 处的极限 $\lim\limits_{x \to x_0} f(x)$ 时，应在初等函数 $f(x)$ 的表达式中，变量 x 用数 x_0 代入，若得到确定的数

值 $f(x_0)$，则函数值 $f(x_0)$ 就是所求极限.

继续讨论分段函数在分界点处的极限.若分段函数在分界点左右的数学表达式一样，则直接计算其极限；若分段函数在分界点左右的数学表达式不一样，则应分别计算其左极限与右极限，只有左极限与右极限都存在且相等，极限才存在.

例 5 已知分段函数

$$f(x)=\begin{cases}3^x+1, & x<0\\ 3x+2, & x>0\end{cases}$$

讨论左极限 $\lim\limits_{x\to 0^-}f(x)$，右极限 $\lim\limits_{x\to 0^+}f(x)$ 及极限 $\lim\limits_{x\to 0}f(x)$.

解：考虑到 $x\to 0^-$ 意味着点 x 从原点的左方无限接近于原点，从而在 $x\to 0^-$ 的过程中，恒有 $x<0$，根据所给分段函数 $f(x)$ 的表达式，这时函数 $f(x)=3^x+1$，所以左极限

$$\lim_{x\to 0^-}f(x)=\lim_{x\to 0^-}(3^x+1)=2$$

考虑到 $x\to 0^+$ 意味着点 x 从原点的右方无限接近于原点，从而在 $x\to 0^+$ 的过程中，恒有 $x>0$，根据所给分段函数 $f(x)$ 的表达式，这时函数 $f(x)=3x+2$，所以右极限

$$\lim_{x\to 0^+}f(x)=\lim_{x\to 0^+}(3x+2)=2$$

由于左极限 $\lim\limits_{x\to 0^-}f(x)$ 与右极限 $\lim\limits_{x\to 0^+}f(x)$ 都等于 2，根据定理 1.3，因而极限

$$\lim_{x\to 0}f(x)=2$$

最后给出反映极限重要性质的定理：

定理 1.4 函数极限值与函数表达式中变量记号无关. 即：尽管变量 $u=u(x)$，恒有极限

$$\lim_{x\to\infty}f(x)=\lim_{u\to\infty}f(u)$$

$$\lim_{x\to x_0}f(x)=\lim_{u\to x_0}f(u)$$

无穷小量

§1.4 无穷大量与无穷小量

定义 1.10 若变量 y 的绝对值在变化过程中无限增大，则称变量 y 为无穷大量，记作

$$\lim y=\infty \text{ 或 } y\to\infty$$

本来无穷大量的极限是不存在的，形式上称它的极限为无穷大. 无穷大量是指在变化过程中其绝对值无限增大，任何一个绝对值很大的常数都不为无穷大量，如常量函数 $y=10^{10}$ 不为无穷大量.

在无穷大量的变化过程中，它取值可能为正，也可能为负. 无穷大量有两种特殊情况：一种是正无穷大量，这时无穷大量 y 在变化过程中的某一时刻后取值恒为正，记作 $\lim y=+\infty$ 或 $y\to+\infty$；另一种是负无穷大量，这时无穷大量 y 在变化过程中的某一时刻后取值恒为负，记作 $\lim y=-\infty$ 或 $y\to-\infty$.

例 1 当 $x\to 0$ 时，自变量 x 的绝对值 $|x|$ 无限减小，从而函数 $\dfrac{1}{x}$ 的绝对值 $\left|\dfrac{1}{x}\right|$ 无限增

大，所以函数$\frac{1}{x}$为无穷大量，即

$$\lim_{x\to 0}\frac{1}{x}=\infty$$

通过深入的讨论，可以得到：当$x\to\infty$时，x的多项式也为无穷大量.

无穷大量具有下列性质：

性质 1 正无穷大量与正无穷大量的和仍为正无穷大量，负无穷大量与负无穷大量的和仍为负无穷大量；

性质 2 无穷大量与无穷大量的积仍为无穷大量.

注意：无穷大量与无穷大量的代数和、无穷大量与无穷大量的商都不一定为无穷大量.

下面再讨论变量的另一种变化趋势.

定义 1.11 若极限$\lim y=0$，则称变量y为无穷小量.

无穷小量是指在变化过程中其绝对值无限减小，任何一个绝对值很小但不为零的常数都不为无穷小量，如常量函数$y=10^{-10}$不为无穷小量.但常量零为无穷小量，但不能认为无穷小量就是零.

例 2 由于极限$\lim\limits_{x\to 1}\lg x=0$，因而当$x\to 1$时，函数$y=\lg x$为无穷小量.

无穷小量具有下列性质：

性质 1 无穷小量与无穷小量的和、差、积仍为无穷小量；

性质 2 无穷小量与有界变量的积仍为无穷小量.

注意：无穷小量与无穷小量的商不一定为无穷小量.

例 3 讨论极限$\lim\limits_{x\to\infty}\frac{1}{x}\sin x$.

解：当$x\to\infty$时，变量$\frac{1}{x}$为无穷小量，并注意到§1.3例2得到的结果，这时变量$\sin x$振荡无极限，但恒有$|\sin x|\leqslant 1$，说明变量$\sin x$为极限不存在的有界变量.根据无穷小量性质2，积$\frac{1}{x}\sin x$仍为无穷小量，所以极限

$$\lim_{x\to\infty}\frac{1}{x}\sin x=0$$

值得注意的是：由于极限$\lim\limits_{x\to\infty}\sin x$不存在，于是不能应用§1.3极限基本运算法则2计算所求极限，即

$$\lim_{x\to\infty}\frac{1}{x}\sin x\neq\lim_{x\to\infty}\frac{1}{x}\lim_{x\to\infty}\sin x$$

当角度$u(x)\to\infty$时，函数$\sin u(x)$与$\cos u(x)$是常见的振荡无极限的有界变量.

极限存在的变量与无穷小量有什么联系？考虑变量y的极限为A，意味着变量y无限接近于常数A，即变量$y-A$无限接近于常数零，说明变量$y-A$的极限为零，变量$y-A$当然为无穷小量，于是有下面的定理.

定理 1.5 变量y的极限为A等价于变量$y-A$为无穷小量.

无穷大量与无穷小量有什么联系？有下面的定理.

定理 1.6 如果变量y为无穷大量，则变量$\frac{1}{y}$为无穷小量；如果变量$y\neq 0$为无穷小量，

则变量 $\dfrac{1}{y}$ 为无穷大量.

推论 如果极限 $\lim u \neq 0$，$\lim v = 0$，且变量 $v \neq 0$，则极限

$$\lim \frac{u}{v} = \infty$$

例 4 讨论极限 $\lim\limits_{x \to 3} \dfrac{x^2+1}{x-3}$.

解：由于分子的极限 $\lim\limits_{x \to 3}(x^2+1) = 10 \neq 0$，且分母的极限 $\lim\limits_{x \to 3}(x-3) = 0$，根据定理 1.6 的推论，因而分式的极限

$$\lim_{x \to 3} \frac{x^2+1}{x-3} = \infty$$

无穷小量虽然都是趋于零的变量，但它们趋于零的速度却不一定相同，甚至差别很大. 考虑当 $x \to 0^+$ 时，变量 $x, x^2, \sqrt{x}, 2x$ 及 x^2+x 都是无穷小量，它们趋于零的情况列表如表 1-2.

表 1-2

x	0.1	0.01	0.001	0.000 1	…
x^2	0.01	0.000 1	0.000 001	0.000 000 01	…
$\sqrt{x}$	0.32	0.1	0.032	0.01	…
$2x$	0.2	0.02	0.002	0.000 2	…
x^2+x	0.11	0.010 1	0.001 001	0.000 100 01	…

从表 1-2 中容易看出：以无穷小量 x 作为比较标准时，无穷小量 x^2 趋于零的速度比 x 要快，它们之比值的极限

$$\lim_{x \to 0^+} \frac{x^2}{x} = \lim_{x \to 0^+} x = 0$$

数学微启示

由等价无穷小引发的思考：遇见困难，不要退缩

无穷小量 $\sqrt{x}$ 趋于零的速度比 x 要慢，它们之比值的极限

$$\lim_{x \to 0^+} \frac{\sqrt{x}}{x} = \lim_{x \to 0^+} \frac{1}{\sqrt{x}} = \infty$$

无穷小量 $2x$ 趋于零的速度与 x 属于同一档次，它们之比值的极限

$$\lim_{x \to 0^+} \frac{2x}{x} = \lim_{x \to 0^+} 2 = 2 \neq 0$$

无穷小量 x^2+x 趋于零的速度与 x 几乎一样，它们之比值的极限

$$\lim_{x \to 0^+} \frac{x^2+x}{x} = \lim_{x \to 0^+}(x+1) = 1$$

为了比较无穷小量趋于零的速度，下面给出关于无穷小量的阶的定义.

定义 1.12 已知变量 α, β 都是无穷小量，以无穷小量 β 作为比较标准. 那么：

(1) 若极限 $\lim \dfrac{\alpha}{\beta} = 0$，则称无穷小量 α 是比 β 较高阶无穷小量；

(2) 若极限 $\lim \dfrac{\alpha}{\beta} = \infty$，则称无穷小量 α 是比 β 较低阶无穷小量；

(3) 若极限 $\lim \frac{\alpha}{\beta} = c \neq 0$，则称无穷小量 α 与 β 是同阶无穷小量；

(4) 特别地，若极限 $\lim \frac{\alpha}{\beta} = 1$，则进而称无穷小量 α 与 β 是等价无穷小量.

根据这个定义可知：当 $x \to 0^+$ 时，无穷小量 x^2 是比 x 较高阶无穷小量，无穷小量 $\sqrt{x}$ 是比 x 较低阶无穷小量，无穷小量 $2x$ 与 x 是同阶但非等价无穷小量，无穷小量 x^2+x 与 x 是等价无穷小量.

§1.5　未定式极限

$\frac{0}{0}$ 型未定式的极限

讨论分式极限 $\lim \frac{u}{v}$，若分子极限 $\lim u = 0$，且分母极限 $\lim v = 0$，则仅已知这些不足以确定分式极限 $\lim \frac{u}{v}$，还必须进一步知道分子 u 与分母 v 的表达式，才能确定分式极限 $\lim \frac{u}{v}$. 一般地，有下面的定义.

定义 1.13　若仅已知变量各部分的极限，不足以确定这个变量的极限，还必须进一步知道各部分的表达式，才能确定变量极限，则称这样的极限为未定式极限.

未定式极限的类型共有七种，主要是三种：

类型 1　若 $u \to 0, v \to 0$，则称分式极限 $\lim \frac{u}{v}$ 为 $\frac{0}{0}$ 型未定式极限；

类型 2　若 $u \to \infty, v \to \infty$，则称分式极限 $\lim \frac{u}{v}$ 为 $\frac{\infty}{\infty}$ 型未定式极限；

类型 3　若 $u \to 1, v \to \infty$，则称幂的极限 $\lim u^v$ 为 1^∞ 型未定式极限.

在这三种类型未定式极限中，最重要的是 $\frac{0}{0}$ 型未定式极限. 其实，无穷小量与无穷小量的商的极限就是 $\frac{0}{0}$ 型未定式极限. 这里 $\frac{0}{0}$，$\frac{\infty}{\infty}$，1^∞ 仅仅是记号，不代表数. 分下列三种基本情况讨论比较简单的未定式极限.

1. 第一种基本情况

已知函数 $P(x)$ 与 $Q(x)$ 都是多项式，当 $x \to x_0$（有限值）时，若 $P(x) \to 0$ 且 $Q(x) \to 0$，则有理分式极限 $\lim\limits_{x \to x_0} \frac{P(x)}{Q(x)}$ 为 $\frac{0}{0}$ 型未定式极限.

解法：分子 $P(x)$、分母 $Q(x)$ 分解因式，并注意到在 $x \to x_0$ 的过程中，恒有 $x - x_0 \neq 0$，因而约去使得分子、分母同趋于零的 $x - x_0$ 的正整次幂非零公因式.

例 1　求极限 $\lim\limits_{x \to 2} \frac{x^2 - 5x + 6}{x^2 - 4}$.

解：$\lim\limits_{x \to 2} \frac{x^2 - 5x + 6}{x^2 - 4}$　$\left(\frac{0}{0}\text{ 型}\right)$

$$=\lim_{x\to 2}\frac{(x-2)(x-3)}{(x+2)(x-2)}=\lim_{x\to 2}\frac{x-3}{x+2}=-\frac{1}{4}$$

2. 第二种基本情况

已知函数 $R(x)$ 与 $S(x)$ 中至少有一个含二次根式，当 $x\to x_0$(有限值) 时，若 $R(x)\to 0$ 且 $S(x)\to 0$，则无理分式极限 $\lim\limits_{x\to x_0}\dfrac{R(x)}{S(x)}$ 为 $\dfrac{0}{0}$ 型未定式极限.

解法：分子 $R(x)$、分母 $S(x)$ 同乘以它们的有理化因式，并注意到在 $x\to x_0$ 的过程中，恒有 $x-x_0\neq 0$，因而约去使得分子、分母同趋于零的 $x-x_0$ 的正整次幂非零公因式.

例 2 求极限 $\lim\limits_{x\to 5}\dfrac{\sqrt{x+4}-3}{\sqrt{x-1}-2}$.

解：$\lim\limits_{x\to 5}\dfrac{\sqrt{x+4}-3}{\sqrt{x-1}-2}\quad\left(\dfrac{0}{0}\text{ 型}\right)$

$$=\lim_{x\to 5}\frac{(\sqrt{x+4}-3)(\sqrt{x+4}+3)(\sqrt{x-1}+2)}{(\sqrt{x-1}-2)(\sqrt{x-1}+2)(\sqrt{x+4}+3)}=\lim_{x\to 5}\frac{(x-5)(\sqrt{x-1}+2)}{(x-5)(\sqrt{x+4}+3)}$$

$$=\lim_{x\to 5}\frac{\sqrt{x-1}+2}{\sqrt{x+4}+3}=\frac{4}{6}=\frac{2}{3}$$

3. 第三种基本情况

已知函数 $P(x)$ 与 $Q(x)$ 都是多项式，当 $x\to\infty$ 时，当然也有 $P(x)\to\infty$ 与 $Q(x)\to\infty$，则有理分式极限 $\lim\limits_{x\to\infty}\dfrac{P(x)}{Q(x)}$ 为 $\dfrac{\infty}{\infty}$ 型未定式极限.

解法：分子 $P(x)$、分母 $Q(x)$ 同除以它们中 x 的最高次幂，并应用 §1.3 极限基本运算法则 3 与 §1.4 定理 1.6 及其推论.

考虑下面三个极限：

(1) $\lim\limits_{x\to\infty}\dfrac{5x^3+3x-4}{7x^2-6x+1}\quad\left(\dfrac{\infty}{\infty}\text{ 型}\right)$

$$=\lim_{x\to\infty}\frac{5+\dfrac{3}{x^2}-\dfrac{4}{x^3}}{\dfrac{7}{x}-\dfrac{6}{x^2}+\dfrac{1}{x^3}}=\infty$$

(2) $\lim\limits_{x\to\infty}\dfrac{5x^2+3x-4}{7x^2-6x+1}\quad\left(\dfrac{\infty}{\infty}\text{ 型}\right)$

$$=\lim_{x\to\infty}\frac{5+\dfrac{3}{x}-\dfrac{4}{x^2}}{7-\dfrac{6}{x}+\dfrac{1}{x^2}}=\frac{5}{7}$$

(3) $\lim\limits_{x\to\infty}\dfrac{5x^2+3x-4}{7x^3-6x+1}\quad\left(\dfrac{\infty}{\infty}\text{ 型}\right)$

$$=\lim_{x\to\infty}\frac{\dfrac{5}{x}+\dfrac{3}{x^2}-\dfrac{4}{x^3}}{7-\dfrac{6}{x^2}+\dfrac{1}{x^3}}=0$$

总结上面三个极限可得到一般的结果：当 $x\to\infty$ 时，若分子最高幂次高于分母最高幂次，则有理分式极限为 ∞；若分子最高幂次等于分母最高幂次，则有理分式极限为分子最高次幂系数与分母最高次幂系数的比值；若分子最高幂次低于分母最高幂次，则有理分式极限为零. 即

$$\lim_{x\to\infty}\frac{a_l x^l+\cdots+a_0}{b_m x^m+\cdots+b_0}=\begin{cases}\infty, & l>m\\ \dfrac{a_l}{b_m}, & l=m\\ 0, & l<m\end{cases}$$

（l,m 为正整数；$a_l,\cdots,a_0,b_m,\cdots,b_0$ 为常数，且 $a_l\neq0,b_m\neq0$）

以后在计算这种极限时，可利用上述一般的结果直接得到极限值. 同时根据 §1.3 定理 1.2，上述结果对于相应的数列极限也是适用的.

例 3　填空题

极限 $\lim\limits_{n\to\infty}\dfrac{100n}{n^2+1}=$ ______.

解：注意到分子 $100n$ 为 n 的一次多项式，而分母 n^2+1 为 n 的二次多项式，说明分子最高幂次低于分母最高幂次，从而极限

$$\lim_{n\to\infty}\frac{100n}{n^2+1}\quad\left(\frac{\infty}{\infty}\text{型}\right)$$
$$=0$$

于是应将“0”直接填在空内.

例 4　填空题

已知极限 $\lim\limits_{x\to3}\dfrac{x^2-x+k}{x-3}$ 存在，则常数 $k=$ ______.

解：注意到当 $x\to3$ 时，分母 $x-3$ 的极限为零. 在这种情况下，若分子的极限不为零，根据 §1.4 定理 1.6 的推论，则分式的极限为 ∞，即分式的极限不存在；现在既然已知分式的极限存在，则分子的极限必然为零. 计算分子的极限，有

$$\lim_{x\to3}(x^2-x+k)=6+k$$

它应该等于零，得到关系式 $6+k=0$，因此常数

$$k=-6$$

于是应将“-6”直接填在空内.

§1.6　两个重要极限

第一个
重要极限

首先讨论分式极限 $\lim\limits_{x\to0}\dfrac{\sin x}{x}$，这是 $\dfrac{0}{0}$ 型未定式极限. 尽管 $x\to0$ 包括 $x\to0^-$ 与 $x\to0^+$，但由于函数 $\dfrac{\sin x}{x}$ 是偶函数，因而只需考虑当 $x\to0^+$ 时函数 $\dfrac{\sin x}{x}$ 的变化情况，列表如表 1-3.

表 1-3

x	0.2	0.1	0.05	0.02	…
$\dfrac{\sin x}{x}$	0.993 3	0.998 3	0.999 6	0.999 9	…

从表1-3中容易看出:当 $x\to 0^+$ 时,对应的函数$\frac{\sin x}{x}$值无限接近于常数1,可以证明这个判断是正确的. 于是得到第一个重要极限

$$\lim_{x\to 0}\frac{\sin x}{x}=1$$

根据 §1.3 定理1.4,第一个重要极限可以推广为

$$\lim_{u(x)\to 0}\frac{\sin u(x)}{u(x)}=1$$

第一个重要极限具有两个特征:

特征1 角度一定趋于零;

特征2 分子是角度的正弦函数,分母一定是这个角度本身.

第一个重要极限应用于求含三角函数的$\frac{0}{0}$型未定式极限,所求$\frac{0}{0}$型未定式极限同时满足两个特征时,极限值就等于1. 所求$\frac{0}{0}$型未定式极限若具有第一个特征而不具有第二个特征,还可以通过包括同角三角函数恒等关系式在内的代数恒等变形,使其具有第二个特征,进而应用第一个重要极限求解. 在应用第一个重要极限时,自变量 x 不一定趋于零,它可以趋于非零常数,但必须使得角度趋于零.

例1 求极限$\lim\limits_{x\to 0}\frac{\sin 7x}{x}$.

解:$\lim\limits_{x\to 0}\frac{\sin 7x}{x}\quad\left(\frac{0}{0}\text{ 型}\right)$

$=\lim\limits_{x\to 0}7\,\frac{\sin 7x}{7x}=7\times 1=7$

例2 求极限$\lim\limits_{x\to 3}\frac{\sin(x-3)}{x^2-9}$.

解:$\lim\limits_{x\to 3}\frac{\sin(x-3)}{x^2-9}\quad\left(\frac{0}{0}\text{ 型}\right)$

$=\lim\limits_{x\to 3}\frac{\sin(x-3)}{(x+3)(x-3)}=\lim\limits_{x\to 3}\frac{1}{x+3}\cdot\frac{\sin(x-3)}{x-3}=\frac{1}{6}$

其次讨论幂的极限$\lim\limits_{x\to\infty}\left(1+\frac{1}{x}\right)^x$,这是 1^∞ 型未定式极限. 考虑当 $x\to\infty$ 时函数$\left(1+\frac{1}{x}\right)^x$的变化情况,列表如表1-4.

表1-4

x	…	−10 000	−1 000	−100	100	1 000	10 000	…
$\left(1+\frac{1}{x}\right)^x$	…	2.718	2.720	2.732	2.705	2.717	2.718	…

从表1-4容易看出:当$x\to\infty$时,函数$\left(1+\frac{1}{x}\right)^x$的变化趋势是稳定的,可以证明其极限

是存在的,极限值为无理数,大约等于 2.718,用字母 e 表示. 于是得到第二个重要极限

$$\lim_{x\to\infty}\left(1+\frac{1}{x}\right)^{x}=\mathrm{e}$$

根据 §1.3 定理 1.4,第二个重要极限可以推广为

$$\lim_{u(x)\to\infty}\left(1+\frac{1}{u(x)}\right)^{u(x)}=\mathrm{e}$$

第二个重要极限也具有两个特征:

特征 1　底一定是数 1 加上无穷小量;

特征 2　指数一定是底中无穷小量的倒数.

第二个重要极限应用于求 1^∞ 型未定式极限,所求 1^∞ 型未定式极限同时满足两个特征时,极限值就等于 e. 所求 1^∞ 型未定式极限若具有第一个特征而不具有第二个特征,则可以通过幂恒等关系式等代数恒等变形,使其具有第二个特征,进而应用第二个重要极限求解. 在应用第二个重要极限时,自变量 x 不一定趋于无穷大,它可以趋于零,但必须使得底为数 1 加上无穷小量. 根据 §1.3 定理 1.2,第二个重要极限对于相应的数列极限也是适用的.

例 3　求极限 $\lim\limits_{x\to\infty}\left(1+\frac{1}{x}\right)^{x+3}$.

解: $\lim\limits_{x\to\infty}\left(1+\frac{1}{x}\right)^{x+3}$　(1^∞ 型)

$$=\lim_{x\to\infty}\left(1+\frac{1}{x}\right)^{x}\left(1+\frac{1}{x}\right)^{3}=\lim_{x\to\infty}\left(1+\frac{1}{x}\right)^{x}\lim_{x\to\infty}\left(1+\frac{1}{x}\right)^{3}=\mathrm{e}\cdot 1=\mathrm{e}$$

例 4　求极限 $\lim\limits_{x\to\infty}\left(1+\frac{1}{x}\right)^{3x}$.

解: $\lim\limits_{x\to\infty}\left(1+\frac{1}{x}\right)^{3x}$　(1^∞ 型)

$$=\lim_{x\to\infty}\left[\left(1+\frac{1}{x}\right)^{x}\right]^{3}=\left[\lim_{x\to\infty}\left(1+\frac{1}{x}\right)^{x}\right]^{3}=\mathrm{e}^{3}$$

例 5　求极限 $\lim\limits_{x\to 0}(1-x)^{\frac{1}{x}}$.

解: $\lim\limits_{x\to 0}(1-x)^{\frac{1}{x}}$　(1^∞ 型)

$$=\lim_{x\to 0}(1-x)^{\left(-\frac{1}{x}\right)(-1)}=\lim_{x\to 0}\left[(1-x)^{-\frac{1}{x}}\right]^{-1}=\mathrm{e}^{-1}$$

例 6　单项选择题

若极限 $\lim\limits_{n\to\infty}\left(1+\frac{k}{n}\right)^{n}=\sqrt{\mathrm{e}}$,则常数 $k=$(　　).

(a) -2　　　　(b) 2

(c) $-\frac{1}{2}$　　　　(d) $\frac{1}{2}$

解: 根据已知条件,显然常数 $k\neq 0$. 计算极限

$$\lim_{n\to\infty}\left(1+\frac{k}{n}\right)^{n}\quad(1^\infty\text{ 型})$$

$$=\lim_{n\to\infty}\left(1+\frac{k}{n}\right)^{\frac{n}{k}\cdot k}=\lim_{n\to\infty}\left[\left(1+\frac{k}{n}\right)^{\frac{n}{k}}\right]^{k}=\mathrm{e}^{k}$$

再从已知条件得到关系式 $e^k=\sqrt{e}$ 即 $e^k=e^{\frac{1}{2}}$,因此常数

$$k=\frac{1}{2}$$

这个正确答案恰好就是备选答案(d),所以选择(d).

在高等数学中,经常考虑以无理数 e 为底的对数,这种对数称为自然对数,变量 x 的自然对数记作 $\ln x$,即 $\ln x=\log_e x$.

例 7 单项选择题

当 $x\to 0$ 时,无穷小量 $\ln(1+x)$ 与 x 比较是(　　)无穷小量.

(a) 较高阶　　(b) 较低阶

(c) 同阶但非等价　　(d) 等价

解:当 $x\to 0$ 时,无穷小量 $\ln(1+x)$ 与 x 比较意味着计算它们之比值的极限,当然是$\frac{0}{0}$型未定式极限,应用对数恒等关系式与第二个重要极限,有

$$\lim_{x\to 0}\frac{\ln(1+x)}{x}\quad\left(\frac{0}{0}\text{型}\right)$$

$$=\lim_{x\to 0}\frac{1}{x}\ln(1+x)=\lim_{x\to 0}\ln(1+x)^{\frac{1}{x}}=\ln e=1$$

根据无穷小量阶的定义,说明当 $x\to 0$ 时,无穷小量 $\ln(1+x)$ 与 x 是等价无穷小量,从而备选答案(d) 当选,所以选择(d).

函数的连续性

§1.7　函数的连续性

观察函数 $y=x^2$ 与 $y=\frac{1}{x}$ 的图形,如图 1-6,容易看出:在原点处,函数曲线 $y=x^2$ 不断开,而函数曲线 $y=\frac{1}{x}$ 却断开了.

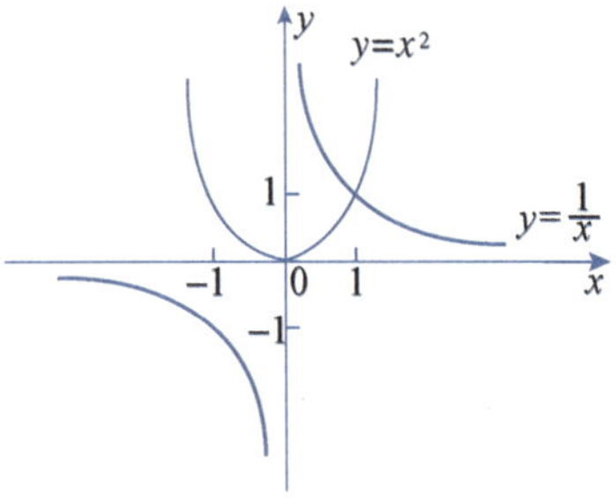

图 1-6

函数曲线断开与否,体现出函数的一个重要性质. 函数曲线$y=x^2$ 在原点处不断开,称函数 $y=x^2$ 在点 $x=0$ 处连续;而函数曲线 $y=\frac{1}{x}$ 在原点处断开,则称函数 $y=\frac{1}{x}$ 在点 $x=0$ 处不连续或间断. 函数 $y=x^2$ 在点 $x=0$ 处连续,有什么特征?函数 $y=x^2$ 在点 $x=0$ 处有定义,极限也存在,而且极限值等于函数值,都等于零. 即有关系式$\lim\limits_{x\to 0}x^2=x^2\Big|_{x=0}$.

定义 1.14　已知函数 $f(x)$ 在点 x_0 处及其左右有定义，若有关系式 $\lim\limits_{x \to x_0} f(x) = f(x_0)$，则称函数 $f(x)$ 在点 x_0 处连续.

函数 $y = f(x)$ 在点 x_0 处连续，只能说明函数 $y = f(x)$ 在点 x_0 处及其左右的变化情况，它表示函数的局部性质，那么它与函数改变量有什么关系？考虑在点 x_0 处，自变量有了改变量 $\Delta x = x - x_0$，相应的函数改变量为 $\Delta y = f(x) - f(x_0)$，考察关系式 $\lim\limits_{x \to x_0} f(x) = f(x_0)$，根据 §1.4 定理 1.5，它等价于：当 $x \to x_0$ 时，变量 $f(x) - f(x_0)$ 为无穷小量，这意味着：当 $\Delta x \to 0$ 时，有 $\Delta y \to 0$，即极限 $\lim\limits_{\Delta x \to 0} \Delta y = 0$，于是有下面的定理.

定理 1.7　已知函数 $f(x)$ 在点 x_0 处及其左右有定义，在点 x_0 处的自变量改变量为 Δx，相应的函数改变量为 Δy，函数 $y = f(x)$ 在点 x_0 处连续等价于极限

$$\lim_{\Delta x \to 0} \Delta y = 0$$

当函数 $f(x)$ 的定义域为闭区间 $[a,b]$ 时，只要右极限 $\lim\limits_{x \to a^+} f(x) = f(a)$，就认为函数 $f(x)$ 在左端点 a 处连续；只要左极限 $\lim\limits_{x \to b^-} f(x) = f(b)$，就认为函数 $f(x)$ 在右端点 b 处连续.

若函数 $f(x)$ 在区间 I（可以是开区间，也可以是闭区间或半开区间）上每一点 x 处都连续，则称函数 $f(x)$ 在区间 I 上连续，并称函数 $f(x)$ 为区间 I 上的连续函数. 连续函数的图形是一条不断开的连续曲线.

根据 §1.3 极限基本运算法则 1 至法则 4，连续函数与连续函数的和、差、积、商及复合仍为连续函数，其中作为除式的连续函数取值须不为零. 显然，单调连续函数的反函数仍为单调连续函数.

根据 §1.3 极限基本运算法则 5，得到**结论**：所有初等函数是其定义域上的连续函数.

连续函数具有下列性质：

性质 1　如果函数 $f(x)$ 在闭区间 $[a,b]$ 上连续，则函数 $f(x)$ 在闭区间 $[a,b]$ 上有界，存在最大值与最小值；

性质 2　如果函数 $f(x)$ 在闭区间 $[a,b]$ 上连续，且函数值 $f(a)$ 与 $f(b)$ 异号，则在开区间 (a,b) 内至少存在一点 ξ，使得

$$f(\xi) = 0 \quad (a < \xi < b)$$

性质 3　如果函数 $f(x)$ 在开区间 (a,b) 内连续，且 $f(x) \neq 0$，则对于开区间 (a,b) 内所有点 x，函数 $f(x)$ 同号.

最后讨论分段函数在分界点处的连续性.

例 1　填空题

若分段函数

$$f(x) = \begin{cases} (1+x)^{\frac{5}{x}}, & x \neq 0 \\ a, & x = 0 \end{cases}$$

在分界点 $x = 0$ 处连续，则常数 $a =$ ______.

数学微启示

由函数的连续性引发的思考：冰冻三尺非一日之寒

解：注意到函数值 $f(0) = a$；又注意到分段函数 $f(x)$ 在分界点 $x = 0$ 左右的数学表达式一样，因而直接计算极限 $\lim\limits_{x \to 0} f(x)$. 考虑到在自变量 $x \to 0$ 的过程中，恒有 $x \neq 0$，根据所给分

段函数 $f(x)$ 的表达式,这时函数 $f(x)=(1+x)^{\frac{5}{x}}$,因此极限

$$\lim_{x\to 0}f(x)=\lim_{x\to 0}(1+x)^{\frac{5}{x}}\quad (1^{\infty}\text{ 型})$$
$$=\lim_{x\to 0}\left[(1+x)^{\frac{1}{x}}\right]^{5}=e^{5}$$

由于分段函数 $f(x)$ 在分界点 $x=0$ 处连续,意味着极限 $\lim\limits_{x\to 0}f(x)$ 等于函数值 $f(0)$,从而得到常数

$$a=e^{5}$$

于是应将"e^5"直接填在空内.

例 2 已知分段函数

$$f(x)=\begin{cases}x^{3}-2, & x<2\\ kx, & x\geqslant 2\end{cases}$$

在分界点 $x=2$ 处连续,求常数 k 的值.

解:由于分段函数 $f(x)$ 在分界点 $x=2$ 处连续,从而极限 $\lim\limits_{x\to 2}f(x)$ 存在. 注意到分段函数 $f(x)$ 在分界点 $x=2$ 左右的数学表达式不一样,因而应分别计算左极限 $\lim\limits_{x\to 2^-}f(x)$ 与右极限 $\lim\limits_{x\to 2^+}f(x)$,它们都存在且相等.

考虑到 $x\to 2^-$ 意味着点 x 从点 2 的左方无限接近于点 2,从而在自变量 $x\to 2^-$ 的过程中,恒有 $x<2$,根据所给分段函数 $f(x)$ 的表达式,这时函数 $f(x)=x^3-2$,因此左极限

$$\lim_{x\to 2^-}f(x)=\lim_{x\to 2^-}(x^{3}-2)=6$$

又考虑到 $x\to 2^+$ 意味着点 x 从点 2 的右方无限接近于点 2,从而在自变量 $x\to 2^+$ 的过程中,恒有 $x>2$,根据所给分段函数 $f(x)$ 的表达式,这时函数 $f(x)=kx$,因此右极限

$$\lim_{x\to 2^+}f(x)=\lim_{x\to 2^+}kx=2k$$

由于左极限 $\lim\limits_{x\to 2^-}f(x)$ 等于右极限 $\lim\limits_{x\to 2^+}f(x)$,即有关系式 $6=2k$,所以常数

$$k=3$$

[拓展阅读]

柯西 —— 业绩永存的数学大师

柯西(Cauchy,1789—1851),法国数学家,是微积分严密化的奠基人,为微积分的更大发展打下了牢固基础.

柯西在数学上最大的贡献是在微积分中引进了极限概念. 他在 1821—1826 年提出函数的科学定义,用极限的 ε(后来改成 δ) 描述方法,给出极限、连续、导数、微分等一系列微积分基本概念的严格定义,明确提出把定积分作为微积分的基本概念,严格证明了连续函数定积分的存在性,并且给出广义积分的精确定义,明确提出级数的收敛与发散理论. 柯西在微积分发展史上,第一次将微积分建立在极限理论基础上,建立了逻辑清晰的分析体系,这是微积分发展史上的精华,也是柯西对人类科学发展所做的巨大贡献. 柯西的代表性著作有《分

析教程》《无限小计算教程概论》《微积分学在几何学中的应用》.

柯西在巴黎病逝，他临终的一句名言，“人总是要死的，但是他们的业绩永存.”长久地叩击着一代又一代学子的心扉.

国际象棋与等比数列的故事

传说古代印度有一个国王喜爱象棋，中国智者云游到此，国王得知智者棋艺高超，于是派人请来智者与其对弈，并傲慢地说：“如果你赢了，我将答应你的任何要求.”智者想治一治国王的傲慢，当国王输棋后，智者说：“陛下只需派人用麦粒填满棋盘上的所有空格——把1粒米放在棋盘的第1格里，2粒米放在第2格，4粒米放在第3格，8粒米放在第4格，依此类推，每个方格中的米粒数量都是之前方格中的米粒数量的2倍.”

国王欣然应允，这太简单了，诧异于智者竟然只想要这么一点儿赏赐——但随后却大吃了一惊.当他开始叫人把米放在棋盘上时，最初几个方格中的米粒少得像几乎不存在一样.但是，往第16个方格上放米粒时，就需要拿出1千克的大米.而到了第20格时，他的那些仆人则需要推来满满一手推车的米.国王根本无法提供足够的大米放在棋盘上的第64格上去.因为此时，棋盘上米粒的数量会达到惊人的18 446 744 073 709 551 615粒，大约是140万亿千克，这比过去1 000年来全球大米的生产总量还要多得多.

习　题　一

1.01　一块正方形纸板的边长为 a，将其四角各截去一个大小相同的边长为 x 的小正方形，再将四边折起做成一个无盖方盒，试将无盖方盒容积 V 表示为所截小正方形边长 x 的函数.

1.02　欲做一个容积为 72 m^3 的长方体带盖箱子，箱子底长 xm 与宽 um 的比为 1 : 2，试将长方体带盖箱子表面积 Sm^2 表示为底长 xm 的函数.

1.03　欲做一个容积为 250πm^3 的圆柱形无盖蓄水池，已知池周围材料价格为 a 元/m^2，池底材料价格为池周围材料价格的2倍，试将所用材料费 T 元表示为池底半径 rm 的函数.

1.04　某产品总成本 C 为月产量 x 的函数

$$C = C(x) = \frac{1}{5}x^2 + 4x + 20$$

试将平均单位成本 $\overline{C}$ 表示为月产量 x 的函数.

1.05　某厂每批生产 Qt 某商品的平均单位成本函数为

$$\overline{C} = \overline{C}(Q) = Q + 4 + \frac{10}{Q}(\text{万元}/\text{t})$$

商品销售价格为 p 万元/t，它与批量 Qt 的关系为

$$5Q + p - 28 = 0$$

试将每批商品全部销售后获得的总利润 L 万元表示为批量 Qt 的函数.

1.06　求下列极限：

(1) $\lim\limits_{x\to\infty} 10^{\frac{1}{x}}$　　　　(2) $\lim\limits_{x\to 5} \dfrac{\sqrt{x-1}+2}{\sqrt{x+4}+3}$

(3) $\lim\limits_{x\to 0}\dfrac{1}{1+\cos x}$　　(4) $\lim\limits_{x\to 1}\arctan x$

1.07　已知分段函数

$$f(x)=\begin{cases}3x-1, & x<1\\ x^2+1, & x>1\end{cases}$$

求极限$\lim\limits_{x\to 1}f(x)$.

1.08　求下列极限:

(1) $\lim\limits_{x\to 0}x\cos\dfrac{1}{x}$　　(2) $\lim\limits_{x\to 0}\dfrac{10^x}{x}$

1.09　求下列极限:

(1) $\lim\limits_{x\to -3}\dfrac{x^2-9}{x+3}$　　(2) $\lim\limits_{x\to 2}\dfrac{x^2-3x+2}{x-2}$

(3) $\lim\limits_{x\to 5}\dfrac{x^2-5x}{x^2-25}$　　(4) $\lim\limits_{x\to 3}\dfrac{x^2-4x+3}{x^2-x-6}$

1.10　求下列极限:

(1) $\lim\limits_{x\to 2}\dfrac{\sqrt{5x-1}-3}{x-2}$　　(2) $\lim\limits_{x\to 0}\dfrac{\sqrt{1+x}-\sqrt{1-x}}{x}$

(3) $\lim\limits_{x\to 1}\dfrac{x-1}{\sqrt{1+x}-\sqrt{3-x}}$　　(4) $\lim\limits_{x\to 3}\dfrac{\sqrt{x-2}-1}{\sqrt{x+1}-2}$

1.11　求下列极限:

(1) $\lim\limits_{x\to\infty}\dfrac{4x^3-x^2+1}{3x^2+2x}$　　(2) $\lim\limits_{x\to\infty}\dfrac{(x^3+1)(5x-2)}{(x^2+1)^2}$

(3) $\lim\limits_{x\to\infty}\dfrac{x+2}{x^2+1}\sin x$　　(4) $\lim\limits_{n\to\infty}\dfrac{2n^2-5}{7n^2+4n+3}$

1.12　求下列极限:

(1) $\lim\limits_{x\to 0}\dfrac{\sin^2 x}{x}$　　(2) $\lim\limits_{x\to 0}\dfrac{\sin 3x}{x}$

(3) $\lim\limits_{x\to 0}\dfrac{2x-\sin x}{2x+\sin x}$　　(4) $\lim\limits_{x\to 1}\dfrac{\sin(x^2-1)}{x-1}$

1.13　求下列极限:

(1) $\lim\limits_{x\to\infty}\left(1+\dfrac{1}{x}\right)^{x+5}$　　(2) $\lim\limits_{x\to\infty}\left(1+\dfrac{1}{x}\right)^{5x}$

(3) $\lim\limits_{x\to 0}(1+3x)^{\frac{3}{x}}$　　(4) $\lim\limits_{n\to\infty}\left(1-\dfrac{4}{n}\right)^{2n}$

1.14　已知极限$\lim\limits_{x\to 0}(1+kx)^{\frac{1}{x}}=3$,求常数$k$的值.

1.15　已知分段函数

$$f(x)=\begin{cases}\dfrac{\sin x}{x^2+3x}, & x\neq 0\\ a, & x=0\end{cases}$$

在分界点 $x=0$ 处连续，求常数 a 的值.

1.16　已知分段函数

$$f(x)=\begin{cases}ke^{2x}, & x<0\\ 1-3k\cos x, & x\geqslant 0\end{cases}$$

在分界点 $x=0$ 处连续，求常数 k 的值.

1.17　填空题

(1) 极限$\lim\limits_{x\to 2}(x^3-x+3)=$______.

(2) 左极限 $\lim\limits_{x\to 0^-}\dfrac{|x|}{x}=$______.

(3) 极限$\lim\limits_{x\to 0}x\sin\dfrac{1}{x}=$______.

(4) 极限 $\lim\limits_{x\to -1}\dfrac{x^2+1}{x^2-1}=$______.

(5) 当 $x\to 0$ 时，若无穷小量 $f(x)$ 与 $1-\cos 3x$ 是等价无穷小量，则它们比值的极限 $\lim\limits_{x\to 0}\dfrac{f(x)}{1-\cos 3x}=$______.

(6) 已知极限$\lim\limits_{x\to 1}\dfrac{x^3+kx^2-x-3}{x-1}$存在，则常数 $k=$______.

(7) 已知极限$\lim\limits_{x\to\infty}\left(1-\dfrac{1}{kx}\right)^x=e^2$，则常数 $k=$______.

(8) 已知当 $x\neq 0$ 时，函数 $f(x)=\dfrac{1-\cos^2 x}{x^2}$，若函数 $f(x)$ 在点 $x=0$ 处连续，则函数值 $f(0)=$______.

1.18　单项选择题

(1) 若极限$\lim\limits_{x\to\infty}f(x)=A$，$\lim\limits_{x\to\infty}g(x)=A$($A$ 为有限值)，则下列关系式中(　　)非恒成立.

(a) $\lim\limits_{x\to\infty}(f(x)+g(x))=2A$　　(b) $\lim\limits_{x\to\infty}(f(x)-g(x))=0$

(c) $\lim\limits_{x\to\infty}f(x)g(x)=A^2$　　(d) $\lim\limits_{x\to\infty}\dfrac{f(x)}{g(x)}=1$

(2) 极限$\lim\limits_{x\to 2}\dfrac{x^2+x-6}{x^2-4}=$(　　).

(a) $-\dfrac{5}{4}$　　(b) $\dfrac{5}{4}$

(c) $-\dfrac{4}{5}$　　(d) $\dfrac{4}{5}$

(3) 极限 $\lim\limits_{x\to 1}\dfrac{1-x^2}{1-\sqrt{x}}=$(　　).

(a)0　　(b)1

(c)2　　(d)4

(4) 极限$\lim\limits_{x\to\infty}\dfrac{3x^2+x}{1-x^2}=$(　　).

(a) -3　　(b) 3

(c) -1　　(d) 1

(5) 当 $x\to 0$ 时,无穷小量 $\sin(2x+x^2)$ 与 x 比较是(　　)无穷小量.

(a) 较高阶　　(b) 较低阶

(c) 同阶但非等价　　(d) 等价

(6) 极限 $\lim\limits_{n\to\infty}\left(1+\dfrac{2}{n}\right)^n=$ (　　).

(a) $\dfrac{e}{2}$　　(b) $2e$

(c) $\sqrt{e}$　　(d) e^2

(7) 已知分段函数

$$f(x)=\begin{cases} e^x, & x<0 \\ (1+x)^{\frac{1}{x}}, & x>0 \end{cases}$$

则右极限 $\lim\limits_{x\to 0^+}f(x)=$ (　　).

(a) 0　　(b) 1

(c) e　　(d) $+\infty$

(8) 若分段函数

$$f(x)=\begin{cases} 2, & x\leqslant 0 \\ \dfrac{1}{x}\sin x+p, & x>0 \end{cases}$$

在分界点 $x=0$ 处连续,则常数 $p=$ (　　).

(a) 0　　(b) 1

(c) 2　　(d) 3

第二章　导数与微分

知识目标

- 理解导数的概念及几何意义.
- 熟练掌握导数的基本运算法则及导数基本公式.
- 熟练掌握复合函数导数运算法则.
- 了解微分的概念.

能力目标

- 能利用导数的物理意义计算物理领域中的速度、加速度.
- 能熟练计算初等函数的一阶导数及二阶导数.
- 能理解微分就是在微小局部以“直”代“曲”的思想方法.
- 能熟练计算函数的微分.

素养目标

通过“导数与微分”的学习和训练，教师要让学生明白导数的概念和其他数学概念一样来源于实践，通过理论联系实践，锻炼同学们观察问题的能力，抽象概括、逻辑推理、归纳总结、灵活运用、解决实际问题的能力，养成勤于思考并善于用科学方法思考的习惯.

本章知识思维导图

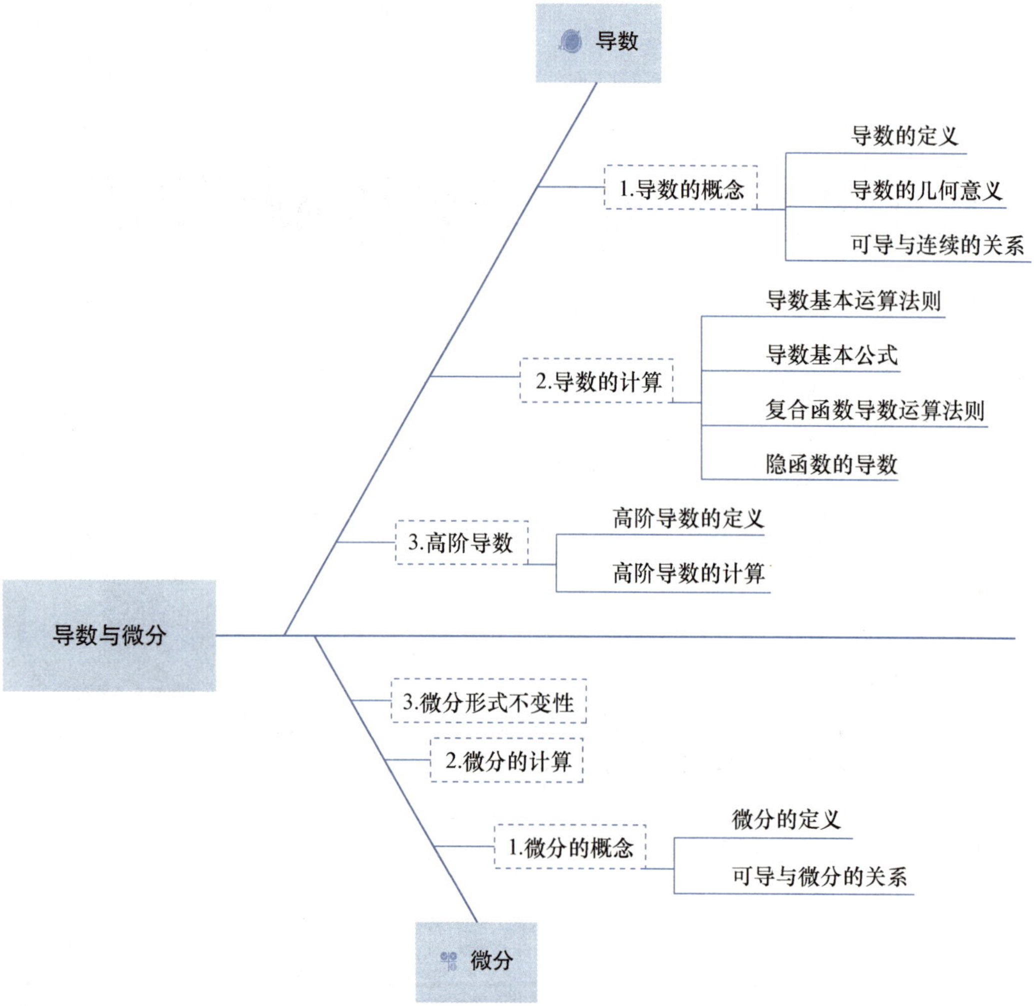

【引导案例】

边际分析问题

由前面1.2节中例5得到的结论，若某产品每日全部销售后获得的总利润L元与日产量x(千克)间关系为：

$$L=-\frac{4}{9}x^2+40x-100$$

讨论：日产量为100千克是不是最好的日产量?

分析：100千克是不是最好的日产量，取决于是不是使每天的利润最大，通常该问题的解决可以用计算利润函数的最值法来判断. 这里我们用一个简单的方法——边际分析的方法解决此问题.

边际是经济学中的名词，指的是对现有行动进行的微小调整，这些微小调整所带来的成本、收益和利润分别被称为“边际成本”、“边际收益”和“边际利润”，即自变量改变一个单位所引起的因变量的改变量，或者说是因变量关于自变量的变化率，等价于数学中的导数.

§ 2.1　导数的概念

导数的定义

在实际问题中，往往需要研究一类特殊的极限.

例 1　平面曲线的切线

已知函数曲线 $y=f(x)$，它经过点 $M_0(x_0,y_0)$，取函数曲线 $y=f(x)$ 上的另外一点 $M(x_0+\Delta x,y_0+\Delta y)$，作割线 M_0M，如图 2－1.

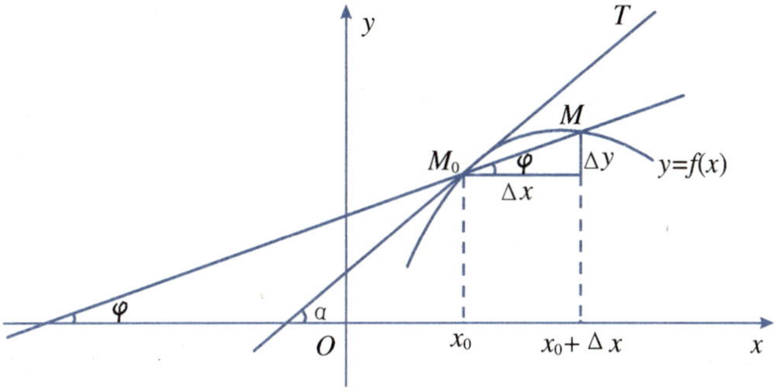

图 2－1

设割线 M_0M 的倾斜角为 $\varphi\neq\frac{\pi}{2}$，从而割线斜率为

$$\tan\varphi=\frac{\Delta y}{\Delta x}=\frac{f(x_0+\Delta x)-f(x_0)}{\Delta x}$$

当 $\Delta x\to 0$ 时，动点 M 沿着函数曲线 $y=f(x)$ 无限接近于固定点 M_0，从而使得割线 M_0M 的位置也随着变动，若割线 M_0M 的极限位置存在，则称此极限位置 M_0T 为函数曲线 $y=f(x)$ 上点 $M_0(x_0,y_0)$ 处的切线，再设切线 M_0T 的倾斜角为 $\alpha\neq\frac{\pi}{2}$，即切线 M_0T 的斜率 $k=\tan\alpha$ 存在，这意味着当 $\Delta x\to 0$ 时割线斜率 $\tan\varphi$ 的极限存在，此极限为切线斜率 k，即

$$k=\lim_{\Delta x\to 0}\frac{\Delta y}{\Delta x}=\lim_{\Delta x\to 0}\frac{f(x_0+\Delta x)-f(x_0)}{\Delta x}$$

例 2　直线运动的瞬时速度

在物体做直线运动时，它距出发点走过的路程 s 是经过时间 t 的函数 $s=s(t)$，这个函数 $s=s(t)$ 称为运动方程. 物体在时刻 $t=t_0$ 距出发点走过的路程为 $s(t_0)$，在时刻 $t=t_0+\Delta t$ 距出发点走过的路程为 $s(t_0+\Delta t)$，从而在时刻 t_0 到 $t_0+\Delta t$ 这一段时间间隔 Δt 内，所走过的路程为 $\Delta s=s(t_0+\Delta t)-s(t_0)$，其平均速度为

$$\bar{v}=\frac{\Delta s}{\Delta t}=\frac{s(t_0+\Delta t)-s(t_0)}{\Delta t}$$

一般情况下,平均速度 $\bar{v}$ 与时间间隔 Δt 有关.当时间间隔 Δt 很短时,可以用平均速度 $\bar{v}$ 近似表示物体做直线运动在时刻 $t=t_0$ 的快慢程度,时间间隔 Δt 越短,近似程度就越高.当 $\Delta t\to 0$ 时,若平均速度 $\bar{v}$ 的极限存在,则称此极限为物体做直线运动在时刻 $t=t_0$ 的瞬时速度

$$v=\lim_{\Delta t\to 0}\frac{\Delta s}{\Delta t}=\lim_{\Delta t\to 0}\frac{s(t_0+\Delta t)-s(t_0)}{\Delta t}$$

在上面两个具体问题中,尽管实际背景不一样,但从抽象的数量关系来看却是一样的,都归结为:当自变量改变量趋于零时,计算函数改变量与自变量改变量之比值的极限.

定义 2.1 已知函数 $y=f(x)$ 在点 x_0 处及其左右有定义,自变量 x 在点 x_0 处有了改变量 $\Delta x\neq 0$,相应函数改变量为 $\Delta y=f(x_0+\Delta x)-f(x_0)$.当 $\Delta x\to 0$ 时,若比值 $\frac{\Delta y}{\Delta x}$ 的极限存在,则称函数 $y=f(x)$ 在点 x_0 处可导,并称此极限为函数 $y=f(x)$ 在点 x_0 处的导数值,记作

$$f'(x_0)=\lim_{\Delta x\to 0}\frac{\Delta y}{\Delta x}=\lim_{\Delta x\to 0}\frac{f(x_0+\Delta x)-f(x_0)}{\Delta x}$$

还可以记作

$$y'\Big|_{x=x_0}\ \text{或}\ \frac{\mathrm{d}}{\mathrm{d}x}f(x)\Big|_{x=x_0}\ \text{或}\ \frac{\mathrm{d}y}{\mathrm{d}x}\Big|_{x=x_0}$$

根据 §1.3 定理 1.3,比值的极限 $\lim\limits_{\Delta x\to 0}\frac{f(x_0+\Delta x)-f(x_0)}{\Delta x}$ 存在等价于

$$\begin{cases}\text{比值的左极限}\ \lim\limits_{\Delta x\to 0^-}\dfrac{f(x_0+\Delta x)-f(x_0)}{\Delta x}\\ \text{比值的右极限}\ \lim\limits_{\Delta x\to 0^+}\dfrac{f(x_0+\Delta x)-f(x_0)}{\Delta x}\end{cases}$$

同时存在且相等.比值的左极限与右极限分别称为函数 $y=f(x)$ 在点 x_0 处的左导数值与右导数值,于是有下面的定理.

定理 2.1 函数 $y=f(x)$ 在点 x_0 处可导等价于

$$\begin{cases}\text{左导数值}\ \lim\limits_{\Delta x\to 0^-}\dfrac{f(x_0+\Delta x)-f(x_0)}{\Delta x}\\ \text{右导数值}\ \lim\limits_{\Delta x\to 0^+}\dfrac{f(x_0+\Delta x)-f(x_0)}{\Delta x}\end{cases}$$

同时存在且相等.

当函数 $f(x)$ 的定义域为闭区间 $[a,b]$ 时,只要函数 $f(x)$ 在左端点 a 处的右导数值存在,就认为函数 $f(x)$ 在左端点 a 处可导;只要函数 $f(x)$ 在右端点 b 处的左导数值存在,就认为函数 $f(x)$ 在右端点 b 处可导.

根据导数值的定义,在例 1 中,函数曲线 $y=f(x)$ 上点 $M_0(x_0,y_0)$ 处的切线斜率

$$k=f'(x_0)$$

这给出了导数值的几何意义.说明若函数 $f(x)$ 在点 x_0 处可导,则函数曲线 $y=f(x)$ 上相应

点 $M_0(x_0, f(x_0))$ 处存在切线且切线倾斜角 $\alpha \neq \frac{\pi}{2}$，即切线不垂直于 x 轴；在例 2 中，直线运动方程为 $s=s(t)$ 的物体在时刻 $t=t_0$ 的瞬时速度

$$v = s'(t_0)$$

导数值的定义已经给出了求导数值 $f'(x_0)$ 的具体方法：当自变量改变量 Δx 趋于零时，计算函数改变量 $f(x_0+\Delta x)-f(x_0)$ 与自变量改变量 Δx 之比值的极限. 在计算这个比值的极限过程中，变量为自变量改变量 Δx. 根据 §1.3 定理 1.4，这个比值的极限值与变量记号无关，因此自变量改变量的记号不仅可以表示为 Δx，也可以表示为 $3\Delta x$ 或 $-\Delta x$，甚至可以表示为 h 或 x，当然这个比值的分母必须与作为分子的函数改变量表达式中的自变量改变量记号完全一致，而且自变量改变量一定趋于零. 于是有

$$\begin{aligned} f'(x_0) &= \lim_{\Delta x \to 0} \frac{f(x_0+\Delta x)-f(x_0)}{\Delta x} = \lim_{\Delta x \to 0} \frac{f(x_0+3\Delta x)-f(x_0)}{3\Delta x} \\ &= \lim_{\Delta x \to 0} \frac{f(x_0-\Delta x)-f(x_0)}{-\Delta x} = \lim_{h \to 0} \frac{f(x_0+h)-f(x_0)}{h} \\ &= \lim_{x \to 0} \frac{f(x_0+x)-f(x_0)}{x} = \cdots \end{aligned}$$

例 3　单项选择题

已知函数 $f(x)$ 在点 x_0 处可导，则极限 $\lim\limits_{\Delta x \to 0} \frac{f(x_0-3\Delta x)-f(x_0)}{\Delta x} =$ (　　).

(a) $-3f'(x_0)$　　　　(b) $3f'(x_0)$

(c) $-\frac{1}{3}f'(x_0)$　　　　(d) $\frac{1}{3}f'(x_0)$

解：计算极限

$$\lim_{\Delta x \to 0} \frac{f(x_0-3\Delta x)-f(x_0)}{\Delta x} = -3\lim_{\Delta x \to 0} \frac{f(x_0-3\Delta x)-f(x_0)}{-3\Delta x} = -3f'(x_0)$$

这个正确答案恰好就是备选答案(a)，所以选择(a).

例 4　填空题

若极限 $\lim\limits_{h \to 0} \frac{f(x_0+2h)-f(x_0)}{h} = 4$，则导数值 $f'(x_0) =$ ______.

解：计算极限

$$\lim_{h \to 0} \frac{f(x_0+2h)-f(x_0)}{h} = 2\lim_{h \to 0} \frac{f(x_0+2h)-f(x_0)}{2h} = 2f'(x_0)$$

再从已知条件得到关系式 $2f'(x_0)=4$，因而导数值

$$f'(x_0) = 2$$

于是应将“2”直接填在空内.

函数可导与连续有什么关系？有下面的定理.

定理 2.2　如果函数 $y=f(x)$ 在点 x_0 处可导，则函数 $y=f(x)$ 在点 x_0 处连续.

证：由于函数 $y=f(x)$ 在点 x_0 处可导，因而有极限

$$\lim_{\Delta x \to 0} \frac{\Delta y}{\Delta x} = f'(x_0)\text{（有限值）}$$

当自变量改变量 Δx 趋于零时，考察函数改变量 Δy 的极限，有

$$\lim_{\Delta x\to 0}\Delta y=\lim_{\Delta x\to 0}\frac{\Delta y}{\Delta x}\Delta x=\lim_{\Delta x\to 0}\frac{\Delta y}{\Delta x}\lim_{\Delta x\to 0}\Delta x=f'(x_0)\cdot 0=0$$

根据 §1.7 定理 1.7，所以函数 $y=f(x)$ 在点 x_0 处连续.

根据这个定理，只有函数 $y=f(x)$ 在点 x_0 处连续，才能进一步考察它在点 x_0 处是否可导. 从数学角度上讲，导数值 $f'(x_0)=\lim\limits_{\Delta x\to 0}\dfrac{\Delta y}{\Delta x}$ 是一种特殊类型的 $\dfrac{0}{0}$ 型未定式极限.

但是，在某点处连续的函数不一定在该点处可导. 如考虑函数 $f(x)=\sqrt[3]{x}$ 在点 $x=0$ 处的连续性与可导性：由于它为初等函数，根据在 §1.7 中得到的结论，因而它是其定义域 $D=(-\infty,+\infty)$ 上的连续函数，当然在点 $x=0$ 处连续；根据导数值的定义，它在点 $x=0$ 处的导数值定义为极限

$$\lim_{\Delta x\to 0}\frac{f(0+\Delta x)-f(0)}{\Delta x}=\lim_{\Delta x\to 0}\frac{\sqrt[3]{\Delta x}-0}{\Delta x}=\lim_{\Delta x\to 0}\frac{1}{\sqrt[3]{(\Delta x)^2}}=\infty$$

由于此极限不存在，于是它在点 $x=0$ 处不可导. 再如分段函数 $f(x)=|x|$ 在分界点 $x=0$ 处显然连续；考虑左导数值

$$\lim_{\Delta x\to 0^-}\frac{f(0+\Delta x)-f(0)}{\Delta x}=\lim_{\Delta x\to 0^-}\frac{|\Delta x|-0}{\Delta x}=\lim_{\Delta x\to 0^-}\frac{-\Delta x}{\Delta x}=\lim_{\Delta x\to 0^-}(-1)=-1$$

而右导数值

$$\lim_{\Delta x\to 0^+}\frac{f(0+\Delta x)-f(0)}{\Delta x}=\lim_{\Delta x\to 0^+}\frac{|\Delta x|-0}{\Delta x}=\lim_{\Delta x\to 0^+}\frac{\Delta x}{\Delta x}=\lim_{\Delta x\to 0^+}1=1$$

尽管左导数值与右导数值都存在，但不相等，根据定理 2.1，于是它在分界点 $x=0$ 处不可导.

综合上面的讨论得到**结论**：对于一元函数，可导一定连续，但连续不一定可导.

若函数 $y=f(x)$ 在区间 I(可以是开区间，也可以是闭区间或半开区间) 上每一点 x 处都可导，则称函数 $y=f(x)$ 在区间 I 上可导，或称函数 $y=f(x)$ 在区间 I 上对自变量 x 可导，并称函数 $y=f(x)$ 为区间 I 上的可导函数. 这样，对于区间 I 上每一点 x，恒有一个导数值与之对应，于是得到一个新的函数，这个新的函数称为函数 $y=f(x)$ 的导函数，简称为导数，也称为函数 $y=f(x)$ 对自变量 x 的导数，记作

$$f'(x)=\lim_{\Delta x\to 0}\frac{\Delta y}{\Delta x}=\lim_{\Delta x\to 0}\frac{f(x+\Delta x)-f(x)}{\Delta x}$$

还可以记作

$$y' \text{ 或 } \frac{\mathrm{d}}{\mathrm{d}x}f(x) \text{ 或 } \frac{\mathrm{d}y}{\mathrm{d}x}$$

应用求导数的具体方法，容易得到常量函数 $f(x)=c$(c 为常数) 的导数

$$f'(x)=\lim_{\Delta x\to 0}\frac{f(x+\Delta x)-f(x)}{\Delta x}=\lim_{\Delta x\to 0}\frac{c-c}{\Delta x}=\lim_{\Delta x\to 0}0=0$$

说明常量的导数等于零，即

$$(c)'=0 \quad (c \text{ 为常数})$$

例 5 求函数 $f(x)=x^2$ 的导数.

解:$f'(x)=\lim\limits_{\Delta x\to 0}\dfrac{f(x+\Delta x)-f(x)}{\Delta x}=\lim\limits_{\Delta x\to 0}\dfrac{(x+\Delta x)^2-x^2}{\Delta x}\quad\left(\dfrac{0}{0}\text{型}\right)$

$$=\lim_{\Delta x\to 0}\frac{(2x+\Delta x)\Delta x}{\Delta x}=\lim_{\Delta x\to 0}(2x+\Delta x)=2x$$

即有

$$(x^2)'=2x$$

例 6　求函数 $f(x)=\sqrt{x}(x>0)$ 的导数.

解:$f'(x)=\lim\limits_{\Delta x\to 0}\dfrac{f(x+\Delta x)-f(x)}{\Delta x}=\lim\limits_{\Delta x\to 0}\dfrac{\sqrt{x+\Delta x}-\sqrt{x}}{\Delta x}\quad\left(\dfrac{0}{0}\text{型}\right)$

$$=\lim_{\Delta x\to 0}\frac{(\sqrt{x+\Delta x}-\sqrt{x})(\sqrt{x+\Delta x}+\sqrt{x})}{\Delta x(\sqrt{x+\Delta x}+\sqrt{x})}=\lim_{\Delta x\to 0}\frac{\Delta x}{\Delta x(\sqrt{x+\Delta x}+\sqrt{x})}$$

$$=\lim_{\Delta x\to 0}\frac{1}{\sqrt{x+\Delta x}+\sqrt{x}}=\frac{1}{2\sqrt{x}}$$

即有

$$(\sqrt{x})'=\frac{1}{2\sqrt{x}}$$

考虑函数 $f(x)$,若已经求出导数 $f'(x)$,则导数 $f'(x)$ 在属于定义域的点 x_0 处的函数值就是函数 $f(x)$ 在点 x_0 处的导数值,即

$$f'(x_0)=f'(x)\Big|_{x=x_0}$$

说明在导数 $f'(x)$ 的表达式中,自变量 x 用数 x_0 代入就得到导数值 $f'(x_0)$.

值得注意的是:函数 $f(x)$ 的导数 $f'(x)$ 也可以用 $(f(x))'$ 表示,它们的含义是一样的,即

$$f'(x)=(f(x))'$$

但是函数 $f(x)$ 在点 x_0 处的导数值 $f'(x_0)$ 却不能用 $(f(x_0))'$ 表示,这是由于 $(f(x_0))'$ 代表函数值 $f(x_0)$ 即常数的导数,当然等于零,因而它们的含义是不一样的,即

$$f'(x_0)\neq(f(x_0))'$$

§2.2　导数基本运算法则

尽管导数的定义给出了求导数的具体方法,但是若对每一个函数都直接根据定义求得导数,则工作量是很大的.因此有必要给出导数基本运算法则,以简化求导数的计算.下面给出导数基本运算法则:

法则 1　如果函数 $u=u(x)$,$v=v(x)$ 都可导,则导数

$$(u\pm v)'=u'\pm v'$$

证:对应于自变量改变量 $\Delta x\neq 0$,函数 u,v 分别取得改变量 $\Delta u,\Delta v$,从而函数 $y=u\pm v$ 取得改变量

$$\Delta y=[(u+\Delta u)\pm(v+\Delta v)]-(u\pm v)=\Delta u\pm\Delta v$$

注意到由于函数 u 可导,从而导数 $u'=\lim\limits_{\Delta x\to 0}\dfrac{\Delta u}{\Delta x}$;由于函数 v 可导,从而导数 $v'=\lim\limits_{\Delta x\to 0}\dfrac{\Delta v}{\Delta x}$. 于是导数

$$y'=\lim_{\Delta x\to 0}\frac{\Delta y}{\Delta x}=\lim_{\Delta x\to 0}\frac{\Delta u\pm\Delta v}{\Delta x}=\lim_{\Delta x\to 0}\left(\frac{\Delta u}{\Delta x}\pm\frac{\Delta v}{\Delta x}\right)=u'\pm v'$$

即导数

$$(u\pm v)'=u'\pm v'$$

法则 2 如果函数 $u=u(x)$,$v=v(x)$ 都可导,则导数

$$(uv)'=u'v+uv'$$

证:对应于自变量改变量 $\Delta x\neq 0$,函数 u,v 分别取得改变量 Δu,Δv,从而函数 $y=uv$ 取得改变量

$$\Delta y=(u+\Delta u)(v+\Delta v)-uv=\Delta u\cdot v+u\Delta v+\Delta u\Delta v$$

注意到由于函数 u,v 都是与自变量改变量 Δx 无关的量,从而极限 $\lim\limits_{\Delta x\to 0}u=u$,$\lim\limits_{\Delta x\to 0}v=v$;又由于函数 v 可导,当然连续,从而极限 $\lim\limits_{\Delta x\to 0}\Delta v=0$. 于是导数

$$y'=\lim_{\Delta x\to 0}\frac{\Delta y}{\Delta x}=\lim_{\Delta x\to 0}\frac{\Delta u\cdot v+u\Delta v+\Delta u\Delta v}{\Delta x}=\lim_{\Delta x\to 0}\left(\frac{\Delta u}{\Delta x}v+u\frac{\Delta v}{\Delta x}+\frac{\Delta u}{\Delta x}\Delta v\right)$$
$$=u'v+uv'+u'\cdot 0=u'v+uv'$$

即导数

$$(uv)'=u'v+uv'$$

法则 3 如果函数 $u=u(x)$,$v=v(x)$ 都可导,且函数 $v\neq 0$,则导数

$$\left(\frac{u}{v}\right)'=\frac{u'v-uv'}{v^2}$$

证:对应于自变量改变量 $\Delta x\neq 0$,函数 u,v 分别取得改变量 Δu,Δv,从而函数 $y=\dfrac{u}{v}$ 取得改变量

$$\Delta y=\frac{u+\Delta u}{v+\Delta v}-\frac{u}{v}=\frac{\Delta u\cdot v-u\Delta v}{(v+\Delta v)v}$$

于是导数

$$y'=\lim_{\Delta x\to 0}\frac{\Delta y}{\Delta x}=\lim_{\Delta x\to 0}\frac{\dfrac{\Delta u\cdot v-u\Delta v}{(v+\Delta v)v}}{\Delta x}=\lim_{\Delta x\to 0}\frac{\dfrac{\Delta u}{\Delta x}v-u\dfrac{\Delta v}{\Delta x}}{(v+\Delta v)v}=\frac{u'v-uv'}{v^2}$$

即导数

$$\left(\frac{u}{v}\right)'=\frac{u'v-uv'}{v^2}$$

法则 1 可以推广,它对于 m 个函数的代数和也是适用的. 如果有限个函数 $u_1=u_1(x)$,$u_2=u_2(x)$,$\cdots$,$u_m=u_m(x)$ 都可导,则导数

$$(u_1+u_2+\cdots+u_m)'=u'_1+u'_2+\cdots+u'_m$$

法则 2 可以推广,它对于 m 个函数的积也是适用的. 如果有限个函数 $u_1=u_1(x)$,$u_2=u_2(x)$,$\cdots$,$u_m=u_m(x)$ 都可导,则导数

$$(u_1u_2\cdots u_m)' = u'_1u_2\cdots u_m + u_1u'_2\cdots u_m + \cdots + u_1u_2\cdots u'_m$$

特别地，如果函数 $u=u(x)$，$v=v(x)$ 及 $w=w(x)$ 都可导，根据导数基本运算法则 2 的推论，则导数

$$(uvw)' = u'vw + uv'w + uvw'$$

考虑特殊情况下的法则 2：如果函数 $v=v(x)$ 可导，k 为常数，则导数

$$(kv)' = (k)'v + kv' = 0 + kv' = kv'$$

说明常系数可以提到导数记号外面.

考虑特殊情况下的法则 3：如果函数 $v=v(x)$ 可导，且函数 $v\neq 0$，则导数

$$\left(\frac{1}{v}\right)' = \frac{(1)'v - 1\cdot v'}{v^2} = \frac{0-v'}{v^2} = -\frac{v'}{v^2}$$

为了推导导数基本公式的需要，下面给出函数导数与反函数导数的关系.

定理 2.3　如果函数 $x=f^{-1}(y)$ 在开区间 J 内单调可导，且导数 $\frac{\mathrm{d}}{\mathrm{d}y}f^{-1}(y)\neq 0$，则反函数 $y=f(x)$ 在对应区间内可导，且导数

$$f'(x) = \frac{1}{\frac{\mathrm{d}}{\mathrm{d}y}f^{-1}(y)}$$

证：由于函数 $x=f^{-1}(y)$ 在开区间 J 内单调，说明变量 x 与 y 一一对应；又由于函数 $x=f^{-1}(y)$ 在开区间 J 内可导，当然连续. 这样，函数 $x=f^{-1}(y)$ 的反函数 $y=f(x)$ 也在对应区间内单调连续. 于是当变量 x 有了改变量 $\Delta x\neq 0$ 时，变量 y 的改变量 $\Delta y\neq 0$，且当 $\Delta x\to 0$ 时，也有 $\Delta y\to 0$. 所以导数

$$f'(x) = \lim_{\Delta x\to 0}\frac{\Delta y}{\Delta x} = \lim_{\Delta y\to 0}\frac{1}{\frac{\Delta x}{\Delta y}} = \frac{1}{\frac{\mathrm{d}}{\mathrm{d}y}f^{-1}(y)}$$

综合上面的讨论，得到导数基本运算法则：

法则 1　$(u\pm v)' = u'\pm v'$

法则 2　$(uv)' = u'v + uv'$

法则 3　$\left(\frac{u}{v}\right)' = \frac{u'v-uv'}{v^2}$

推论 1　$(u_1+u_2+\cdots+u_m)' = u'_1+u'_2+\cdots+u'_m$

推论 2　$(u_1u_2\cdots u_m)' = u'_1u_2\cdots u_m + u_1u'_2\cdots u_m + \cdots + u_1u_2\cdots u'_m$

推论 3　$(kv)' = kv'$　（k 为常数）

推论 4　$\left(\frac{1}{v}\right)' = -\frac{v'}{v^2}$

数学微启示

由指数函数的导数引发的思考：坚持初心，方得始终

§2.3　导数基本公式

基本初等函数的导数构成导数基本公式，下面计算基本初等函数的导数.

1. 常量函数 $y=c$ (c 为常数)

在 §2.1 中已经得到导数

$$y'=0$$

2. 正整数指数幂函数 $y=x^n$(n 为正整数)

$$y'=\lim_{\Delta x\to 0}\frac{\Delta y}{\Delta x}=\lim_{\Delta x\to 0}\frac{(x+\Delta x)^n-x^n}{\Delta x}\quad\left(\frac{0}{0}\text{ 型}\right)$$

$$=\lim_{\Delta x\to 0}\frac{\Delta x[(x+\Delta x)^{n-1}+(x+\Delta x)^{n-2}x+\cdots+(x+\Delta x)x^{n-2}+x^{n-1}]}{\Delta x}$$

$$=\lim_{\Delta x\to 0}[(x+\Delta x)^{n-1}+(x+\Delta x)^{n-2}x+\cdots+(x+\Delta x)x^{n-2}+x^{n-1}]=nx^{n-1}$$

可以证明:对于任意常数 α,幂函数 $y=x^\alpha$ 的导数

$$y'=\alpha x^{\alpha-1}$$

根据这个导数基本公式容易求得最简单幂函数 x 的导数:$(x)'=1\cdot x^0=1$.

例 1 $(x^2)'=2x$

$$\left(\frac{1}{x}\right)'=(x^{-1})'=-x^{-2}=-\frac{1}{x^2}$$

$$(\sqrt{x})'=(x^{\frac{1}{2}})'=\frac{1}{2}x^{-\frac{1}{2}}=\frac{1}{2\sqrt{x}}$$

在例1中幂函数 x^2 与 $\sqrt{x}$ 的导数同 §2.1 例5、例6 直接应用导数定义得到的结果是一致的,显然,应用导数基本公式比直接应用导数定义计算导数要简单. 当然,应用 §2.2 导数基本运算法则推论 4,同样可以求得幂函数 $\frac{1}{x}$ 的导数.

例 2 求函数 $y=x^4+7x^3-x+10$ 的导数.

解:$y'=(x^4)'+7(x^3)'-(x)'+(10)'=4x^3+21x^2-1+0=4x^3+21x^2-1$

案例解决:用边际利润判断该千克产品是否该生产

经济领域中的"边际(函数)"⇔ 数学领域中的"导数"

$$\text{边际成本(函数)}MC(Q)\Leftrightarrow C'(Q)=\frac{dC(Q)}{dQ}$$

$$\text{边际收入(函数)}MR(Q)\Leftrightarrow R'(Q)=\frac{dR(Q)}{dQ}$$

$$\text{边际利润(函数)}ML(Q)\Leftrightarrow L'(Q)=\frac{dL(Q)}{dQ}$$

根据导数的意义及边际的含义知:

当 $ML(Q_0)>0$ 时,第 Q_0+1 吨应该生产,因为总利润 L 将增大;

当 $ML(Q_0)<0$ 时,第 Q_0+1 吨不应该生产,因为总利润 L 将减小;

当 $ML(Q_0)=0$ 时,总利润 π 最大

∵ 利润函数 $L(Q)=-\frac{4}{9}x^2+40x-100$

$\therefore$ 边际利润函数 $ML(Q)=-\dfrac{8}{9}x+40$

$\therefore ML(100)<0$

从边际利润可以判断日产量为 100 千克不是最好的日产量.

例 3　求函数 $y=\dfrac{1+x}{1-x}$ 的导数.

解:$y'=\dfrac{(1+x)'(1-x)-(1+x)(1-x)'}{(1-x)^2}=\dfrac{(1-x)-(1+x)(-1)}{(1-x)^2}=\dfrac{2}{(1-x)^2}$

3. 指数函数 $y=a^x(a>0,a\neq 1)$

$$y'=\lim_{\Delta x\to 0}\frac{\Delta y}{\Delta x}=\lim_{\Delta x\to 0}\frac{a^{x+\Delta x}-a^x}{\Delta x}\quad\left(\frac{0}{0}\text{ 型}\right)$$

$$=\lim_{\Delta x\to 0}\frac{a^x(a^{\Delta x}-1)}{\Delta x}=a^x\lim_{\Delta x\to 0}\frac{a^{\Delta x}-1}{\Delta x}$$

(令 $u=a^{\Delta x}-1$,即 $\Delta x=\log_a(1+u)$;当 $\Delta x\to 0$ 时,$u\to 0$)

$$=a^x\lim_{u\to 0}\frac{u}{\log_a(1+u)}=a^x\lim_{u\to 0}\frac{1}{\frac{1}{u}\log_a(1+u)}=a^x\lim_{u\to 0}\frac{1}{\log_a(1+u)^{\frac{1}{u}}}=a^x\frac{1}{\log_a e}$$

$$=a^x\ln a$$

特别地,若 $a=e$,则得到指数函数 $y=e^x$ 的导数

$$y'=e^x$$

例 4　$(2^x)'=2^x\ln 2$

$(3^x)'=3^x\ln 3$

$(10^x)'=10^x\ln 10$

应注意的是:要正确区分幂函数与指数函数,幂函数的特征是底在变而指数不变,指数函数的特征是底不变而指数在变,不能把指数函数误认为幂函数,如函数 2^x 是指数函数而不是幂函数,因此不能应用幂函数导数基本公式求其导数,即导数 $(2^x)'\neq x2^{x-1}$.

例 5　求函数 $y=x^e-e^x+e^e$ 的导数.

解:注意到函数 y 的表达式中第 3 项 e^e 为常数项,其导数等于零,所以导数

$$y'=ex^{e-1}-e^x+0=ex^{e-1}-e^x$$

例 6　求函数 $y=x^2e^x$ 的导数.

解:$y'=(x^2)'e^x+x^2(e^x)'=2xe^x+x^2e^x=(2x+x^2)e^x$

4. 对数函数 $y=\log_a x(a>0,a\neq 1)$

对数函数 $y=\log_a x$ 的反函数为指数函数 $x=a^y(a>1,a\neq 1)$,根据 §2.2 定理 2.3,得到导数

$$y'=\frac{1}{\frac{d}{dy}a^y}=\frac{1}{a^y\ln a}=\frac{1}{x\ln a}$$

特别地,若 $a = \mathrm{e}$,则得到对数函数 $y = \ln x$ 的导数

$$y' = \frac{1}{x}$$

例 7 $(\log_2 x)' = \dfrac{1}{x\ln 2}$

$$(\log_3 x)' = \frac{1}{x\ln 3}$$

$$(\lg x)' = \frac{1}{x\ln 10}$$

例 8 求函数 $y = \dfrac{\ln x}{x}$ 的导数.

解: $y' = \dfrac{(\ln x)'x - \ln x \cdot (x)'}{x^2} = \dfrac{\frac{1}{x}x - \ln x}{x^2} = \dfrac{1 - \ln x}{x^2}$

例 9 求函数 $y = x\mathrm{e}^x \ln x$ 的导数.

解: $y' = (x)'\mathrm{e}^x \ln x + x(\mathrm{e}^x)'\ln x + x\mathrm{e}^x(\ln x)' = \mathrm{e}^x \ln x + x\mathrm{e}^x \ln x + x\mathrm{e}^x \dfrac{1}{x}$

$$= \mathrm{e}^x \ln x + x\mathrm{e}^x \ln x + \mathrm{e}^x = \mathrm{e}^x(\ln x + x\ln x + 1)$$

5. 三角函数

(1) $y = \sin x$

$$y' = \lim_{\Delta x \to 0}\frac{\Delta y}{\Delta x} = \lim_{\Delta x \to 0}\frac{\sin(x + \Delta x) - \sin x}{\Delta x} \quad \left(\frac{0}{0}\text{ 型}\right)$$

$$= \lim_{\Delta x \to 0}\frac{2\sin\frac{\Delta x}{2}\cos\frac{2x + \Delta x}{2}}{\Delta x} = \lim_{\Delta x \to 0}\frac{\sin\frac{\Delta x}{2}}{\frac{\Delta x}{2}}\cos\frac{2x + \Delta x}{2} = \cos x$$

(2) $y = \cos x$

$$y' = \lim_{\Delta x \to 0}\frac{\Delta y}{\Delta x} = \lim_{\Delta x \to 0}\frac{\cos(x + \Delta x) - \cos x}{\Delta x} \quad \left(\frac{0}{0}\text{ 型}\right)$$

$$= \lim_{\Delta x \to 0}\frac{-2\sin\frac{\Delta x}{2}\sin\frac{2x + \Delta x}{2}}{\Delta x} = -\lim_{\Delta x \to 0}\frac{\sin\frac{\Delta x}{2}}{\frac{\Delta x}{2}}\sin\frac{2x + \Delta x}{2} = -\sin x$$

(3) $y = \tan x$

$$y' = \left(\frac{\sin x}{\cos x}\right)' = \frac{(\sin x)'\cos x - \sin x(\cos x)'}{\cos^2 x} = \frac{\cos^2 x + \sin^2 x}{\cos^2 x} = \frac{1}{\cos^2 x} = \sec^2 x$$

(4) $y = \cot x$

$$y' = \left(\frac{1}{\tan x}\right)' = -\frac{(\tan x)'}{\tan^2 x} = -\frac{\sec^2 x}{\tan^2 x} = -\frac{1}{\tan^2 x\cos^2 x} = -\frac{1}{\sin^2 x} = -\csc^2 x$$

例 10 求函数 $y = \mathrm{e}^x \sin x$ 的导数.

解: $y' = (\mathrm{e}^x)'\sin x + \mathrm{e}^x(\sin x)' = \mathrm{e}^x \sin x + \mathrm{e}^x \cos x = \mathrm{e}^x(\sin x + \cos x)$

例 11 求函数 $y = \dfrac{1}{1 + \cos x}$ 的导数.

解: $y'=-\dfrac{(1+\cos x)'}{(1+\cos x)^2}=\dfrac{\sin x}{(1+\cos x)^2}$

例 12　求函数 $y=\tan x+\cot x$ 的导数.

解: $y'=\sec^2 x-\csc^2 x=(1+\tan^2 x)-(1+\cot^2 x)=\tan^2 x-\cot^2 x$

6. 反三角函数

(1) $y=\arcsin x$

反正弦函数 $y=\arcsin x$ 的反函数为正弦函数 $x=\sin y\left(-\dfrac{\pi}{2}\leqslant y\leqslant\dfrac{\pi}{2}\right)$，根据 §2.2 定理 2.3，得到导数

$$y'=\frac{1}{\dfrac{\mathrm{d}}{\mathrm{d}y}(\sin y)}=\frac{1}{\cos y}=\frac{1}{\sqrt{1-\sin^2 y}}=\frac{1}{\sqrt{1-x^2}}$$

(2) $y=\arccos x$

$$y'=\left(\frac{\pi}{2}-\arcsin x\right)'=-\frac{1}{\sqrt{1-x^2}}$$

(3) $y=\arctan x$

反正切函数 $y=\arctan x$ 的反函数为正切函数 $x=\tan y\left(-\dfrac{\pi}{2}<y<\dfrac{\pi}{2}\right)$，根据 §2.2 定理 2.3，得到导数

$$y'=\frac{1}{\dfrac{\mathrm{d}}{\mathrm{d}y}(\tan y)}=\frac{1}{\sec^2 y}=\frac{1}{1+\tan^2 y}=\frac{1}{1+x^2}$$

(4) $y=\operatorname{arccot} x$

$$y'=\left(\frac{\pi}{2}-\arctan x\right)'=-\frac{1}{1+x^2}$$

例 13　求函数 $y=\arcsin x-\arccos x$ 的导数.

解: $y'=\dfrac{1}{\sqrt{1-x^2}}-\left(-\dfrac{1}{\sqrt{1-x^2}}\right)=\dfrac{2}{\sqrt{1-x^2}}$

例 14　求函数 $y=x-\arctan x$ 的导数.

解: $y'=1-\dfrac{1}{1+x^2}=\dfrac{x^2}{1+x^2}$

例 15　求函数 $y=\dfrac{\operatorname{arccot} x}{1+x^2}$ 的导数.

解: $y'=\dfrac{(\operatorname{arccot} x)'(1+x^2)-\operatorname{arccot} x\cdot(1+x^2)'}{(1+x^2)^2}=\dfrac{-\dfrac{1}{1+x^2}(1+x^2)-\operatorname{arccot} x\cdot 2x}{(1+x^2)^2}$

$=-\dfrac{1+2x\operatorname{arccot} x}{(1+x^2)^2}$

根据导数基本运算法则与导数基本公式，求简单函数的导数已经得到解决.

综合上面的讨论,得到**导数基本公式**:

公式 1 $(c)'=0$ (c 为常数)

公式 2 $(x^{\alpha})'=\alpha x^{\alpha-1}$ (α 为常数)

公式 3 $(a^{x})'=a^{x}\ln a$ $(a>0,a\neq 1)$

公式 4 $(e^{x})'=e^{x}$

公式 5 $(\log_{a}x)'=\dfrac{1}{x\ln a}$ $(a>0,a\neq 1)$

公式 6 $(\ln x)'=\dfrac{1}{x}$

公式 7 $(\sin x)'=\cos x$

公式 8 $(\cos x)'=-\sin x$

公式 9 $(\tan x)'=\sec^{2}x$

公式 10 $(\cot x)'=-\csc^{2}x$

公式 11 $(\arcsin x)'=\dfrac{1}{\sqrt{1-x^{2}}}$

公式 12 $(\arccos x)'=-\dfrac{1}{\sqrt{1-x^{2}}}$

公式 13 $(\arctan x)'=\dfrac{1}{1+x^{2}}$

公式 14 $(\operatorname{arccot} x)'=-\dfrac{1}{1+x^{2}}$

§2.4 复合函数导数运算法则

复合函数求导法则

已知函数 $y=f(u)$ 对变量 u 可导,同时函数 $u=u(x)$ 对变量 x 可导,考虑复合函数 $y=f(u(x))$ 对自变量 x 的导数.为避免混淆,规定复合函数 $y=f(u(x))$ 对自变量 x 的导数记作 y' 或$(f(u(x)))'$,复合函数 $y=f(u(x))$ 对中间变量 u 的导数记作y'_u 或 $f'(u(x))$,中间变量 $u=u(x)$ 对自变量 x 的导数记作 u' 或 $u'(x)$.下面给出复合函数导数运算法则.

复合函数导数运算法则 如果函数 $u=u(x)$ 在点 x 处可导,函数 $y=f(u)$ 在对应点 u 处可导,则复合函数 $y=f(u(x))$ 在点 x 处可导,且导数

$$y'=f'(u(x))u'(x)$$

证:对应于自变量改变量 $\Delta x\neq 0$,中间变量 u 取得改变量 Δu,复合函数 y 取得改变量 Δy.由于函数 $u=u(x)$ 在点 x 处可导,当然连续,从而当$\Delta x\to 0$ 时,有$\Delta u\to 0$;由于函数 $y=f(u)$ 在对应点 u 处可导,即极限$\lim\limits_{\Delta u\to 0}\dfrac{\Delta y}{\Delta u}$ 存在,从而中间变量 u 的改变量$\Delta u\neq 0$. 函数 $u=u(x)$ 在点 x 处可导意味着极限$\lim\limits_{\Delta x\to 0}\dfrac{\Delta u}{\Delta x}=u'(x)$,函数$y=f(u)$ 在对应点 u 处可导意味着极限$\lim\limits_{\Delta u\to 0}\dfrac{\Delta y}{\Delta u}=f'(u)=f'(u(x))$,所以导数

$$y' = \lim_{\Delta x \to 0} \frac{\Delta y}{\Delta x} = \lim_{\Delta x \to 0} \frac{\Delta y}{\Delta u} \frac{\Delta u}{\Delta x} = \lim_{\Delta u \to 0} \frac{\Delta y}{\Delta u} \lim_{\Delta x \to 0} \frac{\Delta u}{\Delta x} = f'(u(x))u'(x)$$

这个法则还可以表示为

$$y' = y'_u u' \text{ 或 } \frac{\mathrm{d}y}{\mathrm{d}x} = \frac{\mathrm{d}y}{\mathrm{d}u} \frac{\mathrm{d}u}{\mathrm{d}x}$$

它说明：复合函数对自变量的导数等于复合函数对中间变量的导数乘以中间变量对自变量的导数.

对于导数基本公式，应用复合函数导数运算法则，得到**推广的导数基本公式**：

公式 1　$(c)' = 0$　（c 为常数）

公式 2　$(u^{\alpha})' = \alpha u^{\alpha-1} u'$　（α 为常数）

公式 3　$(a^u)' = a^u \ln a \cdot u'$　$(a > 0, a \neq 1)$

公式 4　$(e^u)' = e^u u'$

公式 5　$(\log_a u)' = \dfrac{1}{u \ln a} u'$　$(a > 0, a \neq 1)$

公式 6　$(\ln u)' = \dfrac{1}{u} u'$

公式 7　$(\sin u)' = \cos u \cdot u'$

公式 8　$(\cos u)' = -\sin u \cdot u'$

公式 9　$(\tan u)' = \sec^2 u \cdot u'$

公式 10　$(\cot u)' = -\csc^2 u \cdot u'$

公式 11　$(\arcsin u)' = \dfrac{1}{\sqrt{1-u^2}} u'$

公式 12　$(\arccos u)' = -\dfrac{1}{\sqrt{1-u^2}} u'$

公式 13　$(\arctan u)' = \dfrac{1}{1+u^2} u'$

公式 14　$(\operatorname{arccot} u)' = -\dfrac{1}{1+u^2} u'$

在求复合函数 y 的导数时，首先如 §1.1 那样引进中间变量 u，将复合函数 y 分解为基本初等函数 $y = f(u)$ 与函数 $u = u(x)$，然后根据复合函数导数运算法则计算导数 y'，其步骤如下：

步骤 1　计算导数 $f'(u)$ 的表达式，并表示为自变量 x 的函数，得到 $f'(u(x))$. 在这个过程中，并不急于计算导数 $u'(x)$ 的表达式，仅在导数 y' 的表达式中将因式 $u'(x)$ 乘在因式 $f'(u(x))$ 的后面；

步骤 2　计算导数 $u'(x)$ 的表达式：若函数 $u(x)$ 为基本初等函数或简单函数，则立即求出导数 $u'(x)$ 的表达式，因而得到导数 y' 的表达式；若函数 $u(x)$ 仍为复合函数，则继续分解复合函数 $u = u(x)$，并重复上述步骤，直至最终得到导数 y' 的表达式.

这样就将复合函数的导数运算归结为基本初等函数或简单函数的导数运算，从而得到结果. 在上述计算复合函数导数的两个步骤中，关键是第一个步骤.

例 1　求函数 $y = (3x+2)^{10}$ 的导数.

解：将复合函数 $y = (3x+2)^{10}$ 分解为

$$y=u^{10} \text{ 与 } u=3x+2$$

根据复合函数导数运算法则，得到复合函数 y 对自变量 x 的导数

$$y'=(u^{10})'_u(3x+2)'=10u^9(3x+2)'=10(3x+2)^9(3x+2)'=30(3x+2)^9$$

在运算熟练后，可以首先只在心中引进中间变量 u，而不必写出来，然后在心中计算函数 $f(u)$ 对中间变量 u 的导数并将这个导数表示为 x 的函数，直接写出这个运算结果，即将复合函数导数运算第一个步骤的运算结果一次写出，这种写法称为标准写法. 复合函数的导数运算皆应采用标准写法，例 1 的标准写法为

$$y'=10(3x+2)^9(3x+2)'=30(3x+2)^9$$

例 2　求函数 $y=\sqrt{1-x^2}$ 的导数.

解：$y'=\dfrac{1}{2\sqrt{1-x^2}}(1-x^2)'=-\dfrac{x}{\sqrt{1-x^2}}$

例 3　求函数 $y=2^{\frac{1}{x}}$ 的导数.

解：$y'=2^{\frac{1}{x}}\ln 2\cdot\left(\dfrac{1}{x}\right)'=-\dfrac{2^{\frac{1}{x}}\ln 2}{x^2}$

例 4　求函数 $y=\mathrm{e}^{-x}$ 的导数.

解：$y'=\mathrm{e}^{-x}(-x)'=-\mathrm{e}^{-x}$

例 5　求函数 $y=\log_2(1+x^2)$ 的导数.

解：$y'=\dfrac{1}{(1+x^2)\ln 2}(1+x^2)'=\dfrac{2x}{(1+x^2)\ln 2}$

例 6　求函数 $y=\ln\ln x$ 的导数.

解：$y'=\dfrac{1}{\ln x}(\ln x)'=\dfrac{1}{x\ln x}$

例 7　求函数 $y=\sin x^3$ 的导数.

解：$y'=\cos x^3\cdot(x^3)'=3x^2\cos x^3$

例 8　求函数 $y=\sin^3 x$ 的导数.

解：$y'=3\sin^2 x(\sin x)'=3\sin^2 x\cos x$

例 9　求函数 $y=\arcsin\dfrac{x}{2}$ 的导数.

解：$y'=\dfrac{1}{\sqrt{1-\left(\dfrac{x}{2}\right)^2}}\left(\dfrac{x}{2}\right)'=\dfrac{1}{2\sqrt{1-\dfrac{x^2}{4}}}=\dfrac{1}{\sqrt{4-x^2}}$

例 10　求函数 $y=\arctan\sqrt{x}$ 的导数.

解：$y'=\dfrac{1}{1+(\sqrt{x})^2}(\sqrt{x})'=\dfrac{1}{2(1+x)\sqrt{x}}$

在例 1 至例 10 中，由于复合函数只需经过一次分解就达到分解的要求，从而一次应用复合函数导数运算法则就得到结果. 若复合函数需两次甚至多次分解才能达到分解的要求，则两次甚至多次应用复合函数导数运算法则才能得到结果.

例 11 求函数 $y=\ln(x+\sqrt{x^2+1})$ 的导数.

解: $y'=\dfrac{1}{x+\sqrt{x^2+1}}(x+\sqrt{x^2+1})'=\dfrac{1}{x+\sqrt{x^2+1}}\left[1+\dfrac{1}{2\sqrt{x^2+1}}(x^2+1)'\right]$

$$=\frac{1}{x+\sqrt{x^2+1}}\left(1+\frac{x}{\sqrt{x^2+1}}\right)=\frac{1}{x+\sqrt{x^2+1}}\,\frac{\sqrt{x^2+1}+x}{\sqrt{x^2+1}}=\frac{1}{\sqrt{x^2+1}}$$

在计算两个函数之和、差、积、商的导数时,若其中至少有一个为复合函数,则首先应用导数基本运算法则,然后应用复合函数导数运算法则得到结果.

例 12 求函数 $y=x^2\sin\dfrac{1}{x}$ 的导数.

解: $y'=(x^2)'\sin\dfrac{1}{x}+x^2\left(\sin\dfrac{1}{x}\right)'=2x\sin\dfrac{1}{x}+x^2\cos\dfrac{1}{x}\cdot\left(\dfrac{1}{x}\right)'=2x\sin\dfrac{1}{x}-\cos\dfrac{1}{x}$

例 13 求函数 $y=\dfrac{e^x+e^{-x}}{x}$ 的导数.

解: $y'=\dfrac{[e^x+e^{-x}(-x)']x-(e^x+e^{-x})}{x^2}=\dfrac{(e^x-e^{-x})x-(e^x+e^{-x})}{x^2}$

$$=\frac{(x-1)e^x-(x+1)e^{-x}}{x^2}$$

根据导数基本运算法则、导数基本公式及复合函数导数运算法则,求初等函数的导数问题已经得到解决. 在导数运算中,应该注意化简导数表达式.

例 14 求函数 $y=e^x(\sin 3x-3\cos 3x)$ 的导数.

解: $y'=e^x(\sin 3x-3\cos 3x)+e^x[\cos 3x\cdot(3x)'+3\sin 3x\cdot(3x)']$

$$=e^x(\sin 3x-3\cos 3x)+e^x(3\cos 3x+9\sin 3x)=10e^x\sin 3x$$

必须特别强调的是:在复合函数导数运算中,导数记号“ ′ ”在不同位置表示对不同变量求导数,不可混淆. 如导数 $f'(\sin x)$ 表示复合函数 $f(\sin x)$ 对中间变量 $u=\sin x$ 求导数,而导数 $(f(\sin x))'$ 表示复合函数 $f(\sin x)$ 对自变量 x 求导数,根据复合函数导数运算法则,它们之间的关系为

$$(f(\sin x))'=f'(\sin x)(\sin x)'=f'(\sin x)\cos x$$

例 15 填空题

已知函数 $f(x)$ 可导,若函数 $y=\sin f(x)$,则导数 $y'=$ ______.

解: 根据复合函数导数运算法则,得到导数

$$y'=\cos f(x)\cdot f'(x)=f'(x)\cos f(x)$$

于是应将“$f'(x)\cos f(x)$”直接填在空内.

若求初等函数 $f(x)$ 在属于定义域的点 x_0 处的导数值 $f'(x_0)$,不必直接根据导数值的定义去计算相应比值的极限,而是根据 §2.1 给出的关系式

$$f'(x_0)=f'(x)\Big|_{x=x_0}$$

计算导数值 $f'(x_0)$. 即首先求出导数 $f'(x)$,然后在导数 $f'(x)$ 的表达式中,自变量 x 用数 x_0 代入所得到的数值就是所求导数值 $f'(x_0)$.

例 16 已知函数 $f(x)=xe^x$,求导数值 $f'(0)$.

解:计算导数

$$f'(x)=e^x+xe^x=(1+x)e^x$$

在导数 $f'(x)$ 的表达式中,自变量 x 用数 0 代入,得到所求导数值

$$f'(0)=1$$

若求分段函数在分段区间内的导数,则根据导数基本运算法则、导数基本公式及复合函数导数运算法则求得. 如考虑分段函数

$$\ln|x|=\begin{cases}\ln(-x), & x<0\\ \ln x, & x>0\end{cases}$$

当 $x<0$ 时,有

$$(\ln|x|)'=(\ln(-x))'=\frac{1}{-x}(-x)'=\frac{1}{x}$$

当 $x>0$ 时,有

$$(\ln|x|)'=(\ln x)'=\frac{1}{x}$$

于是得到导数

$$(\ln|x|)'=\frac{1}{x}$$

隐函数的导数

§2.5 隐函数的导数

已知方程式 $F(x,y)=0$ 确定变量 y 为 x 的函数 $y=y(x)$,如何求函数 y 对自变量 x 的导数 y'?具体做法是:方程式 $F(x,y)=0$ 等号两端皆对自变量 x 求导数,然后将含导数 y' 的项都移到等号的左端,而将不含导数 y' 的项都移到等号的右端,经过代数恒等变形,就得到导数 y' 的表达式,这个表达式中允许出现函数 y 的记号. 在隐函数导数运算过程中,要注意应用复合函数导数运算法则.

若方程式 $F(x,y)=0$ 分别确定几个函数 $y=y_1(x),y=y_2(x),\cdots$,则由上述方法求得的导数 y' 分别代表这几个函数的导数,它们用一个表达式表示,其中出现的函数 y 的记号分别代表这几个函数.

在隐函数导数运算的过程中,必须非常明确变量 y 为自变量 x 的函数. 下面讨论经常用到的几个变量对自变量 x 的导数:考虑变量 xy 对自变量 x 的导数,根据 §2.2 导数基本运算法则 2,有

$$(xy)'=y+xy'$$

考虑变量 y^2,e^y 及 $\ln y$ 对自变量 x 的导数,注意到变量 y^2,e^y 及 $\ln y$ 分别为变量 y 的函数,变量 y 又为自变量 x 的函数,因而变量 y^2,e^y 及 $\ln y$ 分别为自变量 x 的复合函数,中间变量为变量 y,根据 §2.4 复合函数导数运算法则,有

$$(y^2)'=2yy'$$

$$(e^y)'=e^yy'$$

$$(\ln y)' = \frac{1}{y}y'$$

至于其他有关变量对自变量 x 的导数，根据导数基本运算法则、导数基本公式及复合函数导数运算法则，容易得到结果. 如 $(y^3)' = 3y^2y'$，$(\sin y)' = \cos y \cdot y'$ 等.

例 1　方程式 $x^2 + 3xy + y^2 = 1$ 确定变量 y 为 x 的函数，求导数 y'.

解：方程式 $x^2 + 3xy + y^2 = 1$ 等号两端皆对自变量 x 求导数，有

$$2x + 3(y + xy') + 2yy' = 0$$

即有

$$3xy' + 2yy' = -(2x + 3y)$$

得到

$$(3x + 2y)y' = -(2x + 3y)$$

所以导数

$$y' = -\frac{2x + 3y}{3x + 2y}$$

例 2　方程式 $y = x^3 + xe^y$ 确定变量 y 为 x 的函数，求导数 y'.

解：方程式 $y = x^3 + xe^y$ 等号两端皆对自变量 x 求导数，有

$$y' = 3x^2 + (e^y + xe^y y')$$

即有

$$y' - xe^y y' = 3x^2 + e^y$$

得到

$$(1 - xe^y)y' = 3x^2 + e^y$$

所以导数

$$y' = \frac{3x^2 + e^y}{1 - xe^y}$$

例 3　方程式 $y = x\ln y$ 确定变量 y 为 x 的函数，求导数 y'.

解：方程式 $y = x\ln y$ 等号两端皆对自变量 x 求导数，有

$$y' = \ln y + x\frac{1}{y}y'$$

即有

$$y' - \frac{x}{y}y' = \ln y$$

得到

$$\left(1 - \frac{x}{y}\right)y' = \ln y$$

所以导数

$$y' = \frac{\ln y}{1 - \dfrac{x}{y}} = \frac{y\ln y}{y - x}$$

若求隐函数 $y = y(x)$ 在其平面曲线上点 (x_0, y_0) 处的导数值 $y'\big|_{(x_0, y_0)}$，应首先求出导数

y',在导数 y' 的表达式中,自变量 x 用数 x_0 代入、因变量 y 用数 y_0 代入所得到的数值就是所求导数值 $y'\Big|_{(x_0,y_0)}$.

例 4 填空题

方程式 $y\sin x+e^y-x=1$ 确定变量 y 为 x 的函数,则导数值 $y'\Big|_{(0,0)}=$ ______.

解:方程式 $y\sin x+e^y-x=1$ 等号两端皆对自变量 x 求导数,有

$$(y'\sin x+y\cos x)+e^y y'-1=0$$

即有

$$y'\sin x+e^y y'=1-y\cos x$$

得到

$$(\sin x+e^y)y'=1-y\cos x$$

因而导数

$$y'=\frac{1-y\cos x}{\sin x+e^y}$$

在导数 y' 的表达式中,自变量 x 用数 0 代入、因变量 y 用数 0 代入,得到所求导数值

$$y'\Big|_{(0,0)}=1$$

于是应将"1"直接填在空内.

§2.6 高阶导数

函数的导数仍为自变量的函数,还可以考虑它对自变量求导数.

定义 2.2 函数 $y=f(x)$ 的导数 $f'(x)$ 再对自变量 x 求导数,所得到的导数称为函数 $y=f(x)$ 的二阶导数,记作

$$f''(x)=(f'(x))'$$

还可以记作

$$y'' \text{ 或 } \frac{d^2}{dx^2}f(x) \text{ 或 } \frac{d^2y}{dx^2}$$

同时称导数 $f'(x)$ 为函数 $y=f(x)$ 的一阶导数.

类似地,函数 $y=f(x)$ 的 $n-1$ 阶导数的导数称为函数 $y=f(x)$ 的 n 阶导数,记作

$$f^{(n)}(x)=(f^{(n-1)}(x))' \quad (n=2,3,\cdots)$$

还可以记作

$$y^{(n)} \text{ 或 } \frac{d^n}{dx^n}f(x) \text{ 或 } \frac{d^ny}{dx^n}$$

函数存在 n 阶导数也称为 n 阶可导,正整数 n 称为导数的阶数,二阶与二阶以上的导数统称为高阶导数.显然,求高阶导数只需反复应用导数基本运算法则、导数基本公式及复合函数导数运算法则,并不需要新的方法.

已知函数，若求其二阶导数，必须先求出一阶导数，一阶导数表达式再对自变量求一阶导数，就得到二阶导数.

数学微启示

由高阶导数的计算引发的思考：脚踏实地，一步一级台阶

例 1　求函数 $y=(1+x^2)\arctan x$ 的二阶导数.

解：计算一阶导数

$$y'=2x\arctan x+(1+x^2)\frac{1}{1+x^2}=2x\arctan x+1$$

所以二阶导数

$$y''=2\left(\arctan x+x\cdot\frac{1}{1+x^2}\right)+0=2\arctan x+\frac{2x}{1+x^2}$$

例 2　求函数 $y=\dfrac{1}{1+x}$ 的二阶导数.

解：计算一阶导数

$$y'=-\frac{1}{(1+x)^2}=-(1+x)^{-2}$$

所以二阶导数

$$y''=2(1+x)^{-3}(1+x)'=\frac{2}{(1+x)^3}$$

例 3　求函数 $y=\ln(1+x^2)$ 的二阶导数.

解：计算一阶导数

$$y'=\frac{1}{1+x^2}(1+x^2)'=\frac{2x}{1+x^2}$$

所以二阶导数

$$y''=\frac{2[(1+x^2)-x\cdot 2x]}{(1+x^2)^2}=\frac{2(1-x^2)}{(1+x^2)^2}$$

例 4　求函数 $y=\sin\ln x$ 的二阶导数.

解：计算一阶导数

$$y'=\cos\ln x\cdot(\ln x)'=\frac{\cos\ln x}{x}$$

所以二阶导数

$$y''=\frac{-\sin\ln x\cdot(\ln x)'x-\cos\ln x}{x^2}=-\frac{\sin\ln x+\cos\ln x}{x^2}$$

例 5　填空题

若函数 y 的 $n-2$ 阶导数 $y^{(n-2)}=\ln\cos x$，则函数 y 的 n 阶导数 $y^{(n)}=$ ______.

解：函数 y 的 $n-2$ 阶导数 $y^{(n-2)}$ 对自变量 x 求导数，得到函数 y 的 $n-1$ 阶导数

$$y^{(n-1)}=\frac{1}{\cos x}(\cos x)'=-\frac{\sin x}{\cos x}=-\tan x$$

函数 y 的 $n-1$ 阶导数 $y^{(n-1)}$ 再对自变量 x 求导数，就得到函数 y 的 n 阶导数

$$y^{(n)}=-\sec^2 x$$

于是应将“$-\sec^2 x$”直接填在空内.

函数在属于定义域的点 x_0 处的二阶导数值为二阶导数的表达式中自变量 x 用数 x_0 代入所得到的数值.

例 6 单项选择题

已知函数 $f(x)=e^{x^2}$,则二阶导数值 $f''(0)=(\quad)$.

(a) -2　　　　(b) -1

(c) 0　　　　(d) 2

解:计算一阶导数

$$f'(x)=e^{x^2}(x^2)'=2xe^{x^2}$$

于是二阶导数

$$f''(x)=2[e^{x^2}+xe^{x^2}(x^2)']=2(e^{x^2}+2x^2e^{x^2})=2(1+2x^2)e^{x^2}$$

因而得到所求二阶导数值

$$f''(0)=2$$

这个正确答案恰好就是备选答案(d),所以选择(d).

§ 2.7　微分

微分的概念

在实际问题中,有时还需要研究函数改变量的近似值.

例 1 正方形面积改变量的近似值

已知正方形边长为 $x=x_0$,对应于边长 x 的改变量 $\Delta x>0$,面积 y 取得改变量

$$\Delta y=(x_0+\Delta x)^2-x_0^2=2x_0\Delta x+(\Delta x)^2$$

如图 2-2.

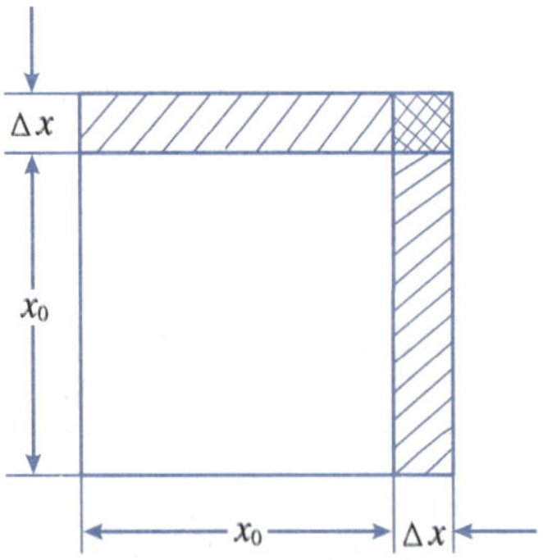

图 2-2

当边长改变量的绝对值 $|\Delta x|$ 很小时,面积改变量 Δy 与边长改变量 Δx 的正比例函数 $2x_0\Delta x$ 之差

$$\Delta y-2x_0\Delta x=(\Delta x)^2$$

的绝对值就更小. 即当 $\Delta x\to 0$ 时,存在边长改变量 Δx 的正比例函数 $2x_0\Delta x$,使得差

$$\Delta y - 2x_0\Delta x = (\Delta x)^2$$

为无穷小量，且是比 Δx 较高阶无穷小量. 于是可以把正比例函数 $2x_0\Delta x$ 作为面积改变量 Δy 的近似值，即

$$\Delta y \approx 2x_0\Delta x \quad (|\Delta x| \text{ 很小})$$

其中自变量改变量 Δx 的系数 $2x_0$ 恰好就是函数 $y = x^2$ 在点 x_0 处的一阶导数值 $y'\Big|_{x=x_0}$.

从图 2－2 容易看出：可以用划斜线的两块矩形面积的和 $2x_0\Delta x$ 近似代替正方形面积改变量 Δy，误差为划交叉斜线的小正方形面积 $(\Delta x)^2$.

定义 2.3　已知函数 $y = f(x)$ 在点 x_0 处及其左右有定义，自变量 x 在点 x_0 处有了改变量 $\Delta x \neq 0$，若函数 $y = f(x)$ 在点 x_0 处可导，则称自变量改变量 Δx 的正比例函数 $f'(x_0)\Delta x$ 为函数 $y = f(x)$ 在点 x_0 处的微分值，记作

$$\mathrm{d}y\Big|_{x=x_0} = f'(x_0)\Delta x$$

可以证明：当 $\Delta x \to 0$ 时，相应函数改变量 Δy 与微分值 $f'(x_0)\Delta x$ 之差

$$\Delta y - f'(x_0)\Delta x$$

为无穷小量，且是比 Δx 较高阶无穷小量，此时称函数 $y = f(x)$ 在点 x_0 处可微.

如果函数 $y = f(x)$ 在点 x_0 处可微，当自变量改变量的绝对值 $|\Delta x|$ 很小时，则函数 $y = f(x)$ 在点 x_0 处的改变量 Δy 近似等于在点 x_0 处的微分值 $\mathrm{d}y\Big|_{x=x_0}$，即有

$$\Delta y \approx \mathrm{d}y\Big|_{x=x_0} \quad (|\Delta x| \text{ 很小})$$

根据微分值的定义，在例 1 中，正方形面积 $y = x^2$ 在边长 $x = x_0$ 时的微分值

$$\mathrm{d}y\Big|_{x=x_0} = 2x_0\Delta x$$

综合上面的讨论得到：对于一元函数，可导一定可微，且可微也一定可导，意味着可微等价于可导.

若函数 $y = f(x)$ 在区间 I（可以是开区间，也可以是闭区间或半开区间）上每一点 x 处都可微，则称函数 $y = f(x)$ 在区间 I 上可微，并称函数 $y = f(x)$ 为区间 I 上的可微函数. 可微函数 $y = f(x)$ 在区间 I 上任意点 x 处的微分值称为可微函数 $y = f(x)$ 的微分，记作

$$\mathrm{d}y = f'(x)\Delta x$$

考察自变量 x，它当然是它自己的函数，有关系式 $x = x$，由于一阶导数等于 1，于是微分 $\mathrm{d}x = \Delta x$，说明自变量微分等于自变量改变量.

根据上述讨论，于是得到可微函数 $y = f(x)$ 的微分表达式为

$$\mathrm{d}y = f'(x)\mathrm{d}x$$

求可微函数的微分并不需要新的方法，应该先求出可微函数的一阶导数，再将这个一阶导数乘以自变量的微分，就得到可微函数的微分.

从可微函数 $y = f(x)$ 的微分表达式容易得到

$$\frac{\mathrm{d}y}{\mathrm{d}x} = f'(x)$$

说明记号 $\frac{\mathrm{d}y}{\mathrm{d}x}$ 既表示函数 y 对自变量 x 的一阶导数，又表示函数 y 微分与自变量 x 微分的商，

因此导数又称为微商.

例 2 求函数 $y=x\ln x-\ln 2$ 的微分.

解:注意到函数 y 的表达式中第 2 项 $\ln 2$ 为常数项,其一阶导数等于零,计算一阶导数

$$y'=\left(\ln x+x\cdot\frac{1}{x}\right)-0=\ln x+1$$

所以微分

$$\mathrm{d}y=(\ln x+1)\mathrm{d}x$$

例 3 求函数 $y=\mathrm{e}^{\cos x}$ 的微分.

解:计算一阶导数

$$y'=\mathrm{e}^{\cos x}(\cos x)'=-\mathrm{e}^{\cos x}\sin x$$

所以微分

$$\mathrm{d}y=-\mathrm{e}^{\cos x}\sin x\mathrm{d}x$$

例 4 方程式 $\sin(x^2+y)=xy$ 确定变量 y 为 x 的函数,求微分 $\mathrm{d}y$.

解:方程式 $\sin(x^2+y)=xy$ 等号两端皆对自变量 x 求导数,有

$$\cos(x^2+y)\cdot(2x+y')=y+xy'$$

即有

$$y'\cos(x^2+y)-xy'=y-2x\cos(x^2+y)$$

得到

$$[\cos(x^2+y)-x]y'=y-2x\cos(x^2+y)$$

因而一阶导数

$$y'=\frac{y-2x\cos(x^2+y)}{\cos(x^2+y)-x}$$

所以微分

$$\mathrm{d}y=\frac{y-2x\cos(x^2+y)}{\cos(x^2+y)-x}\mathrm{d}x$$

可微函数在属于定义域的点 x_0 处的微分值为微分的表达式中自变量 x 用数 x_0 代入所得到的数值.

例 5 填空题

函数 $y=\sin x$ 在点 $x=\frac{\pi}{3}$ 处、当自变量改变量 $\Delta x=0.01$ 时的微分值为______.

解:计算一阶导数

$$y'=\cos x$$

因而微分

$$\mathrm{d}y=\cos x\cdot\Delta x$$

在微分 $\mathrm{d}y$ 的表达式中,自变量 x 用数 $\frac{\pi}{3}$ 代入、自变量改变量 Δx 用数 0.01 代入,得到所求微分值

$$\mathrm{d}y\Big|_{\substack{x=\frac{\pi}{3}\\ \Delta x=0.01}}=\frac{1}{2}\times 0.01=0.005$$

于是应将“0.005”直接填在空内.

最后考虑这样一个问题：已知函数 $y=f(u)$ 可微，若变量 u 不是自变量，而是中间变量，关系式 $\mathrm{d}y=f'(u)\mathrm{d}u$ 是否还成立？定理 2.4 给出了肯定的回答.

定理 2.4　如果函数 $y=f(u)$ 可微，函数 $u=u(x)$ 也可微，则函数 y 的微分表达式同样具有下面的形式

$$\mathrm{d}y=f'(u)\mathrm{d}u$$

证：由于函数 $u=u(x)$ 可微，从而微分

$$\mathrm{d}u=u'(x)\mathrm{d}x$$

又由于变量 y 为 x 的复合函数 $y=f(u(x))$ 也可微，所以微分

$$\mathrm{d}y=(f(u(x)))'\mathrm{d}x=f'(u(x))u'(x)\mathrm{d}x=f'(u)\mathrm{d}u$$

这个结论称为微分形式不变性，它是不定积分换元积分法则的理论基础.

值得注意的是：导数没有这种形式不变性. 如对于可导函数 $y=f(u)$，若变量 u 为自变量，则一阶导数 $y'=f'(u)$；若变量 u 为中间变量且为自变量 x 的可导函数 $u=u(x)$，则一阶导数 $y'=f'(u)u'(x)$. 说明不存在导数形式不变性.

[拓展阅读]

平均变化率和瞬时变化率的区别

如果一个人驾驶汽车从 A 城前往 B 城，两城相距 90 千米，他用了 3 个小时，那么他的平均速度，也就是距离与时间之比的平均变化率是每小时 30 千米. 但是，明显的，这个数字并不一定代表在这段旅途中他在任何一个特定的瞬间，比如说在 3 点整的速度. 假定在 3 点整，驾驶员看汽车速度计，注意到指针读数是每小时 35 千米，这个量就是一个瞬时速度. 但是，我们可能会争辩说，在一个瞬间，没有这样一类的速度，因为在一瞬间，物体运行的距离是 0，所花的时间也是 0，而 0 除以 0 无意义. 所以只有利用一种非同寻常的方法，才能成功地定义和计算出瞬时速度.

首先，我们通过考虑在 3 点整前后一段较短时间内的平均速度，如，汽车在 3 点整前后 1 分钟的时间里运行了 0.6 千米，那么它在这 1 分钟内的平均速度就是 0.6 千米除以 1 分钟，即每小时 36 千米. 这是在 3 点时的瞬时速度吗？

尽管 1 分钟是一段相对短的时间间隔，但是在这 1 分钟内的平均速度仍然可能与恰恰在 3 点这一时刻的速度有很大不同，因为汽车在这 1 分钟内仍然可以加速或减速. 让我们缩短在 3 点整前后时间间隔的长度，再计算出在这段时间内的平均速度. 现在，我们可以计算出在 1 秒钟内的平均速度，或 $\frac{1}{10}$ 秒，或 $\frac{1}{100}$ 秒内等很小的时间间隔内的平均速度. 所计算的平均速度的时间区间越短，则在这段时间内的平均速度将与 3 点整的速度越接近.

因此，我们定义在 3 点整这一时刻的瞬时速度是：当时间间隔趋于 0 时，平均速度所趋近的那个数值. 在这样的平均速度的情况下——为 $36, 35\frac{1}{2}, 35\frac{1}{4}, 35\frac{1}{8}$，等，可以设想这一系列数趋近 35，所以我们取 35 为 3 点整的瞬时速度. 可见，瞬时速度不是由距离除以时间的商

来定义的,而是引入了平均速度趋近一个数值的思想,这样借助有关距离与时间的公式,我们有了一种计算瞬时速度的方法.

从而我们可以利用跟它相同的数学程序,去计算一个变量对另一个变量的变化率,如 d 表示速度而 t 表示时间,我们就可以计算出在某一时刻的速度对时间的变化率,这个速度的瞬时变化率就是瞬时加速度.如果变量 d 表示商品的价格而 t 表示时间,我们能够计算出在任何时刻价格对于时间的变化率.这样,上述方法可以使我们能够定义、计算成千上万种具有重要意义、有用的一个变量相对于另一个与其数值有关的变量的变化率.

“边际效用学派”的先驱者是戈森,而另一个奠基者是门格尔,这两位经济学家由于他们数学程度不同而有着不同的遭遇,前者因为数学太好,在他的著作中写下了大量数学符号、公式、图表,自比“经济学上的哥白尼”,结果他的著作几乎无人理会.而门格尔则出于对数学的无知,居然完全无视牛顿和莱不尼兹以后用了200年的微分法,而于1871年发明了所谓“边际分析法”,这种方法包含着一种模糊的数学语言,但阐明着清晰的边际效用学派的经济学,因而使他在经济学界一举成名,到了后一代经济学家才搞清楚,门格尔等所说的各种“边际”原来就是数学家所说的“导数”,从此,微分学以至其他高等数学,也就开始在经济学中登堂入室.

习　题　二

2.01　已知导数值 $f'(x_0)=6$,求极限 $\lim\limits_{\Delta x\to 0}\dfrac{f(x_0-2\Delta x)-f(x_0)}{\Delta x}$.

2.02　已知极限 $\lim\limits_{x\to 0}\dfrac{f(1+3x)-f(1)}{x}=\dfrac{1}{3}$,求导数值 $f'(1)$.

2.03　求下列函数的导数:

(1) $y=\dfrac{1}{4}x+4x^4+4$　　(2) $y=\dfrac{1}{6}x^6+\dfrac{6}{x^6}$

(3) $y=\dfrac{1}{x^2}-\dfrac{1}{\pi^2}$　　(4) $y=\sqrt{x^3}-3\sqrt{x}$

(5) $y=\dfrac{x}{1+x^2}$　　(6) $y=\dfrac{1}{1-x}$

2.04　求下列函数的导数:

(1) $y=5^x-x^5$　　(2) $y=10^{10}-10^x$

(3) $y=x^2 2^x$　　(4) $y=\mathrm{e}^x-\mathrm{e}x$

(5) $y=(x+2)\mathrm{e}^x$　　(6) $y=\dfrac{\mathrm{e}^x}{1+x}$

2.05　求下列函数的导数:

(1) $y=\log_2 x-\log_5 x$　　(2) $y=10^x\lg x$

(3) $y=x^2\ln x$　　(4) $y=\dfrac{x}{\ln x}$

(5) $y=\dfrac{1+\ln x}{x}$　　(6) $y=\dfrac{1}{x+\ln x}$

2.06　求下列函数的导数：

(1) $y=\dfrac{1}{1+\sin x}$　　(2) $y=\dfrac{\cos x}{x}$

(3) $y=e^x\tan x$　　(4) $y=x\ln x\cot x$

2.07　求下列函数的导数：

(1) $y=\dfrac{\arcsin x}{1-x^2}$　　(2) $y=x\arccos x$

(3) $y=(1+x^2)\arctan x$　　(4) $y=\arctan x-\text{arccot}\,x$

2.08　求下列函数的导数：

(1) $y=(1+2x)^{30}$　　(2) $y=\sqrt{1+x^2}$

(3) $y=e^{\sqrt{x}}$　　(4) $y=\ln(x+1)$

(5) $y=\cos\ln x$　　(6) $y=\tan\left(x-\dfrac{\pi}{8}\right)$

(7) $y=\arcsin x^3$　　(8) $y=\text{arccot}\,2x$

2.09　求下列函数的导数：

(1) $y=(1+x^3)^{10}$　　(2) $y=(1+10^x)^3$

(3) $y=\ln(1+\sqrt{x})$　　(4) $y=\sqrt{1+\ln x}$

(5) $y=e^{\sin x}$　　(6) $y=\sin e^x$

(7) $y=\arctan x^2$　　(8) $y=(\arctan x)^2$

2.10　求下列函数的导数：

(1) $y=\ln\ln\ln x$　　(2) $y=\cos^4 5x$

(3) $y=x^2e^{\frac{1}{x}}$　　(4) $y=\dfrac{\sin 3x}{x}$

2.11　求下列函数在给定点处的导数值：

(1) $f(x)=x^3-3^x+\ln 3$，求 $f'(3)$　　(2) $f(x)=\sin\dfrac{1}{x}$，求 $f'\left(\dfrac{1}{\pi}\right)$

2.12　下列方程式确定变量 y 为 x 的函数，求导数 y'：

(1) $x^2-xy+y^2=3$　　(2) $y^3-3y-x^2=-2$

(3) $e^y+xy-ex^3=0$　　(4) $x^2+\ln y-xe^y=0$

2.13　求下列函数的二阶导数：

(1) $y=x^4-2x^3+3$　　(2) $y=x^3\ln x$

(3) $y=e^x\cos x$　　(4) $y=\ln^2 x$

2.14　已知函数 $f(x)=x^3e^x$，求二阶导数值 $f''(1)$.

2.15　求下列函数的微分：

(1) $y=4x^3-x^4$　　(2) $y=\dfrac{x}{\sin x}$

(3) $y=\ln(1+e^x)$　　(4) $y=xe^{-x}$

2.16　方程式 $xy+\ln y=1$ 确定变量 y 为 x 的函数,求微分 $\mathrm{d}y$.

2.17　填空题

(1) 已知函数 $f(x)$ 在点 x_0 处的导数值 $f'(x_0)=8$,若极限 $\lim\limits_{h\to 0}\dfrac{f(x_0+kh)-f(x_0)}{h}=4$,则常数 $k=$______.

(2) 导数 $\left(\dfrac{1}{\sqrt{x}}\right)'=$______.

(3) 已知函数 $f(x)=\operatorname{arccot}x^2$,则导数 $f'(x)=$______.

(4) 已知函数 $f(x)$ 可导,若函数 $y=\mathrm{e}^{f(x)}$,则导数 $y'=$______.

(5) 已知函数 $y=(x-1)(x-2)(x-3)$,则导数值 $\left.\dfrac{\mathrm{d}y}{\mathrm{d}x}\right|_{x=3}=$______.

(6) 方程式 $\mathrm{e}^y+xy=\mathrm{e}$ 确定变量 y 为 x 的函数,则导数值 $y'\Big|_{(0,1)}=$______.

(7) 已知函数 $y=x\ln x$,则二阶导数 $y''=$______.

(8) 函数 $y=\sqrt{1+x}$ 在点 $x=0$ 处、当自变量改变量 $\Delta x=0.04$ 时的微分值为______.

2.18　单项选择题

(1) 已知函数 $f(x)$ 在点 x_0 处可导,则下列极限中(　　)等于导数值 $f'(x_0)$.

(a) $\lim\limits_{h\to 0}\dfrac{f(x_0+2h)-f(x_0)}{h}$　　(b) $\lim\limits_{h\to 0}\dfrac{f(x_0-3h)-f(x_0)}{h}$

(c) $\lim\limits_{h\to 0}\dfrac{f(x_0)-f(x_0-h)}{h}$　　(d) $\lim\limits_{h\to 0}\dfrac{f(x_0)-f(x_0+h)}{h}$

(2) 已知函数值 $f(0)=0$,若极限 $\lim\limits_{x\to 0}\dfrac{f\left(\dfrac{x}{2}\right)}{x}=2$,则导数值 $f'(0)=$(　　).

(a) $\dfrac{1}{4}$　　(b) 4

(c) $\dfrac{1}{2}$　　(d) 2

(3) 已知函数 $y=5^x$,则导数 $y'=$(　　).

(a) $x5^{x-1}$　　(b) 5^x

(c) $5^x\ln 5$　　(d) $\dfrac{5^x}{\ln 5}$

(4) 已知函数 $f(x)=(1-x)^3+\mathrm{e}^3$,则导数 $f'(x)=$(　　).

(a) $-3(1-x)^2$　　(b) $3(1-x)^2$

(c) $-3(1-x)^2+3\mathrm{e}^2$　　(d) $3(1-x)^2+3\mathrm{e}^2$

(5) 函数 $f(x)=(x-3)\mathrm{e}^x$ 在点(　　)处的导数值等于零.

(a) $x=0$　　(b) $x=1$

(c) $x=2$　　(d) $x=3$

(6) 方程式 $\dfrac{x^2}{a^2}+\dfrac{y^2}{b^2}=1(a>0,b>0)$ 确定变量 y 为 x 的函数,则导数 $\dfrac{\mathrm{d}y}{\mathrm{d}x}=$(　　).

(a) $-\frac{a^2y}{b^2x}$　　(b) $-\frac{b^2x}{a^2y}$

(c) $-\frac{a^2x}{b^2y}$　　(d) $-\frac{b^2y}{a^2x}$

(7) 已知函数 $f(x)=\sin x-x\cos x$,则二阶导数值 $f''(\pi)=$(　　).

(a) $-\pi$　　(b) π

(c) -1　　(d) 1

(8) 已知函数 $\varphi(x)$ 可微,若函数 $y=\frac{\varphi(x)}{x}$,则微分 $\mathrm{d}y=$(　　).

(a) $\frac{\mathrm{d}\varphi(x)-\varphi(x)\mathrm{d}x}{x^2}$　　(b) $\frac{\mathrm{d}\varphi(x)+\varphi(x)\mathrm{d}x}{x^2}$

(c) $\frac{x\mathrm{d}\varphi(x)-\varphi(x)\mathrm{d}x}{x^2}$　　(d) $\frac{x\mathrm{d}\varphi(x)+\varphi(x)\mathrm{d}x}{x^2}$

第三章　导数的应用

知识目标

- 了解微分中值定理.
- 熟练掌握洛必达法则.
- 掌握函数单调性与极值的充分条件.
- 理解函数曲线上凹下凹与拐点的概念.

能力目标

- 能通过微分中值定理理解“特殊化与一般化”的数学思想方法.
- 会用洛必达法则计算函数极限.
- 能利用导数的几何意义计算函数曲线的切线.
- 能熟练计算可导函数的单调区间与极值.
- 能熟练计算函数曲线的上凹下凹区间与拐点.
- 能利用极值与最值熟练解决几何与经济方面函数的优化.

素养目标

通过“导数的应用”的学习和训练，让学生树立最优化思想. 培养学生在经济活动中善于处理数据、寻找规律、用数据说话、慎重对待工作中的数据的严谨的科学态度，形成有条有理、逻辑清楚、计算准确、理性思维和科学有效的职业习惯.

本章知识思维导图

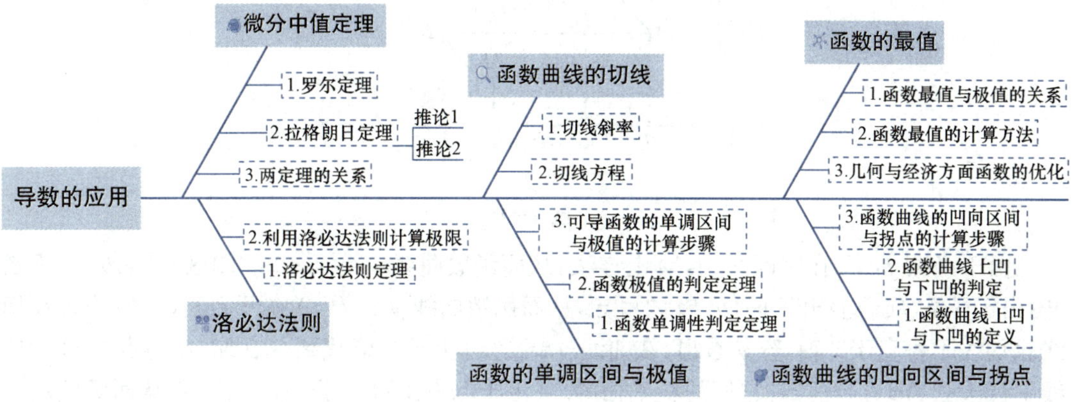

【引导案例】

经济进货批量模型

经济进货批量是指能够使一定时期存货的相关总成本达到最低点的进货数量，因此存在一个最佳的进货批量，使成本总和保持最低水平．其基本模型的假设条件是企业不允许缺货，则不存在缺货成本，故：

$$\begin{aligned}\text{存货相关总成本} &= \text{相关进货费用} + \text{相关存储成本}\\ &= \text{年进货次数} \times \text{每次进货成本} + \begin{matrix}\text{年平均}\\\text{库存量}\end{matrix} \times \begin{matrix}\text{单位存货}\\\text{年储存成本}\end{matrix}\end{aligned}$$

若某企业为了实现产品经济进货批量，在假定企业不允许缺货的前提下，设 A 为存货全年总的进货数量，B 为一次进货费用，C 为单位存货一年的变动储存成本，Q 为每次进货批量，全年平均的存货占用量为 $Q/2$．根据上述经济进货批量模型，请计算出经济进货批量的进货量．

分析：学完本章内容后，你会发现利用导数的应用解决该问题非常简单，就是求出存货相关总成本函数的最小值．

§ 3.1　微分中值定理

微分中值定理是导数应用的理论基础，包括罗尔(Rolle)定理、拉格朗日(Lagrange)定理，核心是拉格朗日定理．

如果函数 $f(x)$ 在闭区间 $[a,b]$ 上连续，在开区间 (a,b) 内可导，且两个端点函数值相等即 $f(a)=f(b)$，这时会有什么结果？考察函数曲线 $y=f(x)$，连结函数曲线 $y=f(x)$ 的两个端点 A,B 得到弦 AB，如图 3－1．

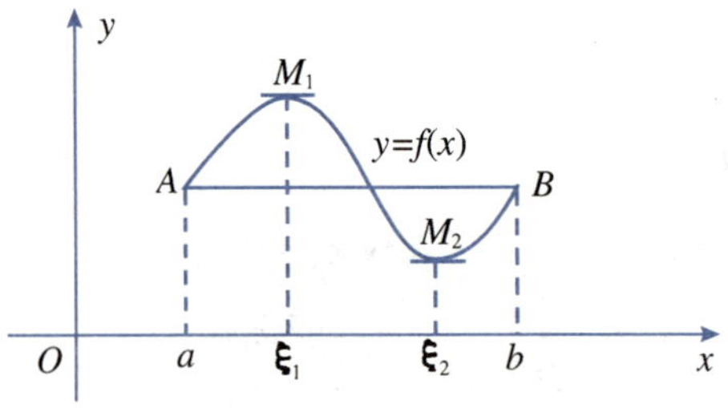

图 3-1

由于函数 $f(x)$ 在闭区间$[a,b]$上连续，从而函数曲线 $y=f(x)$ 在闭区间$[a,b]$上不断开；由于函数 $f(x)$ 在开区间(a,b)内可导，从而函数曲线 $y=f(x)$ 在开区间(a,b)内存在切线且切线不垂直于 x 轴. 容易看出：在曲线 $y=f(x)$ 上至少能找到一点 M，使得点 M 处的切线平行于弦 AB，这意味着它们的斜率相等. 又由于端点函数值 $f(a)=f(b)$，从而函数曲线 $y=f(x)$ 两个端点 A，B 的高度相等，即弦 AB 平行于 x 轴，说明弦 AB 的斜率等于零. 于是函数曲线 $y=f(x)$ 上点 M 处的切线斜率等于零，即函数 $f(x)$ 在点 M 横坐标 ξ 处的一阶导数值等于零，于是有下面的定理.

定理 3.1(罗尔定理) 如果函数 $f(x)$ 在闭区间$[a,b]$上连续，在开区间(a,b)内可导，且端点函数值 $f(a)=f(b)$，则在开区间(a,b)内至少存在一点 ξ，使得

$$f'(\xi)=0 \quad (a<\xi<b)$$

罗尔定理只是论证了点 ξ 的存在性，至于 ξ 值等于多少，须解未知量为 ξ 的代数方程式 $f'(\xi)=0$.

在罗尔定理中，若去掉端点函数值 $f(a)=f(b)$ 这个条件，会有什么结果？考察函数曲线 $y=f(x)$，连结函数曲线 $y=f(x)$ 的两个端点 A 和 B，得到弦 AB，如图 3-2.

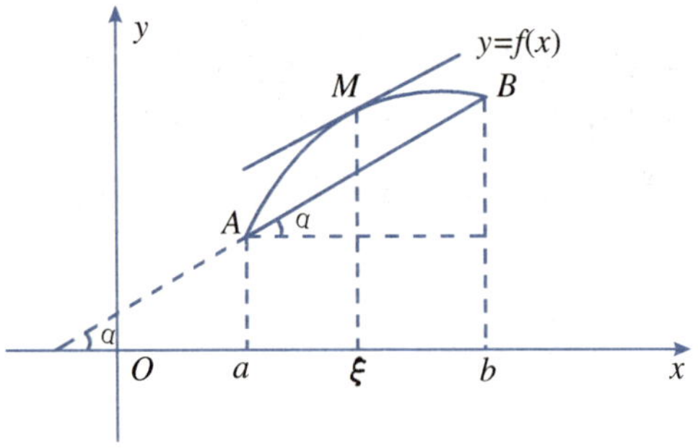

图 3-2

容易看出：在函数曲线 $y=f(x)$ 上至少能找到一点 M，使得点 M 处的切线平行于弦 AB，这意味着它们的斜率相等. 又由于弦 AB 的斜率等于 $\tan\alpha=\dfrac{f(b)-f(a)}{b-a}$，于是函数曲线 $y=f(x)$ 上点 M 处的切线斜率等于 $\dfrac{f(b)-f(a)}{b-a}$，即函数 $f(x)$ 在点 M 横坐标 ξ 处的一阶导数值

$$f'(\xi)=\frac{f(b)-f(a)}{b-a}$$

或者

$$f(b)-f(a)=f'(\xi)(b-a)$$

可以应用罗尔定理证明下面的定理.

定理 3.2(拉格朗日定理)　如果函数 $f(x)$ 在闭区间$[a,b]$上连续,在开区间(a,b)内可导,则在开区间(a,b)内至少存在一点 ξ,使得

$$f'(\xi)=\frac{f(b)-f(a)}{b-a} \qquad (a<\xi<b)$$

或者

$$f(b)-f(a)=f'(\xi)(b-a) \quad (a<\xi<b)$$

拉格朗日定理只是论证了点 ξ 的存在性,至于 ξ 值等于多少,须解未知量为 ξ 的代数方程式 $f'(\xi)=\dfrac{f(b)-f(a)}{b-a}$.

拉格朗日定理有两个重要推论:

推论 1　如果函数 $f(x)$ 在区间 I(可以是开区间,也可以是闭区间或半开区间)上的一阶导数 $f'(x)$ 恒等于零,则函数 $f(x)$ 在区间 I 上恒等于一个常数,即

$$f(x)=c_0 \quad (c_0 \text{ 为常数})$$

推论 2　如果函数 $f(x)$ 与 $g(x)$ 在区间 I(可以是开区间,也可以是闭区间或半开区间)上的一阶导数 $f'(x)$ 与 $g'(x)$ 恒相等,则函数 $f(x)$ 与 $g(x)$ 在区间 I 上不一定相等,但至多相差一个常数,即

$$f(x)=g(x)+c_0 \quad (c_0 \text{ 为常数})$$

罗尔定理与拉格朗日定理的关系为:罗尔定理是拉格朗日定理的特殊情况,拉格朗日定理是罗尔定理的推广.

§3.2　洛必达法则

洛必达法则

尽管在§1.5 与§1.6 讨论了求未定式极限的方法,但还有相当数量的未定式极限很难解出,因此有必要给出求未定式极限的一般方法. 考虑$\dfrac{0}{0}$型未定式极限$\lim\limits_{x\to 0}\dfrac{e^x-1}{\sin x}$,设函数 $u(x)=e^x-1$,$v(x)=\sin x$,注意到函数值 $u(0)=0$,$v(0)=0$,根据§2.1 导数值的定义与§1.7 函数连续性的概念,得到极限

$$\lim_{x\to 0}\frac{u(x)}{v(x)} \quad \left(\frac{0}{0}\text{ 型}\right)$$

$$=\lim_{x\to 0}\frac{u(x)-u(0)}{v(x)-v(0)}=\lim_{x\to 0}\frac{u(0+x)-u(0)}{v(0+x)-v(0)}$$

(分子、分母同除以 x)

$$=\lim_{x\to 0}\frac{\dfrac{u(0+x)-u(0)}{x}}{\dfrac{v(0+x)-v(0)}{x}}=\frac{u'(0)}{v'(0)}=\left.\frac{u'(x)}{v'(x)}\right|_{x=0}=\lim_{x\to 0}\frac{u'(x)}{v'(x)}$$

即极限

$$\lim_{x\to 0}\frac{e^x-1}{\sin x}\quad\left(\frac{0}{0}\text{ 型}\right)$$

$$=\lim_{x\to 0}\frac{(e^x-1)'}{(\sin x)'}=\lim_{x\to 0}\frac{e^x}{\cos x}=1$$

一般地,有下面的洛必达(L'Hospital) 法则.

洛必达法则 已知函数 $u(x)$,$v(x)$ 都可导,如果极限 $\lim\frac{u(x)}{v(x)}$ 为 $\frac{0}{0}$ 型或 $\frac{\infty}{\infty}$ 型未定式极限,且极限 $\lim\frac{u'(x)}{v'(x)}$ 存在或为 ∞,则极限

$$\lim\frac{u(x)}{v(x)}=\lim\frac{u'(x)}{v'(x)}$$

对于在 §1.5 与 §1.6 讨论的 $\frac{0}{0}$ 型未定式极限,也可以应用洛必达法则求解.

例 1 求极限 $\lim\limits_{x\to 2}\frac{x^2-5x+6}{x^2-4}$.

解:$\lim\limits_{x\to 2}\frac{x^2-5x+6}{x^2-4}\quad\left(\frac{0}{0}\text{ 型}\right)$

$$=\lim_{x\to 2}\frac{(x^2-5x+6)'}{(x^2-4)'}=\lim_{x\to 2}\frac{2x-5}{2x}=-\frac{1}{4}$$

例 2 求极限 $\lim\limits_{x\to 3}\frac{\sin(x-3)}{x^2-9}$.

解:$\lim\limits_{x\to 3}\frac{\sin(x-3)}{x^2-9}\quad\left(\frac{0}{0}\text{ 型}\right)$

$$=\lim_{x\to 3}\frac{\cos(x-3)}{2x}=\frac{1}{6}$$

上面两个例题分别是 §1.5 例 1 与 §1.6 例 2,应用洛必达法则求解的过程比较简单. 此外,还有相当数量的 $\frac{0}{0}$ 型未定式极限必须应用洛必达法则求解.

例 3 求极限 $\lim\limits_{x\to 3}\frac{2^x-8}{x^2-9}$.

解:$\lim\limits_{x\to 3}\frac{2^x-8}{x^2-9}\quad\left(\frac{0}{0}\text{ 型}\right)$

$$=\lim_{x\to 3}\frac{2^x\ln 2}{2x}=\frac{8\ln 2}{6}=\frac{4\ln 2}{3}$$

例 4 求极限 $\lim\limits_{x\to 0}\frac{\arcsin x}{x+\sin 2x}$.

解:$\lim\limits_{x\to 0}\frac{\arcsin x}{x+\sin 2x}\quad\left(\frac{0}{0}\text{ 型}\right)$

$$=\lim_{x\to 0}\frac{\frac{1}{\sqrt{1-x^2}}}{1+2\cos 2x}=\frac{1}{3}$$

所求$\frac{0}{0}$型未定式极限在应用洛必达法则求解后，若得到的极限仍然为$\frac{0}{0}$型未定式极限，且满足洛必达法则的其他条件，则可继续应用洛必达法则求解.

例 5　求极限$\lim\limits_{x\to 1}\frac{x^3-4x^2+5x-2}{x^4+x^2-6x+4}$.

解：$\lim\limits_{x\to 1}\frac{x^3-4x^2+5x-2}{x^4+x^2-6x+4}\quad\left(\frac{0}{0}\text{型}\right)$

$=\lim\limits_{x\to 1}\frac{3x^2-8x+5}{4x^3+2x-6}\quad\left(\frac{0}{0}\text{型}\right)$

$=\lim\limits_{x\to 1}\frac{6x-8}{12x^2+2}=-\frac{2}{14}=-\frac{1}{7}$

例 6　求极限$\lim\limits_{x\to 0}\frac{e^x-e^{-x}-2x}{x-\sin x}$.

解：$\lim\limits_{x\to 0}\frac{e^x-e^{-x}-2x}{x-\sin x}\quad\left(\frac{0}{0}\text{型}\right)$

$=\lim\limits_{x\to 0}\frac{e^x+e^{-x}-2}{1-\cos x}\quad\left(\frac{0}{0}\text{型}\right)$

$=\lim\limits_{x\to 0}\frac{e^x-e^{-x}}{\sin x}\quad\left(\frac{0}{0}\text{型}\right)$

$=\lim\limits_{x\to 0}\frac{e^x+e^{-x}}{\cos x}=2$

例 7　填空题

已知函数$u(x)$，$v(x)$皆在点$x=1$处及其左右可导，且一阶导数$u'(x)$，$v'(x)$连续. 设函数值$u(1)=1$，$v(1)=2$，一阶导数值$u'(1)=1$，$v'(1)=-2$，则极限$\lim\limits_{x\to 1}\frac{u(x)v(x)-2}{x-1}=$______.

解：计算极限

$$\lim_{x\to 1}\frac{u(x)v(x)-2}{x-1}\quad\left(\frac{0}{0}\text{型}\right)$$

$$=\lim_{x\to 1}\frac{u'(x)v(x)+u(x)v'(x)}{1}=u'(1)v(1)+u(1)v'(1)=1\times 2+1\times(-2)=0$$

于是应将“0”直接填在空内.

例 8　单项选择题

当$x\to 0$时，无穷小量$x-\ln(1+x)$与x^2比较是(　　)无穷小量.

(a) 较高阶　　(b) 较低阶

(c) 同阶但非等价　　(d) 等价

解：当$x\to 0$时，无穷小量$x-\ln(1+x)$与x^2比较意味着计算它们之比值的极限，当然为$\frac{0}{0}$型未定式极限，应用洛必达法则求解，有

$$\lim_{x\to 0}\frac{x-\ln(1+x)}{x^2}\quad\left(\frac{0}{0}\text{型}\right)$$

$$=\lim_{x\to 0}\frac{1-\frac{1}{1+x}}{2x}=\lim_{x\to 0}\frac{\frac{x}{1+x}}{2x}=\lim_{x\to 0}\frac{1}{2(1+x)}=\frac{1}{2}\neq 0$$

根据无穷小量阶的定义,说明当 $x\to 0$ 时,无穷小量 $x-\ln(1+x)$ 与 x^2 是同阶无穷小量,又由于它们之比值的极限不等于1,因此无穷小量 $x-\ln(1+x)$ 与 x^2 是同阶但非等价无穷小量.这个正确答案恰好就是备选答案(c),所以选择(c).

§3.3 函数曲线的切线

根据§2.1给出的导数值的几何意义,若函数 $f(x)$ 在点 x_0 处可导,即一阶导数值 $f'(x_0)$ 为有限值,则函数曲线 $y=f(x)$ 上点 $M_0(x_0,y_0)$ 处的切线斜率为函数 $f(x)$ 在切点横坐标 x_0 处的一阶导数值 $f'(x_0)$,因而得到函数曲线 $y=f(x)$ 上点 $M_0(x_0,y_0)$ 处切线方程的点斜式为

$$y-y_0=f'(x_0)(x-x_0)$$

其中切点纵坐标 $y_0=f(x_0)$,如图3-3.

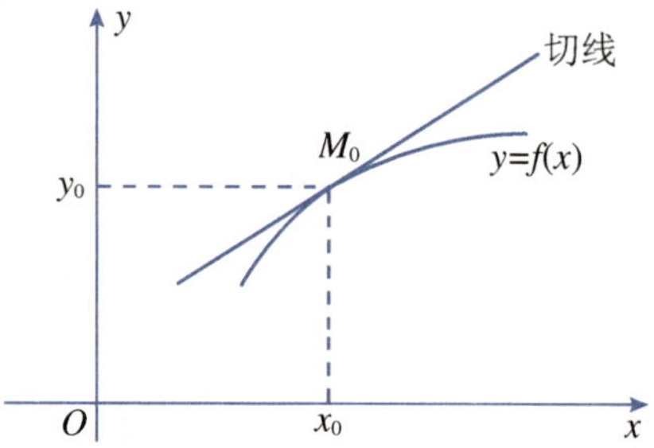

图3-3

特别地,若切线斜率 $f'(x_0)=0$,说明切线平行于 x 轴,则切线方程为 $y=y_0$.此外,若函数 $f(x)$ 在点 x_0 处连续但不可导,且一阶导数值 $f'(x_0)=\infty$,说明函数曲线 $y=f(x)$ 上点 $M_0(x_0,y_0)$ 处切线倾斜角 $\alpha=\frac{\pi}{2}$,即切线垂直于 x 轴,则切线方程为 $x=x_0$.

综合上面的讨论,求函数曲线 $y=f(x)$ 上点 $M_0(x_0,y_0)$ 处切线方程的步骤如下:

步骤1　计算一阶导数 $f'(x)$,再在一阶导数 $f'(x)$ 的表达式中,自变量 x 用切点横坐标 x_0 代入,得到函数 $f(x)$ 在切点横坐标 x_0 处的一阶导数值 $f'(x_0)$;

步骤2　若一阶导数值 $f'(x_0)$ 为有限值,则所求切线斜率为 $f'(x_0)$,所求切线方程的点斜式为

$$y-y_0=f'(x_0)(x-x_0)$$

当一阶导数值 $f'(x_0)=0$ 时,所求切线方程为 $y=y_0$;若一阶导数值 $f'(x_0)=\infty$,则所求切线方程为 $x=x_0$.

例1　填空题

若函数曲线 $y=f(x)$ 上点 $M_0(x_0,f(x_0))$ 处的切线平行于直线 $y=3x+5$,则极限 $\lim\limits_{\Delta x\to 0}\frac{f(x_0+2\Delta x)-f(x_0)}{\Delta x}=$ ______.

解:函数曲线 $y=f(x)$ 上点 $M_0(x_0,f(x_0))$ 处的切线斜率为 $f'(x_0)$,又直线 $y=3x+5$

的斜率为 3，由于这两条直线平行，因而它们的斜率相等，有

$$f'(x_0)=3$$

再根据 §2.1 导数值的概念，得到极限

$$\lim_{\Delta x\to 0}\frac{f(x_0+2\Delta x)-f(x_0)}{\Delta x}=2\lim_{\Delta x\to 0}\frac{f(x_0+2\Delta x)-f(x_0)}{2\Delta x}=2f'(x_0)=2\times 3=6$$

于是应将“6”直接填在空内.

例 2　求函数曲线 $y=e^{2x}+x^2$ 上点(0,1)处的切线方程.

解:计算一阶导数

$$y'=e^{2x}(2x)'+2x=2e^{2x}+2x$$

于是所求切线斜率为

$$y'\Big|_{x=0}=2$$

所以所求切线方程为

$$y-1=2(x-0)$$

即有

$$2x-y+1=0$$

例 3　已知函数曲线 $y=x\ln x$ 上点 $M_0(x_0,y_0)$ 处的切线平行于直线 $y=4x-3$，求切点 M_0 的坐标(x_0,y_0).

解:计算函数 $y=x\ln x$ 的一阶导数

$$y'=\ln x+x\frac{1}{x}=\ln x+1$$

于是函数曲线 $y=x\ln x$ 上点 $M_0(x_0,y_0)$ 处的切线斜率为

$$y'\Big|_{x=x_0}=\ln x_0+1$$

又直线 $y=4x-3$ 的斜率为 4，由于这两条直线平行，因而它们的斜率相等，有

$$\ln x_0+1=4$$

即有

$$\ln x_0=3$$

得到切点 M_0 的横坐标 $x_0=e^3$，相应纵坐标 $y_0=e^3\ln e^3=3e^3$，所以所求切点 M_0 的坐标为

$$(e^3,3e^3)$$

例 4　求一条直线与函数曲线 $y=x^4-4x$ 相切，且平行于 x 轴.

解:注意到所求直线为函数曲线 $y=x^4-4x$ 的切线，设切点为点 $M_0(x_0,y_0)$. 计算函数 $y=x^4-4x$ 的一阶导数

$$y'=4x^3-4$$

于是函数曲线 $y=x^4-4x$ 上点 $M_0(x_0,y_0)$ 处的切线斜率为

$$y'\Big|_{x=x_0}=4x_0^3-4$$

由于这条切线平行于 x 轴，因而它的斜率等于零，有

$$4x_0^3-4=0$$

得到切点 M_0 的横坐标 $x_0=1$,相应纵坐标 $y_0=-3$,因此切点为$(1,-3)$,所以所求直线方程为

$$y=-3$$

函数的单调性

§3.4 函数的单调区间与极值

在 §1.1 虽然给出了函数单调性与极值的定义,但是直接根据定义确定函数的单调区间与极值是比较困难的,现在应用函数的导数解决这个问题.

如图 3-4,可导函数 $f(x)$ 在开区间(a,b) 内单调增加,这时函数曲线$y=f(x)$ 上任意点(x,y) 处切线倾斜角 α 是锐角,因而切线斜率

$$f'(x)=\tan\alpha>0$$

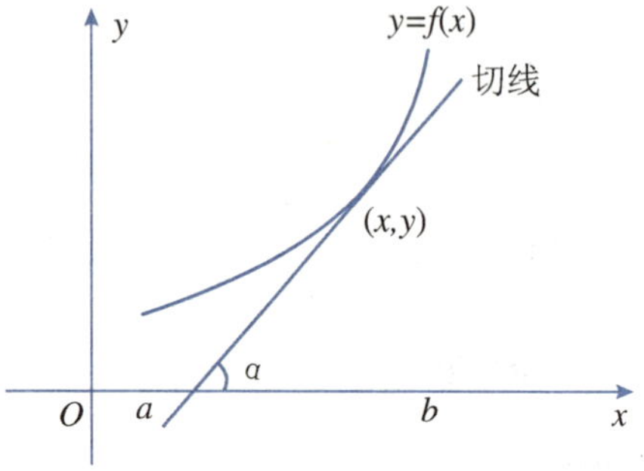

图 3-4

如图 3-5,可导函数 $f(x)$ 在开区间(a,b) 内单调减少,这时函数曲线$y=f(x)$ 上任意点(x,y) 处切线倾斜角 β 是钝角,因而切线斜率

$$f'(x)=\tan\beta<0$$

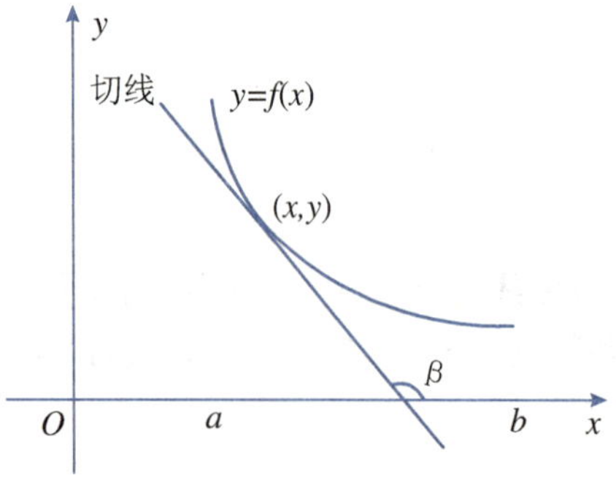

图 3-5

由此可知:可导函数的单调性与一阶导数正负号有着紧密的联系,应用 §3.1 拉格朗日定理可以证明下面的定理.

定理 3.3 已知函数 $f(x)$ 在开区间 J 内可导,那么:

(1) 如果在开区间 J 内一阶导数 $f'(x)$ 恒为正，则开区间 J 为可导函数 $f(x)$ 的单调增加区间；

(2) 如果在开区间 J 内一阶导数 $f'(x)$ 恒为负，则开区间 J 为可导函数 $f(x)$ 的单调减少区间.

推论　如果在开区间 J 内一阶导数 $f'(x)$ 恒非负(或恒非正)，且使得一阶导数 $f'(x)=0$ 的点 x 只是一些孤立的点，则开区间 J 为可导函数 $f(x)$ 的单调增加区间(或单调减少区间).

在给出判断可导函数单调性方法的基础上，下面讨论可导函数的极值，为此给出一个重要的概念.

定义 3.1　若可导函数 $f(x)$ 在点 x_0 处的一阶导数值 $f'(x_0)=0$，则称点 x_0 为可导函数 $f(x)$ 的驻点.

根据这个定义，可导函数 $f(x)$ 在驻点 x_0 处的一阶导数值 $f'(x_0)=0$，意味着函数曲线 $y=f(x)$ 上点$(x_0,f(x_0))$处的切线斜率等于零，说明切线平行于 x 轴.

如图 3-6，可导函数 $f(x)$ 在开区间(a,b)内有极大值点 x_1 与极小值点 x_2，这时函数曲线 $y=f(x)$ 上点$(x_1,f(x_1))$与$(x_2,f(x_2))$处的切线平行于 x 轴，因而极值点 x_1，x_2 皆为可导函数的驻点. 说明可导函数的极值点一定在驻点中产生，为了求可导函数的极值点，必须先求出驻点，若无驻点，则无极值点. 但驻点是否一定为极值点？函数曲线 $y=f(x)$ 上点$(x_3,f(x_3))$处的切线平行于 x 轴，从而点 x_3 为可导函数 $f(x)$ 的驻点，它却不为极值点. 自然提出问题：驻点在什么情况下一定为极值点，又在什么情况下一定不为极值点. 容易看出：可导函数 $f(x)$ 在驻点 x_1 左右与驻点 x_2 左右的单调性有改变，即一阶导数 $f'(x)$ 在驻点 x_1 左右与驻点 x_2 左右变号，这时驻点 x_1 与 x_2 为极值点；而可导函数 $f(x)$ 在驻点 x_3 左右的单调性没有改变，即一阶导数 $f'(x)$ 在驻点 x_3 左右不变号，这时驻点 x_3 不为极值点.

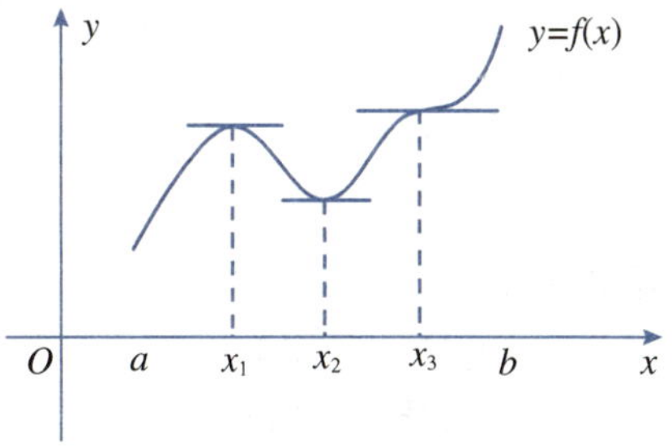

图 3-6

由此可知：对于可导函数，极值点一定为驻点，但驻点不一定为极值点，驻点是否为极值点与一阶导数在其左右变号不变号有着紧密的联系.

定理 3.4　已知点 x_0 为可导函数 $f(x)$ 的驻点，当点 x 从驻点 x_0 的左方变化到右方时，那么：

(1) 如果一阶导数 $f'(x)$ 变号，且从正号(或负号)变化到负号(或正号)，则驻点 x_0 为可导函数 $f(x)$ 的极大值点(或极小值点)；

(2) 如果一阶导数 $f'(x)$ 不变号，则驻点 x_0 不为可导函数 $f(x)$ 的极值点.

证：(1) 考虑驻点 x_0 左右很小范围内任意点 $x\neq x_0$，当点 x 在驻点 x_0 的左方即 $x_0>x$

时，一阶导数 $f'(x)$ 恒为正(或恒为负)，说明可导函数 $f(x)$ 单调增加(或单调减少)，从而有

$$f(x_0) > f(x) \quad (\text{或 } f(x_0) < f(x))$$

当点 x 在驻点 x_0 的右方即 $x > x_0$ 时，一阶导数 $f'(x)$ 恒为负(或恒为正)，说明可导函数 $f(x)$ 单调减少(或单调增加)，从而有 $f(x) < f(x_0)$(或 $f(x) > f(x_0)$)，即

$$f(x_0) > f(x) \quad (\text{或 } f(x_0) < f(x))$$

所以函数值 $f(x_0)$ 为极大值(或极小值)，即驻点 x_0 为可导函数 $f(x)$ 的极大值点(或极小值点).

(2) 在驻点 x_0 左右很小范围内一阶导数 $f'(x)$ 不变号，即恒为正(或恒为负)，说明可导函数 $f(x)$ 单调增加(或单调减少)，可导函数 $f(x)$ 在驻点 x_0 处当然连续，因而函数值 $f(x_0)$ 大于左方函数值且小于右方函数值(或小于左方函数值且大于右方函数值)，所以函数值 $f(x_0)$ 不为极值，即驻点 x_0 不为可导函数 $f(x)$ 的极值点.

综合上面的讨论，求可导函数 $f(x)$ 的单调区间与极值的步骤如下：

步骤 1　确定可导函数 $f(x)$ 的定义域 D；

步骤 2　计算一阶导数 $f'(x)$；

步骤 3　在定义域 D 内，若一阶导数 $f'(x)$ 恒非负(或恒非正)，则可导函数 $f(x)$ 的单调增加区间(或单调减少区间)为定义域 D，这时当然无极值. 否则令一阶导数 $f'(x)=0$，求出可导函数 $f(x)$ 的全部驻点，并转入步骤 4；

步骤 4　可导函数 $f(x)$ 的全部驻点将定义域 D 分成几个开区间，列表判断在这几个开区间内一阶导数 $f'(x)$ 的正负号，于是确定可导函数 $f(x)$ 的单调区间、极值点，计算极值点处的函数值即为极值. 单调增加用记号 ↗ 表示，单调减少用记号 ↘ 表示.

例 1　填空题

若函数 $f(x)$ 在点 x_0 处及其左右可导，且函数值 $f(x_0)$ 为极大值，则函数曲线 $y=f(x)$ 上点 $M_0(x_0, f(x_0))$ 处的切线方程为______.

解：由于函数 $f(x)$ 在点 x_0 处及其左右可导，且函数值 $f(x_0)$ 为极大值，即点 x_0 为可导函数 $f(x)$ 的极大值点，从而点 x_0 为函数 $f(x)$ 的驻点，当然一阶导数值 $f'(x_0)=0$. 这说明函数曲线 $y=f(x)$ 上点 $M_0(x_0, f(x_0))$ 处的切线斜率为零，即切线平行于 x 轴，因而所求切线方程为

$$y = f(x_0)$$

于是应将“$y=f(x_0)$”直接填在空内.

例 2　求函数 $f(x)=x-\sin x$ 的单调区间与极值.

解：函数定义域 $D=(-\infty, +\infty)$，计算一阶导数

$$f'(x) = 1 - \cos x \geqslant 0$$

说明在定义域 $D=(-\infty, +\infty)$ 内一阶导数 $f'(x)$ 恒非负，所以函数 $f(x)=x-\sin x$ 的单调增加区间为定义域 $D=(-\infty, +\infty)$；无极值.

例 3　求函数 $f(x)=x^2-4x+5$ 的单调区间与极值.

解：函数定义域 $D=(-\infty, +\infty)$，计算一阶导数

$$f'(x) = 2x - 4$$

令一阶导数 $f'(x)=0$，得到驻点 $x=2$.

驻点 $x=2$ 将定义域 $D=(-\infty, +\infty)$ 分成两个开区间：$(-\infty, 2)$ 与 $(2, +\infty)$，注意到在这两个开区间内一阶导数 $f'(x)$ 是连续的，且不等于零，根据 §1.7 连续函数性质 3，对

于其中每一个开区间内所有点 x，一阶导数 $f'(x)$ 同号. 在开区间 $(-\infty,2)$ 内任取一点，不妨取点 $x=0$，计算一阶导数值 $f'(0)=-4<0$，从而在此开区间内一阶导数 $f'(x)$ 恒为负，说明函数 $f(x)$ 在此开区间内单调减少；再在开区间 $(2,+\infty)$ 内任取一点，不妨取点 $x=3$，计算一阶导数值 $f'(3)=2>0$，从而在此开区间内一阶导数 $f'(x)$ 恒为正，说明函数 $f(x)$ 在此开区间内单调增加.

当点 x 从驻点 $x=2$ 的左方变化到右方时，由于一阶导数 $f'(x)$ 变号，且从负号变化到正号，因而驻点 $x=2$ 为函数 $f(x)$ 的极小值点，极小值为 $f(2)=1$.

上面这些分析列表如表 3－1.

表 3－1

x	$(-\infty,2)$	2	$(2,+\infty)$
$f'(x)$	$-$	0	$+$
$f(x)$	↘	极小值 1	↗

所以函数 $f(x)=x^2-4x+5$ 的单调减少区间为 $(-\infty,2)$，单调增加区间为 $(2,+\infty)$；极小值为 $f(2)=1$.

例 4 求函数 $f(x)=x^2\mathrm{e}^{-x}$ 的单调区间与极值.

解：函数定义域 $D=(-\infty,+\infty)$，计算一阶导数

$$f'(x)=2x\mathrm{e}^{-x}+x^2\mathrm{e}^{-x}(-x)'=2x\mathrm{e}^{-x}-x^2\mathrm{e}^{-x}=(2x-x^2)\mathrm{e}^{-x}$$

令一阶导数 $f'(x)=0$，注意到指数函数 e^{-x} 恒大于零，得到驻点 $x=0$ 与 $x=2$. 列表如表 3－2.

表 3－2

x	$(-\infty,0)$	0	$(0,2)$	2	$(2,+\infty)$
$f'(x)$	$-$	0	$+$	0	$-$
$f(x)$	↘	极小值 0	↗	极大值 $4\mathrm{e}^{-2}$	↘

所以函数 $f(x)=x^2\mathrm{e}^{-x}$ 的单调减少区间为 $(-\infty,0)$，$(2,+\infty)$，单调增加区间为 $(0,2)$；极小值为 $f(0)=0$，极大值为 $f(2)=4\mathrm{e}^{-2}$.

例 5 求函数 $f(x)=4x^3-x^4$ 的单调区间与极值.

解：函数定义域 $D=(-\infty,+\infty)$，计算一阶导数

$$f'(x)=12x^2-4x^3=4x^2(3-x)$$

令一阶导数 $f'(x)=0$，得到驻点 $x=0$ 与 $x=3$. 列表如表 3－3.

表 3－3

x	$(-\infty,0)$	0	$(0,3)$	3	$(3,+\infty)$
$f'(x)$	$+$	0	$+$	0	$-$
$f(x)$	↗	非极值	↗	极大值 27	↘

所以函数 $f(x)=4x^3-x^4$ 的单调增加区间为 $(-\infty,3)$，单调减少区间为 $(3,+\infty)$；极大值为 $f(3)=27$.

注意:由于在驻点 $x=0$ 左右一阶导数 $f'(x)$ 不变号,因而驻点 $x=0$ 不为极值点,这时应把单调增加区间 $(-\infty,0)$ 与 $(0,3)$ 合并为一个区间 $(-\infty,3)$.

需要说明的是:极值是局部性的概念,它只是与极值点左右很小范围内对应的函数值比较而得到的,因此同一个函数的极大值有可能小于极小值.

利用函数的单调性,可以证明给定条件下含变量 x 的不等式.做法是:令不等式左端减右端为函数 $f(x)$,计算一阶导数 $f'(x)$,在给定条件下,判别一阶导数 $f'(x)$ 的正负号,确定函数 $f(x)$ 的单调性,再根据函数单调性的定义,得到所证不等式.

例 6 证明:当 $x>0$ 时,恒有不等式

$$\ln(x+1)<x$$

证:考虑函数

$$f(x)=\ln(x+1)-x$$

计算一阶导数

$$f'(x)=\frac{1}{x+1}(x+1)'-1=\frac{1}{x+1}-1=-\frac{x}{x+1}<0\quad(x>0)$$

说明当 $x>0$ 时,函数 $f(x)$ 单调减少,因而自变量取值为 x 对应的函数值 $f(x)$ 小于自变量取值为 0 对应的函数值 $f(0)$,即有 $f(x)<f(0)=0$,得到

$$\ln(x+1)-x<0$$

所以当 $x>0$ 时,恒有不等式

$$\ln(x+1)<x$$

函数的最值

§3.5 函数的最值

若只求函数的极值,还有下面定理给出的另外一种方法,可以作为 §3.4 定理 3.4 的补充.

定理 3.5 已知点 x_0 为可导函数 $f(x)$ 的驻点,且二阶导数 $f''(x)$ 在驻点 x_0 处及其左右连续,那么:

(1) 如果二阶导数值 $f''(x_0)<0$,则驻点 x_0 为可导函数 $f(x)$ 的极大值点;

(2) 如果二阶导数值 $f''(x_0)>0$,则驻点 x_0 为可导函数 $f(x)$ 的极小值点.

证:考虑驻点 x_0 处及其左右很小范围内任意点 x,由于二阶导数 $f''(x)$ 连续,若二阶导数值 $f''(x_0)\neq 0$,根据 §1.7 连续函数性质 3,则二阶导数 $f''(x)$ 与二阶导数值 $f''(x_0)$ 同号.

(1) 由于二阶导数值 $f''(x_0)<0$,从而二阶导数 $f''(x)<0$,说明一阶导数 $f'(x)$ 单调减少.这意味着当点 x 从驻点 x_0 的左方变化到右方时,一阶导数 $f'(x)$ 逐渐减小,注意到可导函数 $f(x)$ 在驻点 x_0 处的一阶导数值 $f'(x_0)=0$,因而这时一阶导数 $f'(x)$ 变号,且从正号变化到负号,根据 §3.4 定理 3.4,所以驻点 x_0 为可导函数 $f(x)$ 的极大值点;

(2) 由于二阶导数值 $f''(x_0)>0$,从而二阶导数 $f''(x)>0$,说明一阶导数 $f'(x)$ 单调增加.这意味着当点 x 从驻点 x_0 的左方变化到右方时,一阶导数 $f'(x)$ 逐渐增大,注意到可导函数 $f(x)$ 在驻点 x_0 处的一阶导数值 $f'(x_0)=0$,因而这时一阶导数 $f'(x)$ 变号,且从负号变化到正号,根据 §3.4 定理 3.4,所以驻点 x_0 为可导函数 $f(x)$ 的极小值点.

例 1 求函数 $f(x)=x^2e^{-x}$ 的极值.

解: 函数定义域 $D=(-\infty,+\infty)$,计算一阶导数

$$f'(x)=2xe^{-x}+x^2e^{-x}(-x)'=2xe^{-x}-x^2e^{-x}=(2x-x^2)e^{-x}$$

令一阶导数 $f'(x)=0$,注意到指数函数 e^{-x} 恒大于零,得到驻点 $x=0$ 与 $x=2$. 再计算二阶导数

$$\begin{aligned}f''(x)&=(2-2x)e^{-x}+(2x-x^2)e^{-x}(-x)'=(2-2x)e^{-x}-(2x-x^2)e^{-x}\\&=(2-4x+x^2)e^{-x}\end{aligned}$$

得到在驻点 $x=0$ 处的二阶导数值

$$f''(0)=2>0$$

根据定理 3.5,于是驻点 $x=0$ 为极小值点;又得到在驻点 $x=2$ 处的二阶导数值

$$f''(2)=-2e^{-2}<0$$

根据定理 3.5,于是驻点 $x=2$ 为极大值点.

所以函数 $f(x)=x^2e^{-x}$ 的极小值为 $f(0)=0$,极大值为 $f(2)=4e^{-2}$. 这个结果与 §3.4 例 4 得到的结果是相同的.

函数的最值点与极值点是不同的概念,不可混淆. 极值点只能是给定区间内部的点,不能是给定区间的端点;而最值点可以是给定区间内部的点,也可以是给定区间的端点. 一般情况下,最值点不一定是极值点,极值点也不一定是最值点,但在一定条件下,它们又有着紧密的联系.

如图 3-7,可导函数 $f(x)$ 在开区间 (a,b) 内只有一个极值点 x_0,且为极大值点,这时函数曲线 $y=f(x)$ 上点 $M_0(x_0,f(x_0))$ 左右很小范围内的曲线段当然向下延伸,又由于可导函数 $f(x)$ 没有极小值,从而函数曲线 $y=f(x)$ 不可能再向上延伸,只能继续向下延伸,因而唯一极大值 $f(x_0)$ 也为可导函数 $f(x)$ 在开区间 (a,b) 内的最大值,即唯一极大值点 x_0 也为可导函数 $f(x)$ 在开区间 (a,b) 内的最大值点.

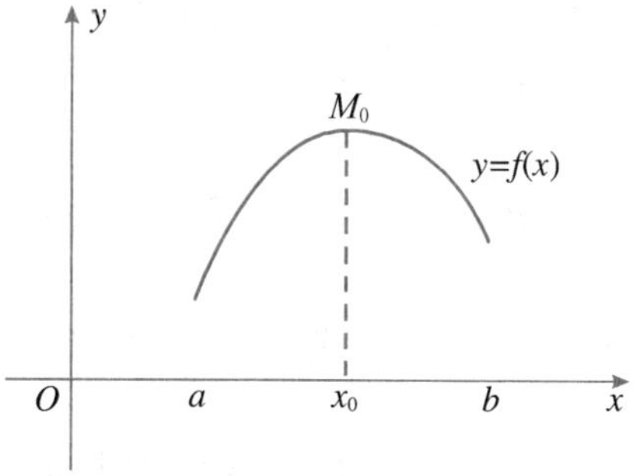

图 3-7

如图 3-8,可导函数 $f(x)$ 在开区间 (a,b) 内只有一个极值点 x_0,且为极小值点,这时函数曲线 $y=f(x)$ 上点 $M_0(x_0,f(x_0))$ 左右很小范围内的曲线段当然向上延伸,又由于可导函数 $f(x)$ 没有极大值,从而函数曲线 $y=f(x)$ 不可能再向下延伸,只能继续向上延伸,因而唯一极小值 $f(x_0)$ 也为可导函数 $f(x)$ 在开区间 (a,b) 内的最小值,即唯一极小值点 x_0 也为可导函数 $f(x)$ 在开区间 (a,b) 内的最小值点.

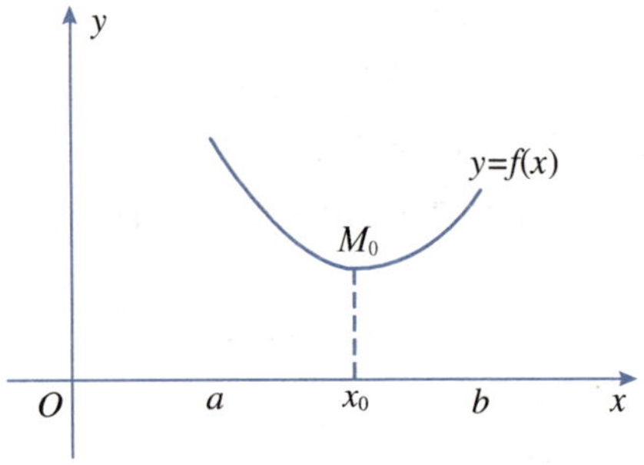

图 3-8

综合上面的讨论,得到下面的定理.

定理 3.6 已知可导函数 $f(x)$ 在区间 I(可以是开区间,也可以是闭区间或半开区间)内只有一个极值点 x_0,那么:

(1) 如果点 x_0 为极大值点,则唯一极大值点 x_0 也为可导函数 $f(x)$ 在区间 I 上的最大值点;

(2) 如果点 x_0 为极小值点,则唯一极小值点 x_0 也为可导函数 $f(x)$ 在区间 I 上的最小值点.

开区间内的可导函数不一定存在最大值或最小值,但若满足定理 3.6 的条件,则开区间内的可导函数存在最大值或最小值. 在这种情况下,求可导函数 $f(x)$ 在定义域内的最值的步骤如下:

步骤 1　确定可导函数 $f(x)$ 的定义域 D;

步骤 2　计算一阶导数 $f'(x)$;

步骤 3　令一阶导数 $f'(x)=0$,得到唯一驻点 x_0;

步骤 4　计算二阶导数 $f''(x)$,判断二阶导数值 $f''(x_0)$ 的正负号,确定唯一驻点 x_0 为唯一极大值点还是唯一极小值点,进而得到它为最大值点还是最小值点,计算最值点 x_0 处的函数值 $f(x_0)$ 即为最值.

例 2　求函数 $f(x)=x^2-8x+7$ 在定义域内的最值.

解: 函数定义域 $D=(-\infty,+\infty)$,计算一阶导数

$$f'(x)=2x-8$$

令一阶导数 $f'(x)=0$,得到唯一驻点 $x=4$. 再计算二阶导数

$$f''(x)=2$$

它是常数. 当然,在唯一驻点 $x=4$ 处也不例外,有二阶导数值

$$f''(4)=2>0$$

根据定理 3.5,于是唯一驻点 $x=4$ 为唯一极小值点,再根据定理 3.6,这个唯一极小值点 $x=4$ 也为最小值点.

所以函数 $f(x)=x^2-8x+7$ 在定义域 $D=(-\infty,+\infty)$ 内有最小值,最小值为 $f(4)=-9$.

例 3　求函数 $f(x)=(1-x)e^x$ 在定义域内的最值.

解: 函数定义域 $D=(-\infty,+\infty)$,计算一阶导数

$$f'(x)=-e^x+(1-x)e^x=-xe^x$$

令一阶导数 $f'(x)=0$,注意到指数函数 e^x 恒大于零,得到唯一驻点 $x=0$. 再计算二阶导数

$$f''(x)=-(e^x+xe^x)=-(1+x)e^x$$

得到在唯一驻点 $x=0$ 处的二阶导数值

$$f''(0)=-1<0$$

于是唯一驻点 $x=0$ 为唯一极大值点，也为最大值点.

所以函数 $f(x)=(1-x)e^x$ 在定义域 $D=(-\infty,+\infty)$ 内有最大值，最大值为 $f(0)=1$.

闭区间上的可导函数当然连续，根据 §1.7 连续函数性质 1，它一定存在最大值与最小值. 如何求出这个最大值与最小值？由于这个最大值与最小值一定在相应开区间内的极值点或两个端点处取得，又可导函数的极值点一定在驻点中产生，因而所求最大值与最小值一定在相应开区间内的驻点或两个端点处取得.

综合上面的讨论，求可导函数 $f(x)$ 在闭区间 $[a,b]$ 上的最大值与最小值的步骤如下：

步骤 1　计算一阶导数 $f'(x)$，并令一阶导数 $f'(x)=0$，求出可导函数 $f(x)$ 在开区间 (a,b) 内的所有驻点；

步骤 2　计算可导函数 $f(x)$ 在这些驻点处的函数值，同时计算可导函数 $f(x)$ 在两个端点处的函数值 $f(a)$，$f(b)$；

步骤 3　比较上述计算得到的函数值大小，最大者为所求最大值，最小者为所求最小值.

特别地，若可导函数 $f(x)$ 在开区间 (a,b) 内单调，则可导函数 $f(x)$ 在闭区间 $[a,b]$ 上的最大值与最小值分别在两个端点处取得.

例 4　求函数 $f(x)=x^4-8x^2+3$ 在闭区间 $[-1,3]$ 上的最大值与最小值.

解：计算一阶导数

$$f'(x)=4x^3-16x=4x(x^2-4)$$

令一阶导数 $f'(x)=0$，得到驻点 $x=-2$，$x=0$ 及 $x=2$，容易看出驻点 $x=0$ 与 $x=2$ 在开区间 $(-1,3)$ 内，而驻点 $x=-2$ 不在开区间 $(-1,3)$ 内. 再计算函数 $f(x)$ 在驻点 $x=0$，$x=2$ 及两个端点 $x=-1$，$x=3$ 处的函数值

$$f(0)=3$$

$$f(2)=-13$$

$$f(-1)=-4$$

$$f(3)=12$$

比较这些函数值的大小，得到最大者为 $f(3)=12$，最小者为 $f(2)=-13$.

所以函数 $f(x)=x^4-8x^2+3$ 在闭区间 $[-1,3]$ 上的最大值为 $f(3)=12$，最小值为 $f(2)=-13$.

§3.6　函数曲线的凹向区间与拐点

在讨论可导函数的单调区间与极值的基础上，往往还要讨论函数曲线的弯曲情况，即讨论函数曲线与其切线在位置上的关系.

如图 3-9，函数曲线 $y=f(x)$ 在开区间 (a,c) 内向上弯曲，这时曲线弧 AC 位于其上任意一点处切线的上方；函数曲线 $y=f(x)$ 在开区间 (c,b) 内向下弯曲，这时曲线弧 CB 位于其上任意一点处切线的下方，而函数曲线 $y=f(x)$ 上点 $C(c,f(c))$ 是曲线 $y=f(x)$ 弯曲方

向改变的分界点.

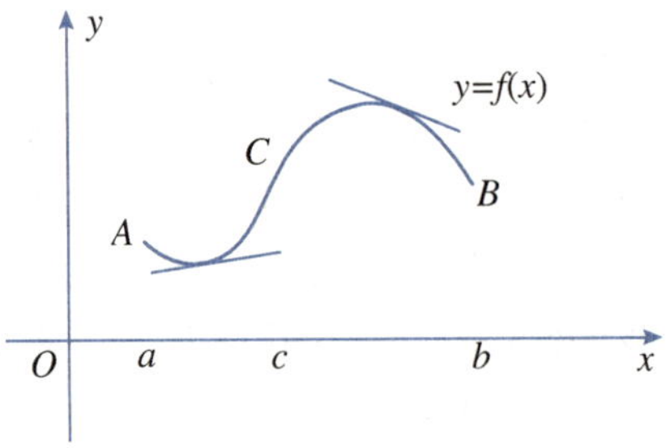

图 3-9

定义 3.2 已知函数 $f(x)$ 在开区间 J 内可导,若函数曲线 $y=f(x)$ 在开区间 J 内位于其上任意一点处切线的上方,则称函数曲线 $y=f(x)$ 在开区间 J 内上凹,开区间 J 为函数曲线 $y=f(x)$ 的上凹区间;若函数曲线 $y=f(x)$ 在开区间 J 内位于其上任意一点处切线的下方,则称函数曲线 $y=f(x)$ 在开区间 J 内下凹,开区间 J 为函数曲线 $y=f(x)$ 的下凹区间.

直接根据定义确定函数曲线的凹向区间是比较困难的,经过深入的讨论可知:函数曲线的凹向与函数的二阶导数正负号有着紧密的联系.

定理 3.7 已知函数 $f(x)$ 在开区间 J 内二阶可导,那么:

(1) 如果在开区间 J 内二阶导数 $f''(x)$ 恒为正,则开区间 J 为函数曲线 $y=f(x)$ 的上凹区间;

(2) 如果在开区间 J 内二阶导数 $f''(x)$ 恒为负,则开区间 J 为函数曲线 $y=f(x)$ 的下凹区间.

推论 如果在开区间 J 内二阶导数 $f''(x)$ 恒非负(或恒非正),且使得二阶导数 $f''(x)=0$ 的点 x 只是一些孤立的点,则开区间 J 为函数曲线 $y=f(x)$ 的上凹区间(或下凹区间).

定义 3.3 在函数曲线 $y=f(x)$ 上,凹向改变的分界点称为函数曲线 $y=f(x)$ 的拐点.

对于二阶可导函数 $f(x)$,函数曲线 $y=f(x)$ 在其拐点 $(x_0, f(x_0))$ 左右的凹向改变,即在拐点横坐标 x_0 左右二阶导数 $f''(x)$ 变号,因而二阶导数值 $f''(x_0)=0$,说明拐点横坐标 x_0 一定是二阶导数 $f''(x)=0$ 的根;但在二阶导数 $f''(x)=0$ 的根左右,若二阶导数 $f''(x)$ 不变号,意味着函数曲线 $y=f(x)$ 在对应点左右的凹向不改变,则这个二阶导数 $f''(x)=0$ 的根不是拐点横坐标.

由此可知:对于二阶可导函数,函数曲线拐点横坐标一定为二阶导数等于零的根,但二阶导数等于零的根不一定为函数曲线拐点横坐标,二阶导数等于零的根是否为函数曲线拐点横坐标与二阶导数在其左右变号不变号有着紧密的联系.

定理 3.8 已知函数 $f(x)$ 二阶可导,点 x_0 为二阶导数 $f''(x)=0$ 的根,那么:

(1) 如果在点 x_0 左右二阶导数 $f''(x)$ 变号,则点 $(x_0, f(x_0))$ 为函数曲线 $y=f(x)$ 的拐点;

(2) 如果在点 x_0 左右二阶导数 $f''(x)$ 不变号,则点 $(x_0, f(x_0))$ 不为函数曲线 $y=f(x)$

的拐点.

根据函数曲线凹向与拐点的定义，如图 3-9，函数曲线$y = f(x)$ 的上凹区间为(a,c) 下凹区间为(c,b)，拐点为$(c,f(c))$.

综合上面的讨论，在函数 $f(x)$ 二阶可导时，求函数曲线$y = f(x)$ 的凹向区间与拐点的步骤如下：

步骤 1　确定二阶可导函数 $f(x)$ 的定义域 D.

步骤 2　计算一阶导数 $f'(x)$、二阶导数 $f''(x)$.

步骤 3　在定义域 D 内，若二阶导数 $f''(x)$ 恒非负(或恒非正)，则函数曲线$y = f(x)$ 的上凹区间(或下凹区间)为定义域 D，这时当然无拐点. 否则令二阶导数 $f''(x) = 0$，求出全部根，并转入步骤 4.

步骤 4　二阶导数 $f''(x) = 0$ 的全部根将定义域 D 分成几个开区间，列表判断在这几个开区间内二阶导数 $f''(x)$ 的正负号，于是确定函数曲线 $y = f(x)$ 的凹向区间、拐点横坐标，计算拐点横坐标处的函数值即为拐点纵坐标. 上凹用记号 $\cup$ 表示，下凹用记号 $\cap$ 表示.

例 1　求函数曲线 $y = x + \ln x$ 的凹向区间与拐点.

解: 函数定义域 $D = (0, +\infty)$，计算一阶导数、二阶导数

$$y' = 1 + \frac{1}{x}$$

$$y'' = -\frac{1}{x^2} < 0$$

说明在定义域 $D = (0, +\infty)$ 内二阶导数 y'' 恒为负，所以函数曲线 $y = x + \ln x$ 的下凹区间为定义域 $D = (0, +\infty)$；无拐点.

例 2　求函数曲线 $y = 6x^2 - x^3$ 的凹向区间与拐点.

解: 函数定义域 $D = (-\infty, +\infty)$，计算一阶导数、二阶导数

$$y' = 12x - 3x^2$$

$$y'' = 12 - 6x$$

令二阶导数 $y'' = 0$，得到根 $x = 2$. 列表如表 3-4.

表 3-4

x	$(-\infty,2)$	2	$(2,+\infty)$
y''	+	0	−
$y = f(x)$	$\cup$	拐点 (2,16)	$\cap$

所以函数曲线 $y = 6x^2 - x^3$ 的上凹区间为$(-\infty,2)$，下凹区间为$(2,+\infty)$；拐点为(2,16).

例 3　求函数曲线 $y = (x^2 - 2)e^x$ 的凹向区间与拐点.

解: 函数定义域 $D = (-\infty, +\infty)$，计算一阶导数、二阶导数

$$y' = 2xe^x + (x^2 - 2)e^x = (x^2 + 2x - 2)e^x$$

$$y'' = (2x + 2)e^x + (x^2 + 2x - 2)e^x = (x^2 + 4x)e^x$$

令二阶导数 $y'' = 0$，得到根 $x = -4$ 与 $x = 0$. 列表如表 3-5.

表 3-5

x	$(-\infty,-4)$	-4	$(-4,0)$	0	$(0,+\infty)$
y''	$+$	0	$-$	0	$+$
$y=f(x)$	$\cup$	拐点 $(-4,14e^{-4})$	$\cap$	拐点 $(0,-2)$	$\cup$

所以函数曲线 $y=(x^2-2)e^x$ 的上凹区间为 $(-\infty,-4)$,$(0,+\infty)$,下凹区间为 $(-4,0)$;拐点为 $(-4,14e^{-4})$,$(0,-2)$.

案例解决: 设 Q 为每次进货批量,A 为存货全年总的进货数量,B 为一次进货费用,D 为单位存货一年的变动储存成本,全年平均的存货占用量为 $Q/2$.

由于

$$\text{存货相关总成本} = \text{相关进货费用} + \text{相关存储成本}$$
$$= \text{年进货次数} \times \text{每次进货成本} + \begin{matrix}\text{年平均}\\\text{库存量}\end{matrix} \times \begin{matrix}\text{单位存货}\\\text{年储存成本}\end{matrix}$$

则存货相关总成本函数为:$TC(Q)=\dfrac{A}{Q}\cdot B+\dfrac{Q}{2}\cdot D$

函数定义域为 $(0,+\infty)$,计算一阶导数 $TC'(Q)=-\dfrac{A}{Q^2}\cdot B+\dfrac{D}{2}$

令 $TC'(Q)=0$,得唯一驻点为 $Q=\sqrt{\dfrac{2AB}{D}}$,再计算二阶导数 $TC''(Q)=\dfrac{2AB}{Q^3}>0$,

于是驻点 $Q=\sqrt{\dfrac{2AB}{D}}$ 为唯一极小值点,也为最小值点,为最优解.

所以 $Q=\sqrt{\dfrac{2AB}{D}}$ 为经济进货批量的进货量.

例 4 求函数 $y=x^3-3x^2+1$ 的单调区间与极值及函数曲线的凹向区间与拐点.

解: 函数定义域 $D=(-\infty,+\infty)$,计算一阶导数

$$y'=3x^2-6x$$

令一阶导数 $y'=0$,得到驻点 $x=0$ 与 $x=2$. 列表如表 3-6.

表 3-6

x	$(-\infty,0)$	0	$(0,2)$	2	$(2,+\infty)$
y'	$+$	0	$-$	0	$+$
y	$\nearrow$	极大值 1	$\searrow$	极小值 -3	$\nearrow$

计算二阶导数

$$y''=6x-6$$

令二阶导数 $y''=0$,得到根 $x=1$. 列表如表 3-7.

表 3-7

x	$(-\infty,1)$	1	$(1,+\infty)$
y''	$-$	0	$+$
$y=f(x)$	$\cap$	拐点 $(1,-1)$	$\cup$

所以函数 $y=x^3-3x^2+1$ 的单调增加区间为 $(-\infty,0)$，$(2,+\infty)$，单调减少区间为 $(0,2)$；极大值为 $y\Big|_{x=0}=1$，极小值为 $y\Big|_{x=2}=-3$. 函数曲线 $y=x^3-3x^2+1$ 的下凹区间为 $(-\infty,1)$，上凹区间为 $(1,+\infty)$；拐点为 $(1,-1)$.

例 5 求函数 $y=e^{-\frac{x^2}{2}}$ 的单调区间与极值及函数曲线的凹向区间与拐点.

解: 函数定义域 $D=(-\infty,+\infty)$，计算一阶导数

$$y'=e^{-\frac{x^2}{2}}\left(-\frac{x^2}{2}\right)'=-xe^{-\frac{x^2}{2}}$$

令一阶导数 $y'=0$，得到驻点 $x=0$. 列表如表 3-8.

表 3-8

x	$(-\infty,0)$	0	$(0,+\infty)$
y'	$+$	0	$-$
y	↗	极大值 1	↘

计算二阶导数

$$y''=-\left[e^{-\frac{x^2}{2}}+xe^{-\frac{x^2}{2}}\left(-\frac{x^2}{2}\right)'\right]=-(e^{-\frac{x^2}{2}}-x^2e^{-\frac{x^2}{2}})=(x^2-1)e^{-\frac{x^2}{2}}$$

令二阶导数 $y''=0$，得到根 $x=-1$ 与 $x=1$. 列表如表 3-9.

表 3-9

x	$(-\infty,-1)$	-1	$(-1,1)$	1	$(1,+\infty)$
y''	$+$	0	$-$	0	$+$
$y=f(x)$	$\cup$	拐点 $(-1,e^{-\frac{1}{2}})$	$\cap$	拐点 $(1,e^{-\frac{1}{2}})$	$\cup$

所以函数 $y=e^{-\frac{x^2}{2}}$ 的单调增加区间为 $(-\infty,0)$，单调减少区间为 $(0,+\infty)$；极大值为 $y\Big|_{x=0}=1$. 函数曲线 $y=e^{-\frac{x^2}{2}}$ 的上凹区间为 $(-\infty,-1)$，$(1,+\infty)$，下凹区间为 $(-1,1)$；拐点为 $(-1,e^{-\frac{1}{2}})$，$(1,e^{-\frac{1}{2}})$.

几何与经济方面函数的优化

§3.7 几何与经济方面函数的优化

求函数的最值点也称为函数的优化,求最值点的函数称为目标函数,目标函数的最值点称为最优解,目标函数的最值称为最优值.

几何与经济方面函数的优化的类型有两种:

类型 1　求使得消耗为最小的最优解;

类型 2　求使得效益为最大的最优解.

几何与经济方面函数优化的求解步骤如下:

步骤 1　根据实际问题的具体情况,确定自变量与因变量,建立它们之间的函数关系即目标函数关系式;

步骤 2　求目标函数的极值点,往往也为最值点,即得最优解.

例 1　一块正方形纸板的边长为 a,将其四角各截去一个大小相同的边长为 x 的小正方形,再将四边折起做成一个无盖方盒,问所截小正方形边长 x 为多少时,才能使得无盖方盒容积 V 最大?

解:已设所截小正方形边长为 x,从而无盖方盒底边长为 $a-2x$,如图 3-10.

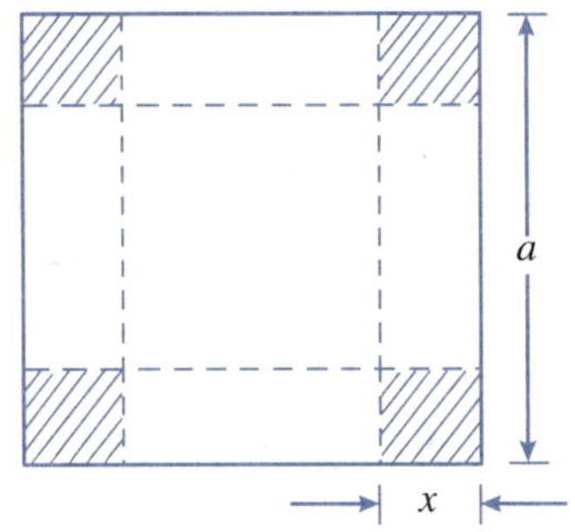

图 3-10

自变量为所截小正方形边长 x,因变量为无盖方盒容积 V. 由于盒底面积为 $(a-2x)^2$,盒高为 x,于是无盖方盒容积即目标函数为

$$V=V(x)=x(a-2x)^2$$

由于高 $x>0$;又由于底边长 $a-2x>0$,得到 $0<x<\frac{a}{2}$,因而函数定义域为 $0<x<\frac{a}{2}$.

计算一阶导数

$$\begin{aligned}V'(x)&=(a-2x)^2+x\cdot 2(a-2x)(a-2x)'=(a-2x)^2-4x(a-2x)\\&=(a-2x)(a-6x)\end{aligned}$$

令一阶导数 $V'(x)=0$,有根 $x=\frac{a}{2}$ 与 $x=\frac{a}{6}$,但由于根 $x=\frac{a}{2}$ 不在函数定义域内,应舍掉,因而得到唯一驻点 $x=\frac{a}{6}$. 再计算二阶导数

$$V''(x)=-2(a-6x)+(a-2x)(-6)=24x-8a$$

得到在唯一驻点 $x=\frac{a}{6}$ 处的二阶导数值

$$V''\left(\frac{a}{6}\right)=-4a<0$$

根据 §3.5 定理 3.5，于是唯一驻点 $x=\frac{a}{6}$ 为唯一极大值点，再根据 §3.5 定理 3.6，这个唯一极大值点 $x=\frac{a}{6}$ 也为最大值点，为最优解.

所以所截小正方形边长 x 为 $\frac{a}{6}$ 时，才能使得无盖方盒容积 V 最大.

例 2　欲做一个容积为 72m^3 的长方体带盖箱子，箱子底长 xm 与宽 um 的比为 1∶2，问长方体带盖箱子底长 x、宽 u 及高 h 各为多少时，才能使得箱子用料最省？

解：已设长方体带盖箱子底长为 xm、宽为 um 及高为 hm，如图 3-11.

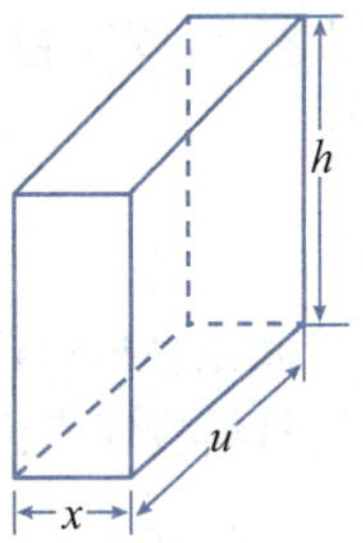

图 3-11

自变量为长方体带盖箱子底长 x，注意到箱子用料最省意味着箱子表面积最小，因此因变量为长方体带盖箱子表面积 S. 由于箱子底长 x 与宽 u 的比为 1∶2，得到 $u=2x$；由于箱子容积为 72m^3，因而有关系式 $xuh=72$，即 $2x^2h=72$，得到

$$h=\frac{36}{x^2}$$

于是长方体带盖箱子表面积即目标函数为

$$S=S(x)=2(xu+xh+uh)=2\left(2x^2+x\cdot\frac{36}{x^2}+2x\cdot\frac{36}{x^2}\right)=4x^2+\frac{216}{x}(\text{m}^2)\quad(x>0)$$

计算一阶导数

$$S'(x)=8x-\frac{216}{x^2}$$

令一阶导数 $S'(x)=0$，得到唯一驻点 $x=3$. 再计算二阶导数

$$S''(x)=8+\frac{432}{x^3}>0$$

当然，在唯一驻点 $x=3$ 处也不例外，有二阶导数值

$$S''(3)>0$$

于是唯一驻点 $x=3$ 为唯一极小值点，也为最小值点，为最优解. 此时容易得到另外两个变量 $u=2x=2\times3=6$，$h=\frac{36}{x^2}=\frac{36}{3^2}=4$.

所以长方体带盖箱子底长 x 为 3m、宽 u 为 6m 及高 h 为 4m 时，才能使得箱子用料最省.

例 3　欲做一个容积为 $250\pi\text{m}^3$ 的圆柱形无盖蓄水池，已知池底材料价格为池周围材料价格的 2 倍，问圆柱形无盖蓄水池池底半径 r 与高 h 各为多少时，才能使得所用材料费 T 最省？

解:已设圆柱形无盖蓄水池池底半径为 rm,高为 hm,如图 3-12.

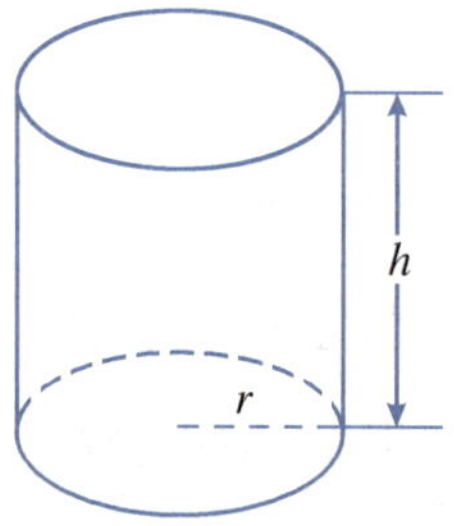

图 3-12

自变量为圆柱形无盖蓄水池池底半径 r,因变量为所用材料费 T. 由于蓄水池容积为 $250\pi\text{m}^3$,因而有关系式 $\pi r^2 h=250\pi$,即

$$h=\frac{250}{r^2}$$

不妨再设池周围材料价格为 a 元/m^2,从而池底材料价格为 $2a$ 元/m^2. 又注意到池周围面积为 $2\pi rh\,\text{m}^2$,池底面积为 $\pi r^2\,\text{m}^2$,于是所用材料费即目标函数为

$$T=T(r)=2\pi rha+\pi r^2\cdot 2a=2\pi a(rh+r^2)=2\pi a\left(r\cdot\frac{250}{r^2}+r^2\right)$$

$$=2\pi a\left(\frac{250}{r}+r^2\right)(\text{元})\quad (r>0)$$

计算一阶导数

$$T'(r)=2\pi a\left(-\frac{250}{r^2}+2r\right)$$

令一阶导数 $T'(r)=0$,得到唯一驻点 $r=5$. 再计算二阶导数

$$T''(r)=2\pi a\left(\frac{500}{r^3}+2\right)>0$$

于是唯一驻点 $r=5$ 为唯一极小值点,也为最小值点,为最优解. 此时容易得到另外一个变量 $h=\dfrac{250}{r^2}=\dfrac{250}{5^2}=10$.

所以圆柱形无盖蓄水池池底半径 r 为 5m、高 h 为 10m 时,才能使得所用材料费 T 最省.

例 4 某产品总成本 C 为月产量 x 的函数

$$C=C(x)=\frac{1}{5}x^2+4x+20$$

问月产量 x 为多少时,才能使得平均单位成本 $\overline{C}$ 最低?

解:自变量为月产量 x,因变量为平均单位成本 $\overline{C}$. 平均单位成本即目标函数为

$$\overline{C}=\overline{C}(x)=\frac{C(x)}{x}=\frac{1}{5}x+4+\frac{20}{x}\quad (x>0)$$

计算一阶导数

$$\overline{C}'(x)=\frac{1}{5}-\frac{20}{x^2}$$

令一阶导数 $\overline{C}'(x)=0$,得到唯一驻点 $x=10$. 再计算二阶导数

$$\overline{C}''(x) = \frac{40}{x^3} > 0$$

于是唯一驻点 $x = 10$ 为唯一极小值点，也为最小值点，为最优解.

所以月产量 x 为 10 时，才能使得平均单位成本 $\overline{C}$ 最低.

例 5　某厂每批生产 Qt 某商品的平均单位成本函数为

$$\overline{C} = \overline{C}(Q) = Q + 4 + \frac{10}{Q}(\text{万元/t})$$

商品销售价格为 p 万元 /t，它与批量 Qt 的关系为

$$5Q + p - 28 = 0$$

问批量 Q 为多少时，才能使得每批商品全部销售后获得的总利润 L 最大?最大利润值为多少?

解：自变量为批量 Q，因变量为每批商品全部销售后获得的总利润 L. 从已知销售价格 p 与批量 Q 的关系式 $5Q + p - 28 = 0$ 得到销售价格

$$p = p(Q) = 28 - 5Q$$

每批生产 Qt 商品，以价格 p 万元 /t 销售，总收益为

$$R = R(Q) = Qp(Q) = Q(28 - 5Q) = 28Q - 5Q^2$$

又生产 Qt 商品的总成本为

$$C = C(Q) = Q\overline{C}(Q) = Q\left(Q + 4 + \frac{10}{Q}\right) = Q^2 + 4Q + 10$$

于是每批商品全部销售后获得的总利润即目标函数为

$$\begin{aligned} L = L(Q) &= R(Q) - C(Q) = (28Q - 5Q^2) - (Q^2 + 4Q + 10) \\ &= -6Q^2 + 24Q - 10(\text{万元}) \end{aligned}$$

由于批量 $Q > 0$；又由于销售价格 $p > 0$，即 $28 - 5Q > 0$，得到 $0 < Q < \frac{28}{5}$，因而函数定义域为 $0 < Q < \frac{28}{5}$.

计算一阶导数

$$L'(Q) = -12Q + 24$$

令一阶导数 $L'(Q) = 0$，得到唯一驻点 $Q = 2$. 再计算二阶导数

$$L''(Q) = -12 < 0$$

于是唯一驻点 $Q = 2$ 为唯一极大值点，也为最大值点，为最优解. 计算此时目标函数值，得到 $L(2) = 14$ 为最优值.

所以批量 Q 为 2t 时，才能使得每批商品全部销售后获得的总利润 L 最大，最大利润值为 14 万元.

[拓展阅读]

有关数学家简介

1. 罗尔 —— 给出著名的罗尔定理

罗尔(Rolle，1652—1719)，英国数学家. 罗尔只受过初等教育，他利用业余时间刻苦自

学代数与丢番图的著作,并很有心得. 1682 年,他解决了数学家奥扎南提出的一个数论难题,受到了学术界的好评,他的生活有了转机,此后担任初等数学教师和陆军部行政官员. 1685 年,罗尔进入法国科学院. 罗尔在数学上的成就主要是在代数方面,专长于丢番图方程的研究. 罗尔所处的时代正值牛顿、莱不尼兹的微积分诞生不久,由于这一新生事物不存在逻辑上的缺陷,从而遭受多方面的非议,其中也包括罗尔,并且他是反对派中最直言不讳的一员. 罗尔认为无穷小方法由于缺乏理论基础将导致谬误,并说"微积分是巧妙的谬论的汇集". 直到 1706 年秋天,罗尔才承认已经放弃了自己的观点,并且充分认识到无穷小分析新方法的价值. 罗尔于 1691 年在《任意次方程的一个解法的证明》的论文中指出:在多项式方程的两个相邻的实根之间,方程至少有一个根. 100 多年后,尤斯托·伯拉维提斯将这一定理推广到可微函数,并将此定理命名为罗尔定理.

2. 拉格朗日 —— 一座高耸在数学界的金字塔

拉格朗日(Lagrange,1736—1813),法国数学家、力学家. 他被称为"一座高耸在数学界的金字塔",他研究力学和天文学的目的是表明数学分析的威力. 他最突出的贡献是在把数学分析的基础脱离几何与力学方面起了决定性的作用,使数学的独立性更为清楚,而不仅是其他学科的工具.

拉格朗日所作的全部著作、论文、学术报告记录、学术通讯超过 500 篇. 他为微积分的发展与变分法的创建做了大量卓有成效的工作,并且应用无穷小量分析的方法创立了分析力学. 在 1758—1764 年,他给出导函数的名称与符号,发现极其重要的拉格朗日定理,并对泰勒公式的余项进行估计. 拉格朗日的代表性著作有《分析力学》《解析函数论》《函数计算讲义》等.

数学领域的许多新成就都可以直接或间接地溯源于拉格朗日的工作,所以他在数学史上被认为是对分析数学的发展产生全面影响的数学家之一,被誉为"欧洲最伟大的数学家".

3. 洛必达 —— 欧洲大陆早期微积分领域的先驱

洛必达(L'Hospitale,1661—1704),法国数学家, 出身于法国贵族家庭,是欧洲大陆早期微积分领域的先驱. 他最重要的著作是《阐明曲线的无穷小分析》(1696),这是世界上第一本系统的微分学教科书. 该书记载了求一个分数当分子分母都趋于零时的极限法则. 现在一般的微积分教材上用来解决其他未定式求极限的法则,是后人对洛必达法则所作的推广.

由于洛必达与当时欧洲各国主要数学家都有交往,因而成为全欧洲传播微积分的著名人物. 洛必达喜欢研究数学,几乎到了上瘾的地步,甚至不惜花重金请当时的大数学家贝努利兄弟给他做长期辅导. 贝努利兄弟当时正与莱布尼茨这样的大数学家交流合作,又正赶上微积分的初创时期,所以总有最新成果教给洛必达. 这些最新成果更激起了他对数学的着迷,于是,他细心地研究它们,并把它们整理起来. 一年后,洛必达出了一本书,即《无穷小量分析》(就是现在的微积分).

习　题　三

3.01　求下列极限：

(1) $\lim\limits_{x\to 3}\dfrac{x^2-4x+3}{x^2-x-6}$　　(2) $\lim\limits_{x\to 1}\dfrac{\sqrt{x}-1}{x^5-1}$

(3) $\lim\limits_{x\to 0}\dfrac{e^x-e^{-x}}{x}$　　(4) $\lim\limits_{x\to 1}\dfrac{x^2-1+\ln x}{e^x-e}$

(5) $\lim\limits_{x\to 0}\dfrac{\ln(1+5x)}{x+\sin x}$　　(6) $\lim\limits_{x\to 0}\dfrac{\arcsin 3x}{x}$

3.02　求下列极限：

(1) $\lim\limits_{x\to 1}\dfrac{x^3-3x+2}{x^3-x^2-x+1}$　　(2) $\lim\limits_{x\to 1}\dfrac{e^x-ex}{(x-1)^2}$

(3) $\lim\limits_{x\to 0}\dfrac{e^{2x}-2e^x+1}{x^2}$　　(4) $\lim\limits_{x\to 0}\dfrac{x-\sin x}{x^3}$

3.03　求函数曲线 $y=2x+\ln x$ 上点(1,2)处的切线方程.

3.04　设函数曲线 $y=x+x^2$ 上点 $M_0(x_0,y_0)$ 处的切线平行于直线 $y=-3x+1$，求切点 M_0 的坐标 (x_0,y_0).

3.05　设函数曲线 $y=\dfrac{1}{8}x^4+1$ 的一条切线平行于直线 $y=4x-5$，求此切线方程.

3.06　求下列函数的单调区间与极值：

(1) $f(x)=x^5+5^x$　　(2) $f(x)=\dfrac{1}{1+x^2}$

(3) $f(x)=ex-e^x$　　(4) $f(x)=x^2-8\ln x$

(5) $f(x)=3x^2-2x^3$　　(6) $f(x)=(x^2-3)e^x$

3.07　证明：当 $x>0$ 时，恒有不等式

$$(1+x)\ln(1+x)>\arctan x$$

3.08　求下列函数在定义域内的最值：

(1) $f(x)=e^{-x^2}$　　(2) $f(x)=\ln x+\dfrac{2}{x}$

3.09　求下列函数在给定闭区间上的最大值与最小值：

(1) $f(x)=\dfrac{1}{2}x-\sqrt{x}, x\in[0,9]$　　(2) $f(x)=\dfrac{x}{1+x^2}, x\in[0,2]$

3.10　求下列函数曲线的凹向区间与拐点：

(1) $y=x\arctan x$　　(2) $y=(x-2)e^x$

(3) $y=2x\ln x-x^2$　　(4) $y=x^4-2x^3+3$

3.11　求下列函数的单调区间与极值及函数曲线的凹向区间与拐点：

(1) $y = x^3 - 3x$　　　　(2) $y = \ln(1 + x^2)$

3.12　欲围一块面积为 216m^2 的矩形场地，矩形场地东西方向长 xm、南北方向宽 um，沿矩形场地四周建造高度相同的围墙，并在正中间南北方向建造同样高度的一堵墙，把矩形场地隔成两块，问矩形场地长 x 与宽 u 各为多少时，才能使得筑墙用料最省？

3.13　欲做一个底为正方形、表面积为 108m^2 的长方体开口容器，问长方体开口容器底边长 x 与高 h 各为多少时，才能使得容器容积 V 最大？

3.14　欲做一个容积为 V_0 的圆柱形封闭罐头盒，问圆柱形封闭罐头盒底半径 r 为多少时，才能使得罐头盒用料最省？此时罐头盒高 h 与底半径 r 的比值等于多少？

3.15　某产品总成本 C 万元为年产量 xt 的函数

$$C = C(x) = a + bx^2$$

其中 a,b 为待定常数. 已知固定成本为 400 万元，且当年产量 $x = 100$t 时，总成本 $C = 500$ 万元. 问年产量 x 为多少时，才能使得平均单位成本 $\overline{C}$ 最低？

3.16　某产品总成本 C 元为日产量 $x$kg 的函数

$$C = C(x) = \frac{1}{9}x^2 + 6x + 100$$

产品销售价格为 p 元/kg，它与日产量 $x$kg 的关系为

$$p = p(x) = 46 - \frac{1}{3}x$$

问日产量 x 为多少时，才能使得每日产品全部销售后获得的总利润 L 最大？最大利润值为多少？

3.17　填空题

(1) 已知函数 $v(x)$ 在点 $x = 0$ 处及其左右可导，且一阶导数 $v'(x)$ 连续. 设函数值 $v(0) = -2$，一阶导数值 $v'(0) = 6$，则极限 $\lim\limits_{x \to 0} \dfrac{\dfrac{1}{v(x)} + \dfrac{1}{2}}{x} =$ ______.

(2) 函数曲线 $y = x^3 + 2x$ 上原点(0,0)处的切线方程为 $y =$ ______.

(3) 设函数曲线 $y = 2x^2 + 3x - 26$ 上点 $M_0(x_0, y_0)$ 处的切线斜率为 15，则切点 M_0 的横坐标 $x_0 =$ ______.

(4) 已知函数 $f(x) = k\sin x + \dfrac{1}{3}\sin 3x$，若点 $x = 0$ 为其驻点，则常数 $k =$ ______.

(5) 已知函数 $f(x)$ 在点 x_0 处及其左右可导，当函数值 $f(x_0)$ 为极小值时，则极限 $\lim\limits_{h \to 0} \dfrac{f(x_0 + h) - f(x_0)}{h} =$ ______.

(6) 函数 $f(x) = \ln(1 + x^2)$ 在闭区间[1,3]上的最小值等于______.

(7) 函数曲线 $y = (x - 1)^6$ 的上凹区间为______.

(8) 函数曲线 $y = x^3 + 1$ 的拐点为______.

3.18 单项选择题

(1) 若极限 $\lim\limits_{x\to 0}\dfrac{1-\cos kx}{x^2}=1(k>0)$,则常数 $k=$ ( ).

(a) $\dfrac{1}{2}$ (b) 2

(c) $\dfrac{\sqrt{2}}{2}$ (d) $\sqrt{2}$

(2) 当 $x\to 0$ 时,无穷小量 $e^{x^2}-1$ 与 $\sin x$ 比较是( )无穷小量.

(a) 较高阶 (b) 较低阶

(c) 同阶但非等价 (d) 等价

(3) 函数曲线 $y=x+e^x$ 上点(0,1)处的切线方程为( ).

(a) $x-y+1=0$ (b) $x+y-1=0$

(c) $2x-y+1=0$ (d) $2x+y-1=0$

(4) 方程式 $\sin y+xe^y=0$ 确定变量 y 为 x 的函数 $y=y(x)$,则函数曲线 $y=y(x)$ 上原点处的切线斜率为( ).

(a) -2 (b) 2

(c) -1 (d) 1

(5) 函数 $f(x)=x^3-12x$ 在闭区间 $[-3,3]$ 上的最大值在点( )处取得.

(a) $x=-3$ (b) $x=3$

(c) $x=-2$ (d) $x=2$

(6) 已知函数 $f(x)$ 在开区间 (a,b) 内二阶可导,若在开区间 (a,b) 内恒有一阶导数 $f'(x)>0$,且二阶导数 $f''(x)<0$,则函数曲线 $y=f(x)$ 在开区间 (a,b) 内( ).

(a) 上升且上凹 (b) 上升且下凹

(c) 下降且上凹 (d) 下降且下凹

(7) 函数曲线 $y=e^x-e^{-x}$ 在定义域内( ).

(a) 有极值有拐点 (b) 有极值无拐点

(c) 无极值有拐点 (d) 无极值无拐点

(8) 若点(1,4)为函数曲线 $y=ax^3+bx^2$ 的拐点,则常数 a,b 的值为( ).

(a) $a=-6,b=2$ (b) $a=6,b=-2$

(c) $a=-2,b=6$ (d) $a=2,b=-6$

第四章　不定积分

知识目标

- 理解不定积分的概念与基本的运算法则.
- 熟练掌握不定积分基本公式.
- 掌握第一、第二换元积分法则和分部积分法则.

能力目标

- 能理解逆向思维的数学思想方法.
- 能用第一、第二换元积分法则和分部积分法则计算不定积分.
- 能根据曲线的切线斜率求出原曲线表达式.

素养目标

通过“不定积分”的学习和训练，教师让学生明白分部积分法和第一换元积分法使用条件的区别，教育同学们做任何事情之前都要认真观察，细致考虑其是否具备可行性的前提条件，学会理性分析、依法依规计算，才会事半功倍，养成做事有理有据的良好的职业素养及用科学方法做事的习惯.

本章知识思维导图

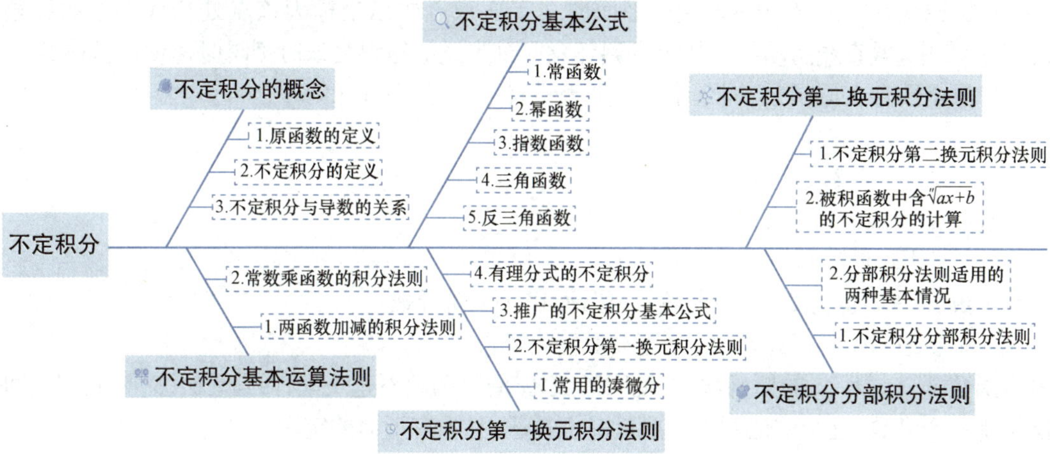

【引导案例】

已知边际函数，求总函数

已知生产某产品的固定成本为 500 元，边际成本是产量 Q(千克) 的函数：$MC(Q)=300+200e^{2Q}$，求该产品的总成本函数 $C(Q)$.

分析：已知"边际成本函数 $MC(Q)=300+200e^{2Q}$"，由"边际成本"的概念，即已知总成本函数 $C(Q)$ 的导数，求总成本函数. 故该问题为：由导函数求原函数的过程，即求导的逆过程，称为不定积分的过程.

不定积分的概念

§4.1 不定积分的概念与基本运算法则

在实际问题中，往往会提出一阶导数的逆运算问题.

例 1 平面曲线

已知平面曲线上任意点 $M(x,y)$ 处的切线斜率 $f'(x)$，求平面曲线 $y=f(x)$ 的表达式.

例 2 运动方程

已知做直线运动的物体在任意时刻 t 的瞬时速度 $s'(t)$，求运动方程 $s=s(t)$ 的表达式.

在上面两个具体问题中，尽管实际背景不一样，但从抽象的数量关系来看却是一样的，都归结为：已知函数的一阶导数，求该函数的表达式.

定义 4.1 已知函数 $F(x)$ 在区间 I(可以是开区间，也可以是闭区间或半开区间) 上可导，若一阶导数 $F'(x)=f(x)$，则称函数 $F(x)$ 为 $f(x)$ 在区间 I 上的原函数.

在满足关系式 $F'(x)=f(x)$ 的情况下，已知函数 $F(x)$ 求 $f(x)$ 是求一阶导数运算，已知函数 $f(x)$ 求 $F(x)$ 是求原函数运算，于是求一阶导数与求原函数互为逆运算. 由此可知：在存在一阶导数的条件下，任何函数都为其一阶导数的原函数；在存在原函数的条件下，任何函数都为其原函数的一阶导数.

根据原函数的定义,在例 1 中,平面曲线上任意点的纵坐标为该点处切线斜率的原函数;在例 2 中,做直线运动物体从出发到任意时刻走过的路程为该时刻瞬时速度的原函数.

如果函数存在原函数,那么原函数是否只有一个?如在开区间$(-\infty,+\infty)$内,由于一阶导数

$$(x^2)'=2x$$

因而函数 x^2 为 $2x$ 的原函数;又由于一阶导数

$$(x^2+1)'=2x$$

因而函数 x^2+1 也为 $2x$ 的原函数;一般地,由于一阶导数

$$(x^2+c)'=2x\quad(c\text{ 为任意常数})$$

因而函数 x^2+c 为 $2x$ 的原函数.这说明函数 $2x$ 的原函数不止一个,而是无穷多个,它们之间仅相差一个常数.这个结论对于一般情况也是适用的,有下面的定理.

定理 4.1 如果函数 $F(x)$ 为 $f(x)$ 的一个原函数,则函数族 $F(x)+c$ (c 为任意常数)也为函数 $f(x)$ 的原函数,且函数 $f(x)$ 的任意一个原函数都是这个函数族中的一个函数.

证:由于函数 $F(x)$ 为 $f(x)$ 的一个原函数,当然有关系式$F'(x)=f(x)$,因而得到一阶导数

$$(F(x)+c)'=F'(x)=f(x)$$

所以函数族 $F(x)+c$ 也为函数 $f(x)$ 的原函数.

设函数$\Phi(x)$为 $f(x)$ 的任意一个原函数,当然有关系式$\Phi'(x)=f(x)$,又由于有关系式 $F'(x)=f(x)$,从而一阶导数

$$\Phi'(x)=F'(x)$$

根据 §3.1 拉格朗日定理的推论 2,所以

$$\Phi(x)=F(x)+c_0\quad(c_0\text{ 为常数})$$

说明函数 $\Phi(x)$ 是函数族 $F(x)+c$ 中任意常数 c 取值为 c_0 所对应的那一个函数.

根据这个定理,如果函数 $f(x)$ 存在原函数 $F(x)$,则原函数不止一个,而是无穷多个,它们之间仅相差一个常数,构成一个函数族 $F(x)+c$ (c 为任意常数),它是函数 $f(x)$ 的所有原函数的一般表达式.

定义 4.2 若函数 $F(x)$ 为 $f(x)$ 的一个原函数,则函数 $f(x)$ 的所有原函数的一般表达式 $F(x)+c$(c 为任意常数)称为函数 $f(x)$ 的不定积分,也称为函数 $f(x)$ 对变量 x 的不定积分,记作

$$\int f(x)\mathrm{d}x=F(x)+c$$

其中变量 x 称为积分变量,函数 $f(x)$ 称为被积函数,乘积 $f(x)\mathrm{d}x$ 称为被积表达式,任意常数 c 称为积分常数,记号"$\int$"称为积分记号.

求不定积分与求一阶导数、求微分互为逆运算,这一根本关系充分体现在下面的定理与根据 §2.7 函数微分表达式得到的推论中.

定理 4.2 如果函数 $f(x)$ 存在原函数,则

$$\left(\int f(x)\mathrm{d}x\right)' = f(x)$$

证：设函数 $F(x)$ 为 $f(x)$ 的一个原函数，当然有关系式 $F'(x)=f(x)$，所以一阶导数

$$\left(\int f(x)\mathrm{d}x\right)' = (F(x)+c)' = F'(x) = f(x)$$

数学微启示

由不定积分的概念引发的思考：逆向思维的重要性

推论　$\mathrm{d}\left(\int f(x)\mathrm{d}x\right) = f(x)\mathrm{d}x$

定理 4.3　如果函数 $F(x)$ 可导，则

$$\int F'(x)\mathrm{d}x = F(x)+c$$

证：由于函数 $F(x)$ 为其一阶导数 $F'(x)$ 的一个原函数，所以不定积分

$$\int F'(x)\mathrm{d}x = F(x)+c$$

推论　$\int \mathrm{d}F(x) = F(x)+c$

根据这两个定理的推论，形式上可以认为：微分记号 d 在积分记号 $\int$ 前面时，它们相互抵消；积分记号 $\int$ 在微分记号 d 前面时，它们也相互抵消，但由于后积分，须加上积分常数 c.

由于求不定积分是求一阶导数的逆运算，于是用一阶导数运算检验不定积分运算结果是否正确. 判别不定积分

$$\int f(x)\mathrm{d}x = F(x)+c$$

正确的唯一标准是一阶导数

$$F'(x) = f(x)$$

根据这个原则，被积函数当然为原函数的一阶导数，容易得到一些比较简单的不定积分结果，如由于一阶导数 $(x^2)'=2x$，说明函数 x^2 为 $2x$ 的一个原函数，于是不定积分

$$\int 2x\mathrm{d}x = x^2+c$$

例 3　填空题

函数 $\mathrm{e}^{\sqrt{x}}$ 为______的一个原函数.

解：由于任何函数都为其一阶导数的一个原函数，因此函数 $\mathrm{e}^{\sqrt{x}}$ 为其一阶导数

$$(\mathrm{e}^{\sqrt{x}})' = \mathrm{e}^{\sqrt{x}}(\sqrt{x})' = \frac{\mathrm{e}^{\sqrt{x}}}{2\sqrt{x}}$$

的一个原函数，于是应将“$\dfrac{\mathrm{e}^{\sqrt{x}}}{2\sqrt{x}}$”直接填在空内.

例 4　单项选择题

若函数 $f(x)$ 的一个原函数为函数 $\ln x$，则一阶导数 $f'(x)=$(　　).

(a) $\dfrac{1}{x}$　　　　(b) $-\dfrac{1}{x^2}$

(c) $\ln x$　　　　(d) $x\ln x$

解：由于任何函数都为其原函数的一阶导数，因此函数 $f(x)$ 为其原函数 $\ln x$ 的一阶导数，即函数

$$f(x)=(\ln x)'=\frac{1}{x}$$

再计算函数 $f(x)$ 的一阶导数,得到

$$f'(x)=-\frac{1}{x^2}$$

这个正确答案恰好就是备选答案(b),所以选择(b).

例 5 填空题

若不定积分 $\int f(x)\mathrm{d}x=x\ln x+c$,则被积函数 $f(x)=$ ______.

解:由于被积函数为原函数的一阶导数,因而所求被积函数

$$f(x)=(x\ln x)'=\ln x+x\frac{1}{x}=\ln x+1$$

于是应将"$\ln x+1$"直接填在空内.

例 6 填空题

一阶导数 $\left(\int\arctan x\mathrm{d}x\right)'=$ ______.

解:根据定理 4.2,一阶导数

$$\left(\int\arctan x\mathrm{d}x\right)'=\arctan x$$

于是应将"$\arctan x$"直接填在空内.

例 7 单项选择题

不定积分 $\int\mathrm{d}(\sin\sqrt{x})=(\quad)$.

(a) $\sin\sqrt{x}$ (b) $\sin\sqrt{x}+c$

(c) $\cos\sqrt{x}$ (d) $\cos\sqrt{x}+c$

解:根据定理 4.3 的推论,不定积分

$$\int\mathrm{d}(\sin\sqrt{x})=\sin\sqrt{x}+c$$

这个正确答案恰好就是备选答案(b),所以选择(b).

值得注意的是:不定积分代表所有原函数的一般表达式,它等于一个原函数加上积分常数 c,而不等于一个原函数,因而积分常数 c 不能丢掉. 如不定积分

$$\int\mathrm{d}(\sin\sqrt{x})\neq\sin\sqrt{x}$$

什么函数存在原函数?经过深入的讨论可以得到结论:如果函数 $f(x)$ 在区间 I(可以是开区间,也可以是闭区间或半开区间)上连续,则函数 $f(x)$ 在区间 I 上存在原函数. 由于所有初等函数在其定义区间上连续,于是所有初等函数在其定义区间上存在原函数,当然可以求它们的不定积分,但有一些初等函数的原函数是非初等函数,因而并不是所有初等函数的不定积分都能表示为初等函数.

最后给出不定积分基本运算法则:

法则 1 如果函数 $u=u(x)$, $v=v(x)$ 都存在原函数,则不定积分

$$\int(u\pm v)\mathrm{d}x=\int u\mathrm{d}x\pm\int v\mathrm{d}x$$

证:由于一阶导数

$$\left(\int u\mathrm{d}x \pm \int v\mathrm{d}x\right)' = \left(\int u\mathrm{d}x\right)' \pm \left(\int v\mathrm{d}x\right)' = u \pm v$$

因而函数$\int u\mathrm{d}x \pm \int v\mathrm{d}x$为$u \pm v$的原函数,又由于它本身含积分常数$c$,所以得到不定积分

$$\int (u \pm v)\mathrm{d}x = \int u\mathrm{d}x \pm \int v\mathrm{d}x$$

法则 2　如果函数$v = v(x)$存在原函数,k为非零常数,则不定积分

$$\int kv\mathrm{d}x = k\int v\mathrm{d}x$$

证:由于一阶导数

$$\left(k\int v\mathrm{d}x\right)' = k\left(\int v\mathrm{d}x\right)' = kv$$

因而函数$k\int v\mathrm{d}x$为kv的原函数,又由于它本身含积分常数c,因此得到不定积分

$$\int kv\mathrm{d}x = k\int v\mathrm{d}x$$

§4.2　不定积分基本公式

由于在不定积分定义中并没有给出计算不定积分的具体方法,因而只能根据"求不定积分是求一阶导数的逆运算"这一根本关系求不定积分. 根据 §2.3 导数基本公式得到下列函数的不定积分.

1. 常数零

由于一阶导数$(0)' = 0$,所以不定积分

$$\int 0\mathrm{d}x = 0 + c$$

2. 幂函数

由于一阶导数$(x^{\alpha+1})' = (\alpha+1)x^{\alpha}$($\alpha$为常数),在$\alpha \neq -1$条件下,得到关系式$\frac{1}{\alpha+1}(x^{\alpha+1})' = x^{\alpha}$,即一阶导数$\left(\frac{1}{\alpha+1}x^{\alpha+1}\right)' = x^{\alpha}$,所以不定积分

$$\int x^{\alpha}\mathrm{d}x = \frac{1}{\alpha+1}x^{\alpha+1} + c \quad (\alpha \neq -1)$$

容易看出:在幂次不等于-1的条件下,幂函数的一个原函数为幂函数与常系数的积,但幂次升高一次,且常系数是升高幂次的倒数.

由于 §2.4 得到结果:一阶导数$(\ln|x|)' = \frac{1}{x}$,因此不定积分

$$\int \frac{1}{x}\mathrm{d}x = \ln|x| + c$$

例 1　$\int \mathrm{d}x = \int x^0\mathrm{d}x = \frac{1}{0+1}x^{0+1} + c = x + c$

$$\int \frac{1}{x^2}\mathrm{d}x = \int x^{-2}\mathrm{d}x = -x^{-1} + c = -\frac{1}{x} + c$$

$$\int \frac{1}{\sqrt{x}}\mathrm{d}x = \int x^{-\frac{1}{2}}\mathrm{d}x = 2x^{\frac{1}{2}} + c = 2\sqrt{x} + c$$

其中不定积分$\int \mathrm{d}x = x + c$也可以根据 §4.1 定理 4.3 的推论而直接得到.

例 2 求不定积分$\int (5x^4 + x^2 + 7)\mathrm{d}x$.

解: $\int (5x^4 + x^2 + 7)\mathrm{d}x = 5\int x^4\mathrm{d}x + \int x^2\mathrm{d}x + 7\int \mathrm{d}x = x^5 + \frac{1}{3}x^3 + 7x + c$

其中三个不定积分应该各含一个积分常数,但由于任意常数的代数和仍为任意常数,因此在整个不定积分结果中只需加上一个积分常数 c.

例 3 求不定积分$\int \left(\sqrt{x} - \frac{1}{\sqrt{x}}\right)^2\mathrm{d}x$.

解: $\int \left(\sqrt{x} - \frac{1}{\sqrt{x}}\right)^2\mathrm{d}x = \int \left(x - 2 + \frac{1}{x}\right)\mathrm{d}x = \frac{1}{2}x^2 - 2x + \ln|x| + c$

3. 指数函数

由于一阶导数$(a^x)' = a^x\ln a\ (a > 0, a \neq 1)$,注意到$\ln a \neq 0$,得到关系式$\frac{(a^x)'}{\ln a} = a^x$,即一阶导数$\left(\frac{a^x}{\ln a}\right)' = a^x$,因此不定积分

$$\int a^x\mathrm{d}x = \frac{a^x}{\ln a} + c \quad (a > 0, a \neq 1)$$

由于一阶导数$(\mathrm{e}^x)' = \mathrm{e}^x$,因此不定积分

$$\int \mathrm{e}^x\mathrm{d}x = \mathrm{e}^x + c$$

例 4 $\int 2^x\mathrm{d}x = \frac{2^x}{\ln 2} + c$

$$\int 3^x\mathrm{d}x = \frac{3^x}{\ln 3} + c$$

$$\int 10^x\mathrm{d}x = \frac{10^x}{\ln 10} + c$$

例 5 求不定积分$\int (x^{\mathrm{e}} - \mathrm{e}^x + \mathrm{e}^{\mathrm{e}})\mathrm{d}x$.

解: $\int (x^{\mathrm{e}} - \mathrm{e}^x + \mathrm{e}^{\mathrm{e}})\mathrm{d}x = \frac{1}{\mathrm{e}+1}x^{\mathrm{e}+1} - \mathrm{e}^x + \mathrm{e}^{\mathrm{e}}x + c$

例 6 求不定积分$\int \frac{\mathrm{e}^{2x} - x^2}{\mathrm{e}^x - x}\mathrm{d}x$.

解: $\int \frac{\mathrm{e}^{2x} - x^2}{\mathrm{e}^x - x}\mathrm{d}x = \int \frac{(\mathrm{e}^x)^2 - x^2}{\mathrm{e}^x - x}\mathrm{d}x = \int (\mathrm{e}^x + x)\mathrm{d}x = \mathrm{e}^x + \frac{1}{2}x^2 + c$

4. 三角函数

由于一阶导数$(\cos x)' = -\sin x$,等号两端同乘以-1得到关系式$-(\cos x)' = \sin x$,即

一阶导数$(-\cos x)'=\sin x$,因此不定积分

$$\int \sin x\mathrm{d}x=-\cos x+c$$

由于一阶导数$(\sin x)'=\cos x$,因此不定积分

$$\int \cos x\mathrm{d}x=\sin x+c$$

由于一阶导数$(\tan x)'=\sec^2 x$,因此不定积分

$$\int \sec^2 x\mathrm{d}x=\tan x+c$$

由于一阶导数$(\cot x)'=-\csc^2 x$,等号两端同乘以-1得到关系式$-(\cot x)'=\csc^2 x$,即一阶导数$(-\cot x)'=\csc^2 x$,因此不定积分

$$\int \csc^2 x\mathrm{d}x=-\cot x+c$$

例 7　求不定积分$\int \tan^2 x\mathrm{d}x$.

解:$\int \tan^2 x\mathrm{d}x=\int(\sec^2 x-1)\mathrm{d}x=\tan x-x+c$

5. 函数$\dfrac{1}{\sqrt{1-x^2}}$与$\dfrac{1}{1+x^2}$

由于一阶导数$(\arcsin x)'=\dfrac{1}{\sqrt{1-x^2}}$,因此不定积分

$$\int \frac{1}{\sqrt{1-x^2}}\mathrm{d}x=\arcsin x+c$$

由于一阶导数$(\arctan x)'=\dfrac{1}{1+x^2}$,因此不定积分

$$\int \frac{1}{1+x^2}\mathrm{d}x=\arctan x+c$$

例 8　求不定积分$\int \dfrac{1}{x^2(1+x^2)}\mathrm{d}x$.

解:$\int \dfrac{1}{x^2(1+x^2)}\mathrm{d}x$

(被积函数分子加上x^2且减去x^2)

$$=\int \frac{(1+x^2)-x^2}{x^2(1+x^2)}\mathrm{d}x=\int\left(\frac{1}{x^2}-\frac{1}{1+x^2}\right)\mathrm{d}x=-\frac{1}{x}-\arctan x+c$$

综合上面的讨论,得到**不定积分基本公式:**

公式 1　$\int 0\mathrm{d}x=0+c$

公式 2　$\int x^{\alpha}\mathrm{d}x=\dfrac{1}{\alpha+1}x^{\alpha+1}+c\quad(\alpha\neq-1)$

公式 3　$\int \dfrac{1}{x}\mathrm{d}x=\ln|x|+c$

公式 4　$\int a^x\mathrm{d}x=\dfrac{a^x}{\ln a}+c\quad(a>0,a\neq1)$

公式 5 $\int e^x dx = e^x + c$

公式 6 $\int \sin x dx = -\cos x + c$

公式 7 $\int \cos x dx = \sin x + c$

公式 8 $\int \sec^2 x dx = \tan x + c$

公式 9 $\int \csc^2 x dx = -\cot x + c$

公式 10 $\int \frac{1}{\sqrt{1-x^2}} dx = \arcsin x + c$

公式 11 $\int \frac{1}{1+x^2} dx = \arctan x + c$

§4.3 凑微分

为了求解不定积分的需要,现在讨论微分运算的逆运算,即将函数的一阶导数与自变量 x 微分 dx 的乘积凑成这个函数的微分,称为凑微分. 根据 §2.7 函数微分表达式,考虑自变量 x 的线性函数与几个非线性函数的微分,得到下列凑微分.

1. 线性凑微分

(1) 由于微分 $d(x+c) = dx$(c 为常数),因此微分

$$dx = d(x+c) \quad (c\text{ 为常数})$$

(2) 由于微分 $d(kx) = kdx$(k 为常数),因此微分

$$dx = \frac{1}{k}d(kx) \quad (k \neq 0)$$

这两个线性凑微分说明:微分记号 d 后面括号里加、减常数项,对微分无影响;微分记号 d 前面与后面括号里分别乘以互为倒数的非零常系数,对微分也无影响. 当然,在这两个线性凑微分中常数 c,k 具体数值的选择不是唯一的,应针对求解不定积分的需要适当选择常数 c,k 的具体数值,如 $dx = d(x+2)$,$dx = d(x-1)$,$dx = \frac{1}{2}d(2x)$,$dx = 2d\left(\frac{x}{2}\right)$,$dx = -d(-x)$,$dx = \frac{1}{3}d(3x) = \frac{1}{3}d(3x+2)$ 等.

2. 非线性凑微分

(1) 由于微分 $d(x^2) = 2xdx$,因此乘积

$$xdx = \frac{1}{2}d(x^2)$$

由于微分 $d(x^3) = 3x^2dx$,因此乘积

$$x^2\mathrm{d}x=\frac{1}{3}\mathrm{d}(x^3)$$

由于微分 $\mathrm{d}\left(\frac{1}{x}\right)=-\frac{1}{x^2}\mathrm{d}x$,因此乘积

$$\frac{1}{x^2}\mathrm{d}x=-\mathrm{d}\left(\frac{1}{x}\right)$$

由于微分 $\mathrm{d}(\sqrt{x})=\frac{1}{2\sqrt{x}}\mathrm{d}x$,因此乘积

$$\frac{1}{\sqrt{x}}\mathrm{d}x=2\mathrm{d}(\sqrt{x})$$

(2) 由于微分 $\mathrm{d}(\ln x)=\frac{1}{x}\mathrm{d}x$,因此乘积

$$\frac{1}{x}\mathrm{d}x=\mathrm{d}(\ln x)\quad(x>0)$$

(3) 由于微分 $\mathrm{d}(\mathrm{e}^x)=\mathrm{e}^x\mathrm{d}x$,因此乘积

$$\mathrm{e}^x\mathrm{d}x=\mathrm{d}(\mathrm{e}^x)$$

(4) 由于微分 $\mathrm{d}(\cos x)=-\sin x\mathrm{d}x$,因此乘积

$$\sin x\mathrm{d}x=-\mathrm{d}(\cos x)$$

由于微分 $\mathrm{d}(\sin x)=\cos x\mathrm{d}x$,因此乘积

$$\cos x\mathrm{d}x=\mathrm{d}(\sin x)$$

在求解不定积分的过程中,有时联合应用线性凑微分与非线性凑微分,得到所需要的凑微分,如 $x\mathrm{d}x=\frac{1}{2}\mathrm{d}(x^2)=\frac{1}{2}\mathrm{d}(1+x^2)$,$\mathrm{e}^x\mathrm{d}x=\mathrm{d}(\mathrm{e}^x)=\mathrm{d}(1+\mathrm{e}^x)$ 等.

3. 一般凑微分

由于微分 $\mathrm{d}f(x)=f'(x)\mathrm{d}x$,因此乘积

$$f'(x)\mathrm{d}x=\mathrm{d}f(x)$$

根据 §4.1 定理 4.2 的推论,由于微分 $\mathrm{d}\left(\int f(x)\mathrm{d}x\right)=f(x)\mathrm{d}x$,因此得到一般凑微分的另一种表达形式

$$f(x)\mathrm{d}x=\mathrm{d}\left(\int f(x)\mathrm{d}x\right)$$

其中不定积分 $\int f(x)\mathrm{d}x$ 表达式所含积分常数取值为零. 前面得到的具体凑微分都是这个一般凑微分的特殊情况,都可以从这个一般凑微分得到. 在求解不定积分问题中,可以根据这个一般凑微分得到所需要的凑微分.

为了求解不定积分的需要,根据 §2.7 定理 2.4 关于微分形式不变性的结论,在凑微分等式中,若将自变量 x 改为中间变量 $u=u(x)$,则凑微分等式仍然成立,如注意到二阶导数 $f''(x)=(f'(x))'$,则乘积 $f''(x)\mathrm{d}x=(f'(x))'\mathrm{d}x=\mathrm{d}f'(x)$.

综合上面的讨论,得到**凑微分**:

1. 线性凑微分

(1)$\mathrm{d}x=\mathrm{d}(x+c)$ (c 为常数)

(2)$\mathrm{d}x=\dfrac{1}{k}\mathrm{d}(kx)$ ($k\neq 0$)

2. 非线性凑微分

(1)$x\mathrm{d}x=\dfrac{1}{2}\mathrm{d}(x^2)$

(2)$x^2\mathrm{d}x=\dfrac{1}{3}\mathrm{d}(x^3)$

(3)$\dfrac{1}{x^2}\mathrm{d}x=-\mathrm{d}\left(\dfrac{1}{x}\right)$

(4)$\dfrac{1}{\sqrt{x}}\mathrm{d}x=2\mathrm{d}(\sqrt{x})$

(5)$\dfrac{1}{x}\mathrm{d}x=\mathrm{d}(\ln x)$ ($x>0$)

(6)$\mathrm{e}^x\mathrm{d}x=\mathrm{d}(\mathrm{e}^x)$

(7)$\sin x\mathrm{d}x=-\mathrm{d}(\cos x)$

(8)$\cos x\mathrm{d}x=\mathrm{d}(\sin x)$

3. 一般凑微分

$$f'(x)\mathrm{d}x=\mathrm{d}f(x)$$

或者

$$f(x)\mathrm{d}x=\mathrm{d}\left(\int f(x)\mathrm{d}x\right)$$

不定积分第一换元积分法则

§4.4 不定积分第一换元积分法则

直接应用不定积分基本运算法则与基本公式求解不定积分的数量是很有限的,因此应该扩大不定积分基本公式的应用范围. 如考虑不定积分

$$\int 2x\mathrm{d}x=x^2+c$$

其中积分变量为自变量 x. 若积分变量不为自变量 x,而为中间变量 $u=u(x)$,问不定积分

$$\int 2u\mathrm{d}u=u^2+c$$

是否还成立?不定积分第一换元积分法则给出了肯定的回答.

不定积分第一换元积分法则 如果不定积分

$$\int f(x)\mathrm{d}x=F(x)+c$$

函数 $u=u(x)$ 可导,且一阶导数 $u'(x)$ 连续,则对于中间变量 u 同样有不定积分

$$\int f(u)\mathrm{d}u=F(u)+c$$

证:由于不定积分

$$\int f(x)\mathrm{d}x = F(x) + c$$

从而一阶导数

$$F'(x) = f(x)$$

根据 §2.7 函数微分表达式,得到微分

$$\mathrm{d}F(x) = F'(x)\mathrm{d}x = f(x)\mathrm{d}x$$

根据 §2.7 定理 2.4 关于微分形式不变性的结论,对于中间变量 u 同样有微分

$$\mathrm{d}F(u) = f(u)\mathrm{d}u$$

等号两端皆取不定积分,得到不定积分

$$\int \mathrm{d}F(u) = \int f(u)\mathrm{d}u$$

再根据 §4.1 定理 4.3 的推论,所以不定积分

$$\int f(u)\mathrm{d}u = F(u) + c$$

这个法则说明:在积分变量为自变量 x 的不定积分表达式中,若将自变量记号 x 换成中间变量记号 u,则不定积分表达式仍然成立.

对于 §4.2 不定积分基本公式,应用不定积分第一换元积分法则,得到**推广的不定积分基本公式**:

公式 1 $\int 0\mathrm{d}u = 0 + c$

公式 2 $\int u^{\alpha}\mathrm{d}u = \frac{1}{\alpha+1}u^{\alpha+1} + c \quad (\alpha \neq -1)$

公式 3 $\int \frac{1}{u}\mathrm{d}u = \ln|u| + c$

公式 4 $\int a^{u}\mathrm{d}u = \frac{a^{u}}{\ln a} + c \quad (a > 0, a \neq 1)$

公式 5 $\int \mathrm{e}^{u}\mathrm{d}u = \mathrm{e}^{u} + c$

公式 6 $\int \sin u\mathrm{d}u = -\cos u + c$

公式 7 $\int \cos u\mathrm{d}u = \sin u + c$

公式 8 $\int \sec^{2}u\mathrm{d}u = \tan u + c$

公式 9 $\int \csc^{2}u\mathrm{d}u = -\cot u + c$

公式 10 $\int \frac{1}{\sqrt{1-u^{2}}}\mathrm{d}u = \arcsin u + c$

公式 11 $\int \frac{1}{1+u^{2}}\mathrm{d}u = \arctan u + c$

由于中间变量 u 作为自变量 x 的函数 $u = u(x)$ 有无穷多个,因此每一个不定积分基本

公式推广为无穷多个不定积分公式,扩大了不定积分基本公式的应用范围.

不定积分第一换元积分法则主要能够解决一部分但不是全部复合函数的不定积分,在计算复合函数的不定积分时,应该按照推广的不定积分基本公式的被积函数形状引进中间变量 u,分解复合函数. 同时注意到不定积分第一换元积分法则要求不定积分被积表达式为乘积 $f(u)\mathrm{d}u$,说明复合函数 $f(u)$ 应对中间变量 u 求不定积分才能得到结果,因而应在所求复合函数的不定积分中,通过凑微分作恒等变形,将自变量 x 的微分 $\mathrm{d}x$ 与中间变量 u 的微分 $\mathrm{d}u$ 建立联系,以符合不定积分第一换元积分法则的要求,再应用推广的不定积分基本公式求解,并将原函数表示为自变量 x 的函数. 根据中间变量 u 与自变量 x 的函数关系类型,分下列两种基本情况讨论复合函数的不定积分.

1. 第一种基本情况

所求不定积分为

$$\int f(ax+b)\mathrm{d}x \quad (a,b\text{ 为常数,且 } a\neq 0)$$

其中被积函数的对应关系 f 为 §4.2 不定积分基本公式中某个被积函数的对应关系. 这时应该引进中间变量 $u=ax+b$,它是自变量 x 的线性函数,在求解过程中须应用 §4.3 线性凑微分.

例 1 求不定积分 $\int (x+2)^{10}\mathrm{d}x$.

解: 被积函数为复合函数 $y=(x+2)^{10}$,将它分解为

$$y=u^{10} \text{ 与 } u=x+2$$

应用线性凑微分得到微分

$$\mathrm{d}x=\mathrm{d}(x+2)=\mathrm{d}u$$

再应用推广的不定积分基本公式 2 求解,所以所求不定积分

$$\int (x+2)^{10}\mathrm{d}x=\int u^{10}\mathrm{d}u=\frac{1}{11}u^{11}+c=\frac{1}{11}(x+2)^{11}+c$$

在运算熟练后,可以在心中引进中间变量 u,而不必写出来,只需写出凑微分过程,同时在心中应用推广的不定积分基本公式,计算复合函数 $f(u)$ 对中间变量 u 的不定积分,并将原函数表示为自变量 x 的函数,这种写法称为标准写法. 应用不定积分第一换元积分法则求解不定积分皆应采用标准写法,例 1 的标准写法为

$$\int (x+2)^{10}\mathrm{d}x=\int (x+2)^{10}\mathrm{d}(x+2)=\frac{1}{11}(x+2)^{11}+c$$

例 2 求不定积分 $\int \frac{1}{3x+2}\mathrm{d}x$.

解: $\int \frac{1}{3x+2}\mathrm{d}x=\frac{1}{3}\int \frac{1}{3x+2}\mathrm{d}(3x+2)=\frac{1}{3}\ln|3x+2|+c$

例 3 求不定积分 $\int \mathrm{e}^{-x}\mathrm{d}x$.

解: $\int \mathrm{e}^{-x}\mathrm{d}x=-\int \mathrm{e}^{-x}\mathrm{d}(-x)=-\mathrm{e}^{-x}+c$

例 4　求不定积分$\int \sin 6x\mathrm{d}x$.

解: $\int \sin 6x\mathrm{d}x = \frac{1}{6}\int \sin 6x\mathrm{d}(6x) = -\frac{1}{6}\cos 6x + c$

例 5　求不定积分$\int \frac{1}{4+x^2}\mathrm{d}x$.

解: $\int \frac{1}{4+x^2}\mathrm{d}x$

（被积函数分子、分母同除以 4）

$$= \int \frac{\frac{1}{4}}{1+\frac{x^2}{4}}\mathrm{d}x = \int \frac{\frac{1}{4}}{1+\left(\frac{x}{2}\right)^2} \cdot 2\mathrm{d}\left(\frac{x}{2}\right) = \frac{1}{2}\int \frac{1}{1+\left(\frac{x}{2}\right)^2}\mathrm{d}\left(\frac{x}{2}\right) = \frac{1}{2}\arctan\frac{x}{2} + c$$

案例解决: 设总成本函数 $C(Q)$，由边际成本的概念知 $C'(Q) = 300 + 200e^{2Q}$，

由不定积分的定义知 $C(Q) = \int C'(Q)dQ = \int MC(Q)dQ$

$\therefore C(Q) = \int (300 + 200e^{2Q})dQ = 300Q + 100e^{2Q} + C$

已知生产某产品的固定成本为500元，即 $C(0) = 500$，代入上式中，得 $C = 500$，于是，产品的总成本函数 $C(Q) = 300Q + 100e^{2Q} + 500$

2. 第二种基本情况

所求不定积分为

$$\int f(u(x))u'(x)\mathrm{d}x$$

其中被积函数一个因式的对应关系 f 为 §4.2 不定积分基本公式中某个被积函数的对应关系，另一个因式 $u'(x)$ 为 §4.3 非线性凑微分中等号左端微分 $\mathrm{d}x$ 的系数. 这时应该引进中间变量 $u = u(x)$，它是自变量 x 的非线性函数，在求解过程中须应用 §4.3 非线性凑微分.

例 6　求不定积分$\int x\mathrm{e}^{x^2}\mathrm{d}x$.

解: $\int x\mathrm{e}^{x^2}\mathrm{d}x = \frac{1}{2}\int \mathrm{e}^{x^2}\mathrm{d}(x^2) = \frac{1}{2}\mathrm{e}^{x^2} + c$

例 7　求不定积分$\int x^2(x^3-1)^{10}\mathrm{d}x$.

解: $\int x^2(x^3-1)^{10}\mathrm{d}x = \frac{1}{3}\int (x^3-1)^{10}\mathrm{d}(x^3-1) = \frac{1}{33}(x^3-1)^{11} + c$

例 8　求不定积分$\int \frac{\mathrm{e}^{\frac{1}{x}}}{x^2}\mathrm{d}x$.

解: $\int \frac{\mathrm{e}^{\frac{1}{x}}}{x^2}\mathrm{d}x = \int \frac{1}{x^2}\mathrm{e}^{\frac{1}{x}}\mathrm{d}x = -\int \mathrm{e}^{\frac{1}{x}}\mathrm{d}\left(\frac{1}{x}\right) = -\mathrm{e}^{\frac{1}{x}} + c$

例 9　求不定积分$\int \frac{\sin\sqrt{x}}{\sqrt{x}}\mathrm{d}x$.

解: $\int \frac{\sin\sqrt{x}}{\sqrt{x}}dx = \int \frac{1}{\sqrt{x}}\sin\sqrt{x}dx = 2\int \sin\sqrt{x}d(\sqrt{x}) = -2\cos\sqrt{x} + c$

例 10 求不定积分$\int \frac{1}{x\ln x}dx$.

解: $\int \frac{1}{x\ln x}dx = \int \frac{1}{x}\frac{1}{\ln x}dx = \int \frac{1}{\ln x}d(\ln x) = \ln|\ln x| + c$

例 11 求不定积分$\int \frac{e^x}{\sqrt{1-e^{2x}}}dx$.

解: $\int \frac{e^x}{\sqrt{1-e^{2x}}}dx = \int \frac{1}{\sqrt{1-(e^x)^2}}e^x dx = \int \frac{1}{\sqrt{1-(e^x)^2}}d(e^x) = \arcsin e^x + c$

例 12 求不定积分$\int \tan x dx$.

解: $\int \tan x dx = \int \frac{\sin x}{\cos x}dx = \int \frac{1}{\cos x}\sin x dx = -\int \frac{1}{\cos x}d(\cos x) = -\ln|\cos x| + c$

例 13 求不定积分$\int \sin x\cos x dx$.

解: $\int \sin x\cos x dx = \int \sin x d(\sin x) = \frac{1}{2}\sin^2 x + c$

若没有给出被积函数的具体表达式,只要符合条件,则同样可以应用不定积分第一换元积分法则求解.

例 14 已知函数 $f(x)$ 的一阶导数 $f'(x)$ 连续,求不定积分$\int \frac{f'(\ln x)}{x}dx$.

解: 引进中间变量 $u = \ln x$,应用非线性凑微分$\frac{1}{x}dx = d(\ln x)$,并注意到一阶导数 $f'(u)$ 对中间变量 u 求不定积分时,它的一个原函数为 $f(u)$,根据不定积分第一换元积分法则,所以所求不定积分

$$\int \frac{f'(\ln x)}{x}dx = \int \frac{1}{x}f'(\ln x)dx = \int f'(\ln x)d(\ln x) = f(\ln x) + c$$

例 15 单项选择题

若函数 $F(x)$ 可导,且一阶导数 $F'(x) = f(x)$,则不定积分$\int f(e^x)e^x dx = (\quad)$.

(a) $F(x) + c$　　(b) $F(x)e^x + c$

(c) $F(e^x) + c$　　(d) $F(e^x)e^x + c$

解: 由于一阶导数 $F'(x) = f(x)$,说明函数 $F(x)$ 为 $f(x)$ 的一个原函数,因而有不定积分

$$\int f(x)dx = F(x) + c$$

根据不定积分第一换元积分法则,有不定积分

$$\int f(u)du = F(u) + c$$

引进中间变量 $u = e^x$,并应用非线性凑微分 $e^x dx = d(e^x)$,因而所求不定积分

$$\int f(e^x)e^x dx = \int f(e^x)d(e^x) = F(e^x) + c$$

这个正确答案恰好就是备选答案(c),所以选择(c).

例 16 填空题

已知不定积分$\int f(x)\mathrm{d}x = F(x)+c$,则不定积分$\int F(x)f(x)\mathrm{d}x =$ ______.

解:由于被积函数为原函数的一阶导数,根据已知不定积分表达式,得到被积函数

$$f(x)=F'(x)$$

根据不定积分第一换元积分法则,所求不定积分

$$\int F(x)f(x)\mathrm{d}x=\int F(x)F'(x)\mathrm{d}x=\int F(x)\mathrm{d}F(x)=\frac{1}{2}F^2(x)+c$$

于是应将"$\frac{1}{2}F^2(x)+c$"直接填在空内.

同一个不定积分可以用不同方法求解,所得到不定积分中的原函数表达式不一定相同,但它们之间仅相差一个常数. 如对于例 13 中不定积分用另外一种方法求解,得到不定积分

$$\int \sin x\cos x\mathrm{d}x=-\int \cos x\mathrm{d}(\cos x)=-\frac{1}{2}\cos^2 x+c$$

两种方法求解得到不定积分中的原函数表达式并不相同,但它们之差为

$$\frac{1}{2}\sin^2 x-\left(-\frac{1}{2}\cos^2 x\right)=\frac{1}{2}(\sin^2 x+\cos^2 x)=\frac{1}{2}$$

因为不定积分含作为常数项的积分常数 c,从而这个常数项$\frac{1}{2}$可以被吸收到积分常数 c 中,所以两种方法求解得到的结果都是正确的.

§4.5 有理分式的不定积分

多项式的商称为有理分式,若分子的幂次低于分母的幂次,则称为有理真分式;若分子的幂次等于或高于分母的幂次,则称为有理假分式. 对于有理假分式,可以对分子作代数恒等变形:加上(减去)且减去(加上)同一个量,使得部分项的代数和能够被分母整除,这样就将有理假分式化为多项式与有理真分式的代数和.

作为不定积分第一换元积分法则的应用,分下列两种基本情况讨论比较简单的有理分式的不定积分.

1. 第一种基本情况

当被积函数分母为一次二项式 $x+a$ 或二次二项式 $x^2+a^2(a\neq 0)$ 时,若被积函数为有理真分式,则直接应用 §4.2 不定积分基本公式或 §4.4 不定积分第一换元积分法则求解;若被积函数为有理假分式,则将其化为多项式与有理真分式的代数和,再应用 §4.2 不定积分基本公式或 §4.4 不定积分第一换元积分法则求解.

例 1 求不定积分$\int \frac{1}{x+1}\mathrm{d}x$.

解: $\int \frac{1}{x+1}dx = \int \frac{1}{x+1}d(x+1) = \ln|x+1| + c$

例 2 求不定积分$\int \frac{x}{x+1}dx$.

解: $\int \frac{x}{x+1}dx = \int \frac{(x+1)-1}{x+1}dx = \int \left(1-\frac{1}{x+1}\right)dx = x - \ln|x+1| + c$

例 3 求不定积分$\int \frac{x^2}{x+1}dx$.

解: $\int \frac{x^2}{x+1}dx = \int \frac{(x^2-1)+1}{x+1}dx = \int \left(x-1+\frac{1}{x+1}\right)dx = \frac{1}{2}x^2 - x + \ln|x+1| + c$

例 4 求不定积分$\int \frac{x}{x^2+1}dx$.

解: $\int \frac{x}{x^2+1}dx = \int \frac{1}{x^2+1}\cdot x dx = \frac{1}{2}\int \frac{1}{x^2+1}d(x^2+1) = \frac{1}{2}\ln(x^2+1) + c$

例 5 求不定积分$\int \frac{x^2}{x^2+1}dx$.

解: $\int \frac{x^2}{x^2+1}dx = \int \frac{(x^2+1)-1}{x^2+1}dx = \int \left(1-\frac{1}{x^2+1}\right)dx = x - \arctan x + c$

2. 第二种基本情况

(1) 若被积函数为有理真分式$\frac{1}{(x-a)^2}$ $(a \neq 0)$,则直接应用§4.4不定积分第一换元积分法则求解;

(2) 若被积函数为有理真分式$\frac{1}{(x-a)(x-b)}$ $(a \neq b)$,则对分子作代数恒等变形:$1 = \frac{1}{b-a}[(x-a)-(x-b)]$,这样将被积函数化为两个有理真分式之差,再应用§4.4不定积分第一换元积分法则求解.

例 6 求不定积分$\int \frac{1}{(x-1)^2}dx$.

解: $\int \frac{1}{(x-1)^2}dx = \int \frac{1}{(x-1)^2}d(x-1) = -\frac{1}{x-1} + c$

例 7 求不定积分$\int \frac{1}{x(x+1)}dx$.

解: $\int \frac{1}{x(x+1)}dx$

$$= \int \frac{(x+1)-x}{x(x+1)}dx = \int \left(\frac{1}{x}-\frac{1}{x+1}\right)dx = \ln|x| - \ln|x+1| + c = \ln\left|\frac{x}{x+1}\right| + c$$

例 8 求不定积分$\int \frac{1}{x^2-1}dx$.

解: $\int \frac{1}{x^2-1}dx$

$$= \int \frac{1}{(x+1)(x-1)}dx = \frac{1}{2}\int \frac{(x+1)-(x-1)}{(x+1)(x-1)}dx = \frac{1}{2}\int\left(\frac{1}{x-1}-\frac{1}{x+1}\right)dx$$

$$= \frac{1}{2}(\ln|x-1|-\ln|x+1|)+c = \frac{1}{2}\ln\left|\frac{x-1}{x+1}\right|+c$$

例 9 求不定积分$\int \frac{1}{x^2+5x+4}dx$.

解:$\int \frac{1}{x^2+5x+4}dx$

$$= \int \frac{1}{(x+1)(x+4)}dx = \frac{1}{3}\int \frac{(x+4)-(x+1)}{(x+1)(x+4)}dx = \frac{1}{3}\int\left(\frac{1}{x+1}-\frac{1}{x+4}\right)dx$$

$$= \frac{1}{3}(\ln|x+1|-\ln|x+4|)+c = \frac{1}{3}\ln\left|\frac{x+1}{x+4}\right|+c$$

§4.6 不定积分第二换元积分法则

根据 §4.4 不定积分第一换元积分法则,如果对于自变量 x,有不定积分

$$\int f(x)dx = F(x)+c$$

则对于中间变量 $x=\varphi(t)$,也同样有不定积分

$$\int f(x)dx = F(x)+c$$

即有

$$\int f(\varphi(t))\varphi'(t)dt = F(\varphi(t))+c$$

现在提出相反的问题:如果对于自变量 t,有不定积分

$$\int f(\varphi(t))\varphi'(t)dt = F(\varphi(t))+c$$

那么对于自变量 x,问不定积分

$$\int f(x)dx = F(x)+c$$

是否还成立?不定积分第二换元积分法则给出了肯定的回答.

不定积分第二换元积分法则 已知函数 $f(x)$ 连续,对不定积分$\int f(x)dx$ 作变量代换 $x=\varphi(t)$,函数 $x=\varphi(t)$ 单调可导,且一阶导数 $\varphi'(t)$ 连续,如果对于自变量 t,有不定积分

$$\int f(\varphi(t))\varphi'(t)dt = F(\varphi(t))+c$$

则对于自变量 x,有不定积分

$$\int f(x)dx = F(x)+c$$

证:由于函数 $x=\varphi(t)$ 单调,因而它存在反函数 $t=\varphi^{-1}(x)$;又由于函数 $x=\varphi(t)$ 可导,当然可微,根据 §2.7 函数微分表达式,于是微分

$$dx=\varphi'(t)dt$$

根据§2.7定理2.4关于微分形式不变性的结论,当变量t不是自变量而是中间变量,即变量t为自变量x的函数$t=\varphi^{-1}(x)$时,同样有微分

$$dx=\varphi'(t)dt$$

对于已知不定积分

$$\int f(\varphi(t))\varphi'(t)dt=F(\varphi(t))+c$$

等号两端皆取微分,根据§4.1定理4.2的推论,得到关系式

$$f(\varphi(t))\varphi'(t)dt=dF(\varphi(t))$$

根据§2.7定理2.4关于微分形式不变性的结论,当变量t不是自变量而是中间变量,即变量t为自变量x的函数$t=\varphi^{-1}(x)$时,同样有关系式

$$f(\varphi(t))\varphi'(t)dt=dF(\varphi(t))$$

注意到函数$t=\varphi^{-1}(x)$与$x=\varphi(t)$互为反函数,它们是等价的,又微分$dx=\varphi'(t)dt$,于是得到关系式

$$f(x)dx=dF(x)$$

等号两端皆取不定积分,根据§4.1定理4.3的推论,所以对于自变量x,有不定积分

$$\int f(x)dx=F(x)+c$$

这个法则说明:对不定积分$\int f(x)dx$可以通过作变量代换$x=\varphi(t)$达到求解的目的.关键在于:变量代换$x=\varphi(t)$表达式的选择要使得新积分变量为变量t的不定积分很容易求得结果.

若不定积分被积函数含根式$\sqrt[n]{ax+b}$(a,b为常数,且$a\neq 0$;n为大于1的正整数),会给不定积分的求解带来困难,则可以令变量

$$t=\sqrt[n]{ax+b}$$

即作变量代换

$$x=\frac{1}{a}(t^n-b)$$

将原积分变量为自变量x的不定积分化为新积分变量为变量t的不定积分,其被积函数可能不再含根式,容易得到不定积分结果,然后将原函数表达式中的变量t用根式$\sqrt[n]{ax+b}$代回,得到积分变量为自变量x的不定积分表达式.

例1 求不定积分$\int\frac{1}{\sqrt{x}+1}dx$.

解:令变量$t=\sqrt{x}$,即作变量代换$x=t^2(t\geqslant 0)$,从而微分$dx=2tdt$,所以不定积分

$$\begin{aligned}&\int\frac{1}{\sqrt{x}+1}dx\\&=\int\frac{1}{t+1}\cdot 2tdt=2\int\frac{(t+1)-1}{t+1}dt=2\int\left(1-\frac{1}{t+1}\right)dt=2(t-\ln|t+1|)+c\\&=2\sqrt{x}-2\ln(\sqrt{x}+1)+c\end{aligned}$$

例 2　求不定积分$\int \frac{1}{x+\sqrt{x}}\mathrm{d}x$.

解:令变量$t=\sqrt{x}$,即作变量代换$x=t^2(t>0)$,从而微分$\mathrm{d}x=2t\mathrm{d}t$,所以不定积分

$$\int \frac{1}{x+\sqrt{x}}\mathrm{d}x=\int \frac{1}{t^2+t}\cdot 2t\mathrm{d}t=2\int \frac{1}{t+1}\mathrm{d}t=2\ln|t+1|+c=2\ln(\sqrt{x}+1)+c$$

例 3　求不定积分$\int \frac{1}{\sqrt{(x-3)^3}+\sqrt{x-3}}\mathrm{d}x$.

解:令变量$t=\sqrt{x-3}$,即作变量代换$x=t^2+3(t>0)$,从而微分$\mathrm{d}x=2t\mathrm{d}t$,所以不定积分

$$\int \frac{1}{\sqrt{(x-3)^3}+\sqrt{x-3}}\mathrm{d}x$$

$$=\int \frac{1}{t^3+t}2t\mathrm{d}t=2\int \frac{1}{t^2+1}\mathrm{d}t=2\arctan t+c=2\arctan\sqrt{x-3}+c$$

例 4　求不定积分$\int \frac{1}{\sqrt[3]{x}+1}\mathrm{d}x$.

解:令变量$t=\sqrt[3]{x}$,即作变量代换$x=t^3$,从而微分$\mathrm{d}x=3t^2\mathrm{d}t$,所以不定积分

$$\int \frac{1}{\sqrt[3]{x}+1}\mathrm{d}x$$

$$=\int \frac{1}{t+1}\cdot 3t^2\mathrm{d}t=3\int \frac{(t^2-1)+1}{t+1}\mathrm{d}t=3\int\left(t-1+\frac{1}{t+1}\right)\mathrm{d}t$$

$$=3\left(\frac{1}{2}t^2-t+\ln|t+1|\right)+c=\frac{3}{2}\sqrt[3]{x^2}-3\sqrt[3]{x}+3\ln\left|\sqrt[3]{x}+1\right|+c$$

例 5　求不定积分$\int \frac{2}{x+\sqrt[3]{x}}\mathrm{d}x$.

解:令变量$t=\sqrt[3]{x}$,即作变量代换$x=t^3(t\neq 0)$,从而微分$\mathrm{d}x=3t^2\mathrm{d}t$,所以不定积分

$$\int \frac{2}{x+\sqrt[3]{x}}\mathrm{d}x$$

$$=\int \frac{2}{t^3+t}\cdot 3t^2\mathrm{d}t=6\int \frac{t}{t^2+1}\mathrm{d}t=3\int \frac{1}{t^2+1}\mathrm{d}(t^2+1)=3\ln(t^2+1)+c$$

$$=3\ln(\sqrt[3]{x^2}+1)+c$$

不定积分第一换元积分法则与不定积分第二换元积分法则统称为不定积分换元积分法则,它是求解不定积分的重要方法.

§4.7　不定积分分部积分法则

不定积分分部积分法则

求解不定积分的基础是不定积分基本公式,求解不定积分的重要方法除不定积分换元积分法则外,还有不定积分分部积分法则.

不定积分分部积分法则　如果函数$u=u(x)$,$v=v(x)$都可导,且一阶导数$u'(x)$,$v'(x)$都连续,则不定积分

$$\int u\mathrm{d}v = uv - \int v\mathrm{d}u$$

证:根据 §2.2 导数基本运算法则 2,有一阶导数

$$(uv)' = u'v + uv'$$

即有

$$uv' = (uv)' - u'v$$

等号两端皆取不定积分,得到不定积分

$$\int uv'\mathrm{d}x = \int (uv)'\mathrm{d}x - \int u'v\mathrm{d}x$$

根据 §2.7 函数微分表达式,有关系式 $u'\mathrm{d}x = \mathrm{d}u, v'\mathrm{d}x = \mathrm{d}v$,又由于任何函数都为其一阶导数的一个原函数,因此函数 uv 为其一阶导数 $(uv)'$ 的一个原函数,所以不定积分

$$\int u\mathrm{d}v = uv - \int v\mathrm{d}u$$

这个法则说明:所求不定积分等于两项之差,被减项为原被积表达式中微分记号 d 前后两个函数的积,减项为原被积表达式中微分记号 d 前后两个函数调换位置所构成的不定积分. 这样就将所求不定积分 $\int u\mathrm{d}v$ 归结为求作为减项的不定积分 $\int v\mathrm{d}u$,再应用 §4.2 不定积分基本公式或 §4.4 不定积分第一换元积分法则求解.

不定积分分部积分法则主要能够解决对数函数、反三角函数的不定积分及一部分但不是全部函数乘积的不定积分,分下列两种基本情况讨论这些不定积分.

1. 第一种基本情况

被积函数为对数函数或反三角函数,这时直接应用不定积分分部积分法则求解.

例 1 求不定积分 $\int \ln x\mathrm{d}x$.

解:这是对数函数的不定积分,应直接应用不定积分分部积分法则求解. 注意到被积表达式 $\ln x\mathrm{d}x$ 中微分记号 d 前面的函数为对数函数 $\ln x$,后面的函数为幂函数 x,因而微分记号 d 前后两个函数的积为函数 $\ln x \cdot x$,微分记号 d 前后两个函数调换位置所构成的不定积分为不定积分 $\int x\mathrm{d}(\ln x)$. 所以所求不定积分

$$\int \ln x\mathrm{d}x = \ln x \cdot x - \int x\mathrm{d}(\ln x) = x\ln x - \int x\frac{1}{x}\mathrm{d}x = x\ln x - \int \mathrm{d}x = x\ln x - x + c$$

例 2 求不定积分 $\int \arctan x\mathrm{d}x$.

解: $\int \arctan x\mathrm{d}x$

$$= x\arctan x - \int x\mathrm{d}(\arctan x) = x\arctan x - \int x\frac{1}{1+x^2}\mathrm{d}x$$

$$= x\arctan x - \frac{1}{2}\int \frac{1}{1+x^2}\mathrm{d}(1+x^2) = x\arctan x - \frac{1}{2}\ln(1+x^2) + c$$

2. 第二种基本情况

（1）被积函数为乘积 $x^n e^x$（n 为正整数），这时必须首先应用 §4.3 非线性凑微分将乘积 $e^x dx$ 凑微分，然后应用不定积分分部积分法则求解；

（2）被积函数为乘积 $x^n \sin x$ 或 $x^n \cos x$（n 为正整数），这时必须首先应用 §4.3 非线性凑微分将乘积 $\sin x dx$ 或 $\cos x dx$ 凑微分，然后应用不定积分分部积分法则求解；

（3）被积函数为乘积 $x^\alpha \ln x$（$\alpha \neq -1$），这时必须首先应用 §4.3 非线性凑微分将乘积 $x^\alpha dx$ 凑微分，然后应用不定积分分部积分法则求解.

数学微启示

由不定积分的计算引发的思考：依法依规行事，才会事半功倍

例 3　求不定积分$\int x e^x dx$.

解：$\int x e^x dx = \int x d(e^x) = x e^x - \int e^x dx = x e^x - e^x + c$

例 4　求不定积分$\int x \sin x dx$.

解：$\int x \sin x dx$

$$= -\int x d(\cos x) = -\left(x\cos x - \int \cos x dx\right) = -(x\cos x - \sin x) + c = -x\cos x + \sin x + c$$

例 5　求不定积分$\int x \ln x dx$.

解：$\int x \ln x dx$

$$= \frac{1}{2}\int \ln x d(x^2) = \frac{1}{2}\left[x^2 \ln x - \int x^2 d(\ln x)\right] = \frac{1}{2}\left(x^2 \ln x - \int x^2 \frac{1}{x} dx\right)$$

$$= \frac{1}{2}\left(x^2 \ln x - \int x dx\right) = \frac{1}{2}\left(x^2 \ln x - \frac{1}{2}x^2\right) + c = \frac{1}{2}x^2 \ln x - \frac{1}{4}x^2 + c$$

对于上述两种基本情况，在应用不定积分分部积分法则求解时，虽然不能立即得到结果，但是若作为减项的不定积分比原不定积分简单，还可以连续应用不定积分分部积分法则，直至得到结果.

例 6　求不定积分$\int \ln^2 x dx$.

解：$\int \ln^2 x dx$

$$= x\ln^2 x - \int x d(\ln^2 x) = x\ln^2 x - \int x \cdot 2\ln x \cdot \frac{1}{x} dx = x\ln^2 x - 2\int \ln x dx$$

$$= x\ln^2 x - 2\left[x\ln x - \int x d(\ln x)\right] = x\ln^2 x - 2\left(x\ln x - \int x \frac{1}{x} dx\right)$$

$$= x\ln^2 x - 2\left(x\ln x - \int dx\right) = x\ln^2 x - 2(x\ln x - x) + c = x\ln^2 x - 2x\ln x + 2x + c$$

例 7　求不定积分$\int x^2 \sin x dx$.

解：$\int x^2 \sin x dx$

$$= -\int x^2 d(\cos x) = -\left[x^2 \cos x - \int \cos x d(x^2)\right] = -x^2 \cos x + 2\int x\cos x dx$$

$$= -x^2\cos x + 2\int x\mathrm{d}(\sin x) = -x^2\cos x + 2\left(x\sin x - \int \sin x\mathrm{d}x\right)$$

$$= -x^2\cos x + 2(x\sin x + \cos x) + c = -x^2\cos x + 2x\sin x + 2\cos x + c$$

有时联合应用 §4.6 不定积分第二换元积分法则与不定积分分部积分法则求解不定积分.

例 8 求不定积分 $\int \cos\sqrt{x}\mathrm{d}x$.

解:令变量 $t = \sqrt{x}$,即作变量代换 $x = t^2 (t \geqslant 0)$,从而微分 $\mathrm{d}x = 2t\mathrm{d}t$,所以不定积分

$$\int \cos\sqrt{x}\mathrm{d}x$$

$$= \int \cos t \cdot 2t\mathrm{d}t = 2\int t\cos t\mathrm{d}t = 2\int t\mathrm{d}(\sin t) = 2\left(t\sin t - \int \sin t\mathrm{d}t\right) = 2(t\sin t + \cos t) + c$$

$$= 2\sqrt{x}\sin\sqrt{x} + 2\cos\sqrt{x} + c$$

例 9 填空题

不定积分 $\int x\mathrm{d}(\mathrm{e}^{-x}) =$ ______.

解:根据不定积分分部积分法则,因而所求不定积分

$$\int x\mathrm{d}(\mathrm{e}^{-x}) = x\mathrm{e}^{-x} - \int \mathrm{e}^{-x}\mathrm{d}x = x\mathrm{e}^{-x} + \int \mathrm{e}^{-x}\mathrm{d}(-x) = x\mathrm{e}^{-x} + \mathrm{e}^{-x} + c$$

于是应将"$x\mathrm{e}^{-x} + \mathrm{e}^{-x} + c$"直接填在空内.

例 10 填空题

已知函数 $f(x)$ 的二阶导数 $f''(x)$ 连续,则不定积分 $\int xf''(x)\mathrm{d}x =$ ______.

解:应用 §4.3 一般凑微分,有关系式 $f''(x)\mathrm{d}x = \mathrm{d}f'(x)$,根据不定积分分部积分法则,并注意到函数 $f(x)$ 为其一阶导数 $f'(x)$ 的一个原函数,因而所求不定积分

$$\int xf''(x)\mathrm{d}x = \int x\mathrm{d}f'(x) = xf'(x) - \int f'(x)\mathrm{d}x = xf'(x) - f(x) + c$$

于是应将"$xf'(x) - f(x) + c$"直接填在空内.

[拓展阅读]

数学微启示

数学家的故事:笛卡尔和他的浪漫心形曲线

有关数学家简介

1. 笛卡尔——近代数学的奠基人

笛卡尔(1596—1650),法国哲学家、数学家,在数学上的杰出贡献,就是将代数和几何巧妙地联系在一起,从而创造了解析几何这门学科.

据说有一天,他生病卧床,病情很重,尽管如此他还反复思考一个问题:几何图形是直观的,而代数方程是比较抽象的,能不能把几何图形与代数方程结合起来,也就是说能不能用几何图形来表示方程呢?要想达到此目的,关键是如何把组成几何图形的"点"和满足方程的每一组"数"挂上钩,他苦苦思索,拼命琢磨,通过什么样的方法,才能把"点"和"数"联系起来.一天,他看见屋顶角上的一只蜘蛛,拉着丝垂了下来,一会工夫,蜘蛛又顺着丝爬上去,在

上边左右拉丝. 蜘蛛的"表演"使笛卡尔的思路豁然开朗,他想,可以把蜘蛛看作一个点,它在屋子里可以上、下、左、右运动,能不能把蜘蛛的每个位置用一组数确定下来呢?他又想,屋子里相邻的两面墙与地面交出了三条线,如果把地面上的墙角作为起点,把交出来的三条线作为三根数轴,那么空间中任意一点的位置就可以在这三根数轴上找到有顺序的三个数. 反过来,任意给一组三个有顺序的数也可以在空间中找出一点 P 与之对应,同样道理,用一组数 $(x、y)$ 可以表示平面上的一个点,平面上的一个点也可以有用一组两个有顺序的数来表示,这就是坐标系的雏形,即后人所说的笛卡尔坐标系.

笛卡尔坐标系的建立,为用代数方法研究几何架设了桥梁,把过去并列的两个代数方法统一起来,从而使传统的数学有了一个新的突破. 1760 年 2 月笛卡尔在斯德哥尔摩病逝,他的墓碑上镌刻着:笛卡尔,欧洲文艺复兴以来,第一个为争取和捍卫理性权利而奋斗的人.

2. 班昭 —— 中国最早的女数学家

班昭(约公元 49—120),名姬,字惠班,史学家、数学家,东汉扶风安陵(今陕西省咸阳市)人,出身官宦和文史学术之家,毕生致力于学术的进步、科学的传播,可以说是中国最早的女数学家,是古代妇女智慧的代表. 父亲班彪,曾为《史记》续篇,长兄班固,主修《汉书》,次兄班超,曾以出使西域等事迹著称于史.

班昭参与编纂《汉书》. 在八表中的《古今人表》中,把 1 587 个传说人物和历史人物的名字,按其自己设定的九个品德表现等级,排列在矩形网格中,实质上是用一轴代表年代,用与之垂直的另一轴表示人物的品德,每个人物都对应两个数所确定的一个点(时间、品德等级),在距今 2 000 多年的古代,这样的思维应该说是难能可贵的.

《古今人表》将人分为九等,即上上(9)、上中(8)、上下(7)、中上(6)、中中(5)、中下(4)、下上(3)、下中(2)、下下(1),上智下愚,数字越大,等级越高. 她只用了三个汉字"上、中、下",经过排列组合,得到全部九个等级. 这也是班昭穷通《易经》中的数学思想,并能加以推广,发挥应用的表现之一.

《易经》中已有组合数学的思想萌芽. "易有太极,太极生二仪,二仪生四象,四象生八卦",八卦传入欧洲以后,德国数学家莱不尼兹很感兴趣,对于《易经》中的八卦评价很高,并做了研究,从而建立了二进制. 二进制是电子计算机所采用的主要进位制,近年有人撰文论述八卦与电子计算机的关系.

习　题　四

4.01　求下列不定积分:

(1) $\int(9x^2+4x)\mathrm{d}x$　　(2) $\int\left(\frac{2}{x^3}-\frac{3}{x^4}\right)\mathrm{d}x$

(3) $\int(\sqrt{3}-\sqrt{x})\mathrm{d}x$　　(4) $\int\left(\frac{x}{3}-\frac{3}{x}\right)\mathrm{d}x$

(5) $\int\frac{(x+1)(x+2)}{x}\mathrm{d}x$　　(6) $\int\left(x+\frac{1}{x^2}\right)^2\mathrm{d}x$

4.02 求下列不定积分:

(1) $\int (10^x - \sqrt[10]{x})\mathrm{d}x$

(2) $\int 2^x 3^x \mathrm{d}x$

(3) $\int \frac{\mathrm{e}^{2x}-1}{\mathrm{e}^x+1}\mathrm{d}x$

(4) $\int (\sin 2 + \sin x)\mathrm{d}x$

(5) $\int \frac{\tan x \cot x}{\cos^2 x}\mathrm{d}x$

(6) $\int \frac{1+2x^2}{x^2(1+x^2)}\mathrm{d}x$

4.03 求下列不定积分:

(1) $\int (x-1)^9 \mathrm{d}x$

(2) $\int \frac{1}{1+2x}\mathrm{d}x$

(3) $\int \mathrm{e}^{3x}\mathrm{d}x$

(4) $\int \cos\frac{x}{4}\mathrm{d}x$

(5) $\int \csc^2 4x \mathrm{d}x$

(6) $\int \frac{1}{\sqrt{9-x^2}}\mathrm{d}x$

4.04 求下列不定积分:

(1) $\int x(x^2-3)^5 \mathrm{d}x$

(2) $\int \frac{x}{(1+x^2)^2}\mathrm{d}x$

(3) $\int x\sin(x^2+1)\mathrm{d}x$

(4) $\int \frac{x^2}{1+x^3}\mathrm{d}x$

(5) $\int x^2 \mathrm{e}^{-x^3}\mathrm{d}x$

(6) $\int \frac{x^2}{1+x^6}\mathrm{d}x$

4.05 求下列不定积分:

(1) $\int \frac{\mathrm{e}^{-\frac{1}{x}}}{x^2}\mathrm{d}x$

(2) $\int \frac{\sin\frac{1}{x}}{x^2}\mathrm{d}x$

(3) $\int \frac{\cos\frac{1}{x}}{x^2}\mathrm{d}x$

(4) $\int \frac{\mathrm{e}^{\sqrt{x}}}{\sqrt{x}}\mathrm{d}x$

(5) $\int \frac{\cos\sqrt{x}}{\sqrt{x}}\mathrm{d}x$

(6) $\int \frac{1}{(1+x)\sqrt{x}}\mathrm{d}x$

4.06 求下列不定积分:

(1) $\int \frac{\ln x}{x}\mathrm{d}x$

(2) $\int \frac{1}{x\ln^2 x}\mathrm{d}x$

(3) $\int \frac{\sin\ln x}{x}\mathrm{d}x$

(4) $\int \frac{\mathrm{e}^x}{1+\mathrm{e}^x}\mathrm{d}x$

(5) $\int \mathrm{e}^x \cos\mathrm{e}^x \mathrm{d}x$

(6) $\int \frac{\mathrm{e}^x}{1+\mathrm{e}^{2x}}\mathrm{d}x$

4.07 求下列不定积分:

(1) $\int \sin x\cos^5 x\mathrm{d}x$

(2) $\int \frac{\sin x}{(1+\cos x)^2}\mathrm{d}x$

(3) $\int \sin^3 x \mathrm{d}x$　　(4) $\int \frac{\cos x}{\sqrt{1+\sin x}}\mathrm{d}x$

(5) $\int \cot x \mathrm{d}x$　　(6) $\int \mathrm{e}^{\sin x}\cos x \mathrm{d}x$

4.08　已知函数 $f(n)=\int \cos^n x \mathrm{d}x$（$n$ 为正整数），求差 $f(3)-f(5)$.

4.09　求下列不定积分：

(1) $\int \frac{1}{x+2}\mathrm{d}x$　　(2) $\int \frac{x}{x+2}\mathrm{d}x$

(3) $\int \frac{1}{x^2+2}\mathrm{d}x$　　(4) $\int \frac{x}{x^2+2}\mathrm{d}x$

4.10　求下列不定积分：

(1) $\int \frac{1}{(x-2)^2}\mathrm{d}x$　　(2) $\int \frac{1}{x^2+3x+2}\mathrm{d}x$

4.11　求下列不定积分：

(1) $\int \frac{1}{\sqrt{2x-1}+1}\mathrm{d}x$　　(2) $\int \frac{\sqrt{x}}{x+1}\mathrm{d}x$

(3) $\int \frac{1}{x\sqrt{x-1}}\mathrm{d}x$　　(4) $\int \frac{1}{x+\sqrt[3]{x^2}}\mathrm{d}x$

4.12　已知函数 $f(x)=\ln(x^2+1)$，求：

(1) 导数 $f'(x)$；

(2) 不定积分 $\int f(x)\mathrm{d}x$.

4.13　求下列不定积分：

(1) $\int x\cos x \mathrm{d}x$　　(2) $\int x^2 \ln x \mathrm{d}x$

4.14　求下列不定积分：

(1) $\int x^2 \mathrm{e}^x \mathrm{d}x$　　(2) $\int x^2 \cos x \mathrm{d}x$

4.15　求下列不定积分：

(1) $\int \mathrm{e}^{\sqrt{x}}\mathrm{d}x$　　(2) $\int \sin\sqrt{x}\mathrm{d}x$

4.16　求下列不定积分：

(1) $\int x(\mathrm{e}^{x^2}-\mathrm{e}^x)\mathrm{d}x$　　(2) $\int \frac{1+x^2\ln^2 x}{x\ln x}\mathrm{d}x$

4.17　填空题

(1) 若不定积分 $\int f(x)\mathrm{d}x=\mathrm{e}^{x^2}+c$，则被积函数 $f(x)=$ ______.

(2) 已知一阶导数 $\left(\int f(x)\mathrm{d}x\right)'=\sqrt{1+x^2}$，则函数值 $f(1)=$ ______.

(3) 设函数 $u(x)$，$v(x)$ 的一阶导数 $u'(x)$，$v'(x)$ 皆连续，且函数 $v(x)\neq 0$，则不定积分

$\int\left(u'(x)-\frac{v'(x)}{v^2(x)}\right)\mathrm{d}x=$ ______.

(4) 已知一阶导数 $f'(x)=\frac{\cos x-\sin x}{\sin x+\cos x}$,则函数 $f(x)=$ ______.

(5) 若不定积分$\int f(x)\mathrm{d}x=F(x)+c$,则不定积分$\int\frac{f\left(\frac{1}{x}\right)}{x^2}\mathrm{d}x=$ ______.

(6) 已知不定积分$\int f(x)\mathrm{d}x=F(x)+c$,其中原函数 $F(x)>0$,则不定积分 $\int\frac{f(x)}{F(x)}\mathrm{d}x=$ ______.

(7) 已知函数 $f(x)$ 连续,若令变量 $t=\sqrt[3]{3x-1}$,则不定积分$\int f(\sqrt[3]{3x-1})\mathrm{d}x$ 化为______.

(8) 不定积分$\int\cos x\mathrm{d}(\mathrm{e}^{\cos x})=$ ______.

4.18 单项选择题

(1) 若函数 2^x 为 $f(x)$ 的一个原函数,则函数 $f(x)=$ ( ).

(a) $x2^{x-1}$ (b) $\frac{1}{x+1}2^{x+1}$

(c) $2^x\ln 2$ (d) $\frac{2^x}{\ln 2}$

(2) 不定积分$\int\mathrm{d}(\ln x)=$ ( ).

(a) $\ln x$ (b) $\ln x+c$

(c) $\frac{1}{x}$ (d) $\frac{1}{x}+c$

(3) 函数 $f(x)=\frac{1}{\mathrm{e}^x}$ 的一个原函数为( ).

(a) $-\frac{1}{\mathrm{e}^x}$ (b) $\frac{1}{\mathrm{e}^x}$

(c) $-\mathrm{e}^x$ (d) e^x

(4) 不定积分$\int\frac{1}{x}\mathrm{d}\left(\frac{1}{x}\right)=$ ( ).

(a) $-\ln|x|+c$ (b) $\ln|x|+c$

(c) $-\frac{1}{2x^2}+c$ (d) $\frac{1}{2x^2}+c$

(5) 不定积分$\int\frac{1}{1+x^2}\mathrm{d}(x^2)=$ ( ).

(a) $\ln|1+x|+c$ (b) $\ln(1+x^2)+c$

(c) $\arctan x+c$ (d) $\arctan x^2+c$

(6) 已知函数 $f(x)$ 的一阶导数 $f'(x)$ 连续,则不定积分$\int\frac{f'(x)}{\sqrt{f(x)}}\mathrm{d}x=$ ( ).

(a) $\sqrt{f(x)}$　　(b) $\sqrt{f(x)}+c$

(c) $2\sqrt{f(x)}$　　(d) $2\sqrt{f(x)}+c$

(7) 不定积分 $\int \arcsin x \, d(\sqrt{1-x^2}) =$ (　　).

(a) $\sqrt{1-x^2}\arcsin x - x + c$　　(b) $\sqrt{1-x^2}\arcsin x + x + c$

(c) $\sqrt{1-x^2}\arcsin x - x^2 + c$　　(d) $\sqrt{1-x^2}\arcsin x + x^2 + c$

(8) 若函数 $F(x)$ 为 $f(x)$ 的一个原函数,则不定积分 $\int xf'(x)dx =$ (　　).

(a) $xf(x) - F(x) + c$　　(b) $xf(x) + F(x) + c$

(c) $xF(x) - f(x) + c$　　(d) $xF(x) + f(x) + c$

第五章　定积分

知识目标

- 理解定积分的概念与基本的运算法则.
- 熟练掌握牛顿-莱不尼兹公式.
- 掌握定积分的换元积分法则和分部积分法则.
- 了解广义积分的概念.

能力目标

- 能利用定积分的换元积分法则和分部积分法则计算定积分.
- 能利用积分的知识求解平面图形的面积.
- 通过牛顿-莱不尼兹公式理解化归法的基本思想.

素养目标

通过"定积分"及其思想的学习和训练，让学生们明白，再复杂的事情都是由简单的事情组合起来的，需要用智慧去分解，引导学生理解直与曲、局部与整体、量变到质变之间对立统一的辩证关系，培养学生用微积分的辩证思想解决问题的能力和素养. 同时，通过介绍牛顿-莱不尼兹公式的来历，教育学生要有知识产权的法律意识，尊重别人的权利和自由，善于维护自己的权益，真正"学法、遵法、守法、用法". 引导学生自觉履行道德准则和行为规范，具有社会责任感和社会参与意识.

本章知识思维导图

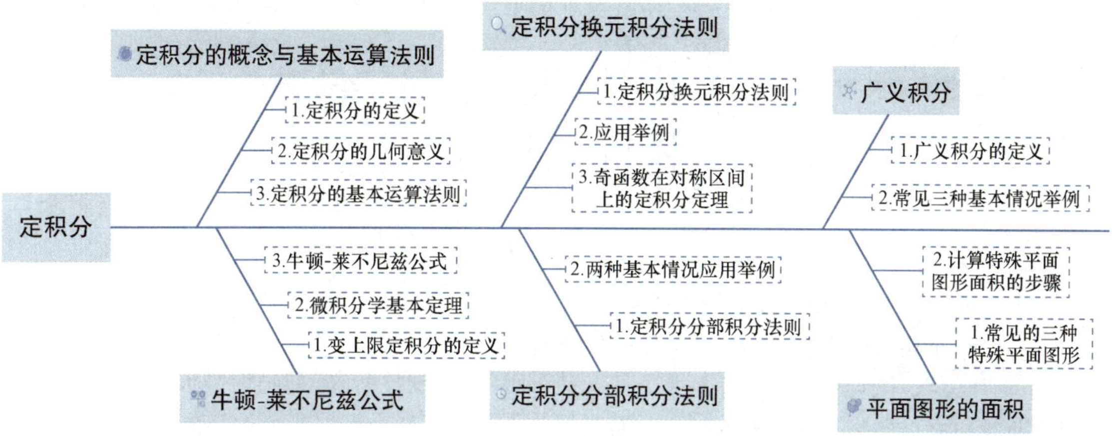

【引导案例】

已知边际成本和边际收益函数,求总利润变化额

已知某产品的边际成本和边际收益分别为 $MC = Q^2 - 4Q + 6$(万元/台),$MR = 105 - 2Q$(万元/台),且固定成本为 100 万元,其中 Q 为产量(台).试求:

在利润最大的产出水平上,若再多生产 2 台,总利润有何变化?

分析:根据利润最大化原则,当边际收益等于边际成本时,利润最大.即产量为 11 台时利润最大,而当产量在11 台的基础上再增加2 台时,总利润变化额的计算就涉及定积分的概念及计算.

§5.1　定积分的概念与基本运算法则

定积分的概念

在实际问题中,往往还需要研究另外一类特殊的极限.

例 1　曲边梯形的面积

已知函数曲线 $y = f(x)(f(x) \geqslant 0)$,直线 $x = a, x = b$,它们与 x 轴围成的图形称为曲边梯形,其中占据 x 轴上闭区间 $[a,b]$ 的直线段称为底,曲线段 $y = f(x)(a \leqslant x \leqslant b)$ 称为曲边,考虑其面积 S,如图 5-1.

用 $n-1$ 个分点

$$a = x_0 < x_1 < x_2 < \cdots < x_{n-1} < x_n = b$$

将 x 轴上的闭区间 $[a,b]$ 任意分成 n 个首尾相连的小闭区间

$$[x_0, x_1], [x_1, x_2], \cdots, [x_{n-1}, x_n]$$

这些小闭区间的长度分别为

$$\Delta x_1 = x_1 - x_0, \Delta x_2 = x_2 - x_1, \cdots, \Delta x_n = x_n - x_{n-1}$$

在各分点处作平行于 y 轴的直线,将曲边梯形分成 n 个小曲边梯形.显然,所求曲边梯形的面

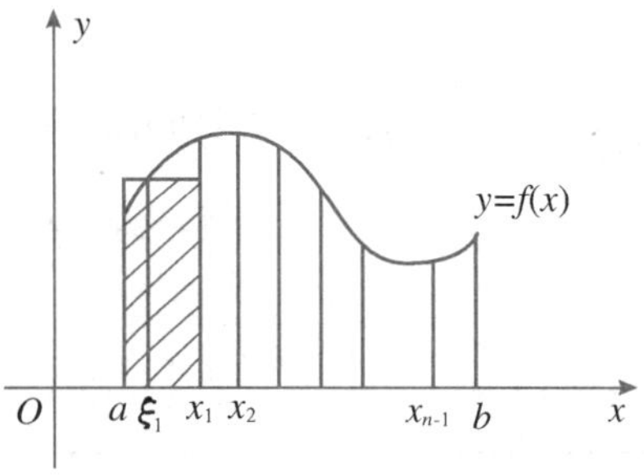

图 5-1

积 S 等于这 n 个小曲边梯形面积之和.

在每个小闭区间上任取一点,这些点分别为

$$\xi_1,\xi_2,\cdots,\xi_n$$

函数曲线 $y=f(x)$ 上对应点的纵坐标分别为

$$f(\xi_1),f(\xi_2),\cdots,f(\xi_n)$$

以小闭区间长度 Δx_i 为底、函数曲线 $y=f(x)$ 上对应点纵坐标 $f(\xi_i)$ 为高的小矩形面积近似代替相应小曲边梯形面积($i=1,2,\cdots,n$),于是所求曲边梯形面积

$$S\approx f(\xi_1)\Delta x_1+f(\xi_2)\Delta x_2+\cdots+f(\xi_n)\Delta x_n=\sum_{i=1}^{n}f(\xi_i)\Delta x_i$$

用记号 Δx 表示 n 个小闭区间长度中的最大者,即

$$\Delta x=\max\{\Delta x_1,\Delta x_2,\cdots,\Delta x_n\}$$

对于闭区间$[a,b]$的所有分法,点 $\xi_i(i=1,2,\cdots,n)$ 的所有取法,当 $\Delta x\to 0$ 时,若 n 个小矩形面积之和即总和 $\sum\limits_{i=1}^{n}f(\xi_i)\Delta x_i$ 的极限都存在且相同,则称此极限为所求曲边梯形的面积

$$S=\lim_{\Delta x\to 0}\sum_{i=1}^{n}f(\xi_i)\Delta x_i$$

例 2 一段时间间隔内的产品产量

已知产品总产量在任意时刻 t 的瞬时变化率 $r=r(t)$,考虑从时刻 a 到 b 这一段时间间隔内的产品产量 X.

将时间闭区间$[a,b]$任意分成 n 个首尾相连的小闭区间,其长度分别为$\Delta t_i(i=1,2,\cdots,n)$,在每个小闭区间上任取一点 $\xi_i(i=1,2,\cdots,n)$,于是从时刻 a 到 b 这一段时间间隔内的产品产量

$$X\approx\sum_{i=1}^{n}r(\xi_i)\Delta t_i$$

对于时间闭区间$[a,b]$的所有分法,点 $\xi_i(i=1,2,\cdots,n)$ 的所有取法,当

$$\Delta t=\max\{\Delta t_1,\Delta t_2,\cdots,\Delta t_n\}\to 0$$

时,若总和 $\sum\limits_{i=1}^{n}r(\xi_i)\Delta t_i$ 的极限都存在且相同,则称此极限为从时刻 a 到 b 这一段时间间隔内的产品产量

$$X=\lim_{\Delta t\to 0}\sum_{i=1}^{n}r(\xi_i)\Delta t_i$$

在上面两个具体问题中，尽管实际背景不一样，但从抽象的数量关系来看却是一样的，都归结为：计算同一特殊结构的总和的极限.

定义 5.1　已知函数 $f(x)$ 在闭区间$[a,b]$上有定义，将闭区间$[a,b]$任意分成 n 个首尾相连的小闭区间，其长度分别为$\Delta x_i(i=1,2,\cdots,n)$，在每个小闭区间上任取一点 $\xi_i(i=1,2,\cdots,n)$，作总和$\sum\limits_{i=1}^{n}f(\xi_i)\Delta x_i$. 对于闭区间$[a,b]$的所有分法，点$\xi_i(i=1,2,\cdots,n)$的所有取法，当

$$\Delta x=\max\{\Delta x_1,\Delta x_2,\cdots,\Delta x_n\}\to 0$$

时，若总和$\sum\limits_{i=1}^{n}f(\xi_i)\Delta x_i$的极限都存在且相同，则称函数 $f(x)$ 在闭区间$[a,b]$上可积，并称此极限为函数 $f(x)$ 在闭区间$[a,b]$上的定积分，记作

$$\int_a^b f(x)\mathrm{d}x=\lim_{\Delta x\to 0}\sum_{i=1}^{n}f(\xi_i)\Delta x_i$$

其中变量 x 称为积分变量，函数 $f(x)$ 称为被积函数，乘积 $f(x)\mathrm{d}x$ 称为被积表达式，闭区间$[a,b]$称为积分区间，左端点 a 称为积分下限，右端点 b 称为积分上限，记号“$\int$”称为积分记号.

根据定积分的定义，在例 1 中，函数曲线 $y=f(x)(f(x)\geqslant 0,a\leqslant x\leqslant b)$ 下的曲边梯形面积

$$S=\int_a^b f(x)\mathrm{d}x$$

这给出了定积分的几何意义. 说明在函数 $f(x)\geqslant 0$ 的情况下，定积分$\int_a^b f(x)\mathrm{d}x$ 代表函数曲线 $y=f(x)(a\leqslant x\leqslant b)$ 下的曲边梯形面积 S；在例 2 中，从时刻 a 到 b 这一段时间间隔内的产品产量

$$X=\int_a^b r(t)\mathrm{d}t$$

根据定积分的定义，改变被积函数在积分区间内有限个点处的函数值，不影响定积分的值.

什么函数可积?经过深入的讨论可以得到结论：如果函数 $f(x)$ 在闭区间$[a,b]$上连续，则函数 $f(x)$ 在闭区间$[a,b]$上可积. 由于所有初等函数在其定义区间上连续，于是所有初等函数在其定义区间包含的任何闭区间上可积. 同时也可以得到结论：在闭区间上仅在有限个点处间断的有界函数可积. 显然，闭区间上的无界函数不可积.

下面给出定积分基本运算法则：

法则 1　如果函数 $u=u(x)$，$v=v(x)$ 在闭区间$[a,b]$上都可积，则定积分

$$\int_a^b(u\pm v)\mathrm{d}x=\int_a^b u\mathrm{d}x\pm\int_a^b v\mathrm{d}x$$

法则 2　如果函数 $v=v(x)$ 在闭区间$[a,b]$上可积，k 为常数，则定积分

$$\int_a^b kv\mathrm{d}x=k\int_a^b v\mathrm{d}x$$

法则 3　如果函数 $u=u(x)$ 在闭区间$[a,b]$上可积，则定积分

数学微启示

由定积分的概念引发的思考：穿起你的人生切片

$$\int_b^a u\mathrm{d}x = -\int_a^b u\mathrm{d}x$$

法则 4 如果函数 $u=u(x)$ 在包含点 a 的某个闭区间上可积,则定积分

$$\int_a^a u\mathrm{d}x = 0$$

法则 5 如果函数 $u=u(x)$ 在以点 a,b,c 三点中任意两点为端点的闭区间上都可积,则定积分

$$\int_a^b u\mathrm{d}x = \int_a^c u\mathrm{d}x + \int_c^b u\mathrm{d}x$$

最后讨论定积分的重要性质.根据定积分的定义,定积分代表极限值,即

$$\int_a^b f(x)\mathrm{d}x = \lim_{\Delta x \to 0}\sum_{i=1}^{n} f(\xi_i)\Delta x_i$$

从而它是一个完全确定的常数,取决于被积函数 $f(x)$ 的对应关系"f"及积分下限 a、积分上限 b.如果将积分变量记号 x 改写为 t,尽管变量 x 为 t 的函数,根据 §1.3 定理 1.4 关于函数极限值与函数表达式中变量记号无关的结论,则定积分的值不变,于是有下面的定理.

定理 5.1 定积分与积分变量记号无关.即:尽管变量 $x=x(t)$,恒有定积分

$$\int_a^b f(x)\mathrm{d}x = \int_a^b f(t)\mathrm{d}t$$

经过深入的讨论还可以得到反映定积分重要性质的另外一个定理.

定理 5.2 如果函数 $f(x)$ 在闭区间 $[a,b]$ 上连续,则在开区间 (a,b) 内至少存在一点 η,使得

$$\int_a^b f(x)\mathrm{d}x = f(\eta)(b-a) \quad (a<\eta<b)$$

根据定理 5.2,函数值 $f(\eta)$ 称为连续函数 $f(x)$ 在闭区间 $[a,b]$ 上的平均值,记作

$$\bar{f} = f(\eta) = \frac{1}{b-a}\int_a^b f(x)\mathrm{d}x$$

定积分的定义给出了求定积分的具体方法,归结为计算总和的极限,即

$$\int_a^b f(x)\mathrm{d}x = \lim_{\Delta x \to 0}\sum_{i=1}^{n} f(\xi_i)\Delta x_i$$

直接计算这个总和的极限是非常复杂的,因此必须寻找求定积分的其他途径.

§5.2 变上限定积分

考虑函数 $f(x)$,它在闭区间 $[a,b]$ 上连续,因而定积分 $\int_a^b f(x)\mathrm{d}x$ 是存在的.定积分的值取决于被积函数 $f(x)$ 的对应关系"f"及积分下限 a、积分上限 b.若被积函数 $f(x)$ 的对应关系"f"确定不变,积分下限 a 固定,只有积分上限 b 变化,则称这样的定积分为变上限定积分.不妨用变量记号 x 表示变上限定积分的积分上限,这时对于闭区间 $[a,b]$ 上每一点 x,恒有一个定积分值与之对应,因此变上限定积分为积分上限 x 的函数,记作

$$\Phi(x) = \int_a^x f(x)\mathrm{d}x \quad (a \leqslant x \leqslant b)$$

注意到函数 $\Phi(x)$ 为积分上限 x 的函数,而不是积分变量 x 的函数,为避免混淆,根据 §5.1 定理 5.1,将积分变量记号 x 改写为 t,于是

$$\Phi(x)=\int_a^x f(t)\mathrm{d}t \quad (a\leqslant x\leqslant b)$$

下面给出反映变上限定积分重要性质的定理.

定理 5.3 如果函数 $f(x)$ 在闭区间 $[a,b]$ 上连续,则函数 $\Phi(x)=\int_a^x f(t)\mathrm{d}t$ 在闭区间 $[a,b]$ 上可导,且一阶导数

$$\Phi'(x)=\frac{\mathrm{d}}{\mathrm{d}x}\int_a^x f(t)\mathrm{d}t=f(x) \quad (a\leqslant x\leqslant b)$$

证: 对应于自变量改变量 $\Delta x\neq 0$,函数 $\Phi(x)$ 取得改变量

$$\begin{aligned}\Delta\Phi&=\Phi(x+\Delta x)-\Phi(x)=\int_a^{x+\Delta x}f(t)\mathrm{d}t-\int_a^x f(t)\mathrm{d}t\\&=\left(\int_a^x f(t)\mathrm{d}t+\int_x^{x+\Delta x}f(t)\mathrm{d}t\right)-\int_a^x f(t)\mathrm{d}t=\int_x^{x+\Delta x}f(t)\mathrm{d}t\end{aligned}$$

根据 §5.1 定理 5.2,在点 x 与 $x+\Delta x$ 之间至少存在一点 η,使得

$$\int_x^{x+\Delta x}f(t)\mathrm{d}t=f(\eta)[(x+\Delta x)-x]$$

即有

$$\int_x^{x+\Delta x}f(t)\mathrm{d}t=f(\eta)\Delta x$$

因而得到函数改变量

$$\Delta\Phi=f(\eta)\Delta x$$

即比值

$$\frac{\Delta\Phi}{\Delta x}=f(\eta)$$

注意到点 η 在点 x 与 $x+\Delta x$ 之间,当 $\Delta x\to 0$ 时,当然有 $\eta\to x$;又由于函数 $f(x)$ 连续,因而有 $f(\eta)\to f(x)$. 说明当 $\Delta x\to 0$ 时,比值 $\dfrac{\Delta\Phi}{\Delta x}$ 的极限存在,所以函数 $\Phi(x)=\int_a^x f(t)\mathrm{d}t$ 在闭区间 $[a,b]$ 上可导,且一阶导数

$$\Phi'(x)=\frac{\mathrm{d}}{\mathrm{d}x}\int_a^x f(t)\mathrm{d}t=\lim_{\Delta x\to 0}\frac{\Delta\Phi}{\Delta x}=\lim_{\eta\to x}f(\eta)=f(x) \quad (a\leqslant x\leqslant b)$$

这个定理说明:在被积函数连续的条件下,变上限定积分对积分上限 x 的一阶导数等于将被积函数表达式中的变量记号 t 改写为积分上限 x 所得到的函数,而与积分下限 a(常数)无关.

根据这个定理,函数 $\Phi(x)=\int_a^x f(t)\mathrm{d}t$ 为连续函数 $f(x)$ 在闭区间 $[a,b]$ 上的一个原函数. 说明连续函数一定存在原函数,这正是 §4.1 关于原函数存在性的结论. 当然,对于中间变量 $u=u(x)$,这个定理可以推广为

$$\frac{\mathrm{d}}{\mathrm{d}u}\int_a^u f(t)\mathrm{d}t=f(u)$$

例 1 填空题

一阶导数$\frac{\mathrm{d}}{\mathrm{d}x}\int_0^x \sin e^t \mathrm{d}t =$ ______.

解:所给定积分$\int_0^x \sin e^t \mathrm{d}t$是变上限定积分,根据定理5.3,它对自变量$x$的一阶导数等于将被积函数$\sin e^t$中的变量记号$t$改写为积分上限$x$所得到的函数$\sin e^x$,即有

$$\frac{\mathrm{d}}{\mathrm{d}x}\int_0^x \sin e^t \mathrm{d}t = \sin e^x$$

于是应将"$\sin e^x$"直接填在空内.

注意:不要把变上限定积分$\int_0^x \sin e^t \mathrm{d}t$对上限$x$的一阶导数误认为函数$\sin e^x$对上限$x$的一阶导数,即

$$\frac{\mathrm{d}}{\mathrm{d}x}\int_0^x \sin e^t \mathrm{d}t \neq \frac{\mathrm{d}}{\mathrm{d}x}\sin e^x = \cos e^x \cdot (e^x)' = e^x \cos e^x$$

例 2 填空题

一阶导数$\frac{\mathrm{d}}{\mathrm{d}x}\int_x^0 \sin e^t \mathrm{d}t =$ ______.

解:所给定积分$\int_x^0 \sin e^t \mathrm{d}t$是变下限定积分,不能直接根据定理5.3求它的一阶导数.但是注意到§5.1定积分基本运算法则3,可以把它化为变上限定积分,然后根据定理5.3求它的一阶导数,因此所求一阶导数

$$\frac{\mathrm{d}}{\mathrm{d}x}\int_x^0 \sin e^t \mathrm{d}t = \frac{\mathrm{d}}{\mathrm{d}x}\left(-\int_0^x \sin e^t \mathrm{d}t\right) = -\sin e^x$$

于是应将"$-\sin e^x$"直接填在空内.

例 3 求函数$y = \int_0^{\sqrt{x}} \sin e^t \mathrm{d}t$的一阶导数.

解:由于变上限定积分$\int_0^{\sqrt{x}} \sin e^t \mathrm{d}t$为积分上限$\sqrt{x}$的函数,而积分上限$\sqrt{x}$又为自变量$x$的函数,于是变上限定积分$\int_0^{\sqrt{x}} \sin e^t \mathrm{d}t$为自变量$x$的复合函数,即变量$y$为自变量$x$的复合函数.引进中间变量$u = \sqrt{x}$,将所给复合函数$y = \int_0^{\sqrt{x}} \sin e^t \mathrm{d}t$分解为

$$y = \int_0^u \sin e^t \mathrm{d}t \text{ 与 } u = \sqrt{x}$$

根据§2.4复合函数导数运算法则与定理5.3的推广,所以所求一阶导数

$$y' = y'_u u' = \frac{\mathrm{d}}{\mathrm{d}u}\int_0^u \sin e^t \mathrm{d}t \cdot (\sqrt{x})' = \sin e^u \cdot (\sqrt{x})' = \sin e^{\sqrt{x}} \cdot (\sqrt{x})' = \frac{\sin e^{\sqrt{x}}}{2\sqrt{x}}$$

例 4 求极限$\lim\limits_{x \to 0} \frac{\int_0^x \arctan t \mathrm{d}t}{x^2}$.

解:注意到§5.1定积分基本运算法则4,当$x \to 0$时,变上限定积分

$$\int_0^x \arctan t \mathrm{d}t \to \int_0^0 \arctan t \mathrm{d}t = 0$$

因而所求极限为$\frac{0}{0}$型未定式极限，再应用§3.1洛必达法则求解，根据定理5.3，所以所求极限

$$\lim_{x\to 0}\frac{\int_0^x \arctan t\mathrm{d}t}{x^2}\quad\left(\frac{0}{0}\text{ 型}\right)$$

$$=\lim_{x\to 0}\frac{\arctan x}{2x}\quad\left(\frac{0}{0}\text{ 型}\right)$$

$$=\lim_{x\to 0}\frac{\frac{1}{1+x^2}}{2}=\frac{1}{2}$$

例 5　已知变上限定积分$\int_a^x f(t)\mathrm{d}t=5x^3+40$，求一阶导数$f'(x)$与常数$a$.

解：关系式$\int_a^x f(t)\mathrm{d}t=5x^3+40$等号两端皆对自变量$x$求一阶导数，根据定理5.3，得到函数

$$f(x)=15x^2$$

所以所求一阶导数

$$f'(x)=30x$$

关系式$\int_a^x f(t)\mathrm{d}t=5x^3+40$在点$x=a$处当然成立，有

$$\int_a^a f(t)\mathrm{d}t=5a^3+40$$

注意到§5.1定积分基本运算法则4，得到关系式

$$0=5a^3+40$$

所以常数

$$a=-2$$

§5.3　牛顿-莱不尼兹公式

§5.2定理5.3建立了定积分与原函数两个不同概念之间的具体联系，自然会提出这样的问题：如何通过原函数求定积分？牛顿(Newton)-莱不尼兹(Leibniz)公式解决了这个问题.

牛顿-莱不尼兹公式　如果函数$f(x)$在闭区间$[a,b]$上连续，且函数$F(x)$为$f(x)$在闭区间$[a,b]$上的一个原函数，则定积分

$$\int_a^b f(x)\mathrm{d}x=F(b)-F(a)$$

证：由于函数$F(x)$为$f(x)$在闭区间$[a,b]$上的一个原函数，又根据§5.2定理5.3，函数$\Phi(x)=\int_a^x f(t)\mathrm{d}t$也为$f(x)$在闭区间$[a,b]$上的一个原函数，再根据§4.1定理4.1，因而

这两个原函数之间的关系为

$$\Phi(x)=F(x)+c_0 \quad (a\leqslant x\leqslant b)$$

即有

$$\int_a^x f(t)\mathrm{d}t=F(x)+c_0 \quad (a\leqslant x\leqslant b)$$

其中 c_0 为常数.

当 $x=a$ 时,有关系式

$$\int_a^a f(t)\mathrm{d}t=F(a)+c_0$$

应用 §5.1 定积分基本运算法则 4,有

$$0=F(a)+c_0$$

从而确定常数

$$c_0=-F(a)$$

当 $x=b$ 时,有关系式

$$\int_a^b f(t)\mathrm{d}t=F(b)+c_0=F(b)-F(a)$$

再将积分变量记号 t 改写为 x,所以定积分

$$\int_a^b f(x)\mathrm{d}x=F(b)-F(a)$$

通常以记号 $F(x)\Big|_a^b$ 表示差 $F(b)-F(a)$,于是牛顿-莱不尼兹公式记作

$$\int_a^b f(x)\mathrm{d}x=F(x)\Big|_a^b$$

牛顿-莱不尼兹公式把求定积分归结为求原函数,深刻揭示定积分与不定积分的内在联系,体现微积分主要运算的一般规律,因此也称它为微积分基本定理.

根据牛顿-莱不尼兹公式,求定积分 $\int_a^b f(x)\mathrm{d}x$ 的步骤如下:

步骤 1　求出被积函数 $f(x)$ 的一个原函数 $F(x)$;

步骤 2　计算原函数 $F(x)$ 从积分下限 a 到积分上限 b 的改变量 $F(b)-F(a)$.

值得注意的是:被积函数 $f(x)$ 有无穷多个原函数,选取不同的原函数会不会影响所求定积分 $\int_a^b f(x)\mathrm{d}x$ 的值?若函数 $F(x)$ 为 $f(x)$ 的任意一个原函数,则函数 $F(x)+c_0$(c_0 为一个常数)也为 $f(x)$ 的原函数,于是定积分

$$\int_a^b f(x)\mathrm{d}x=(F(x)+c_0)\Big|_a^b=(F(b)+c_0)-(F(a)+c_0)=F(b)-F(a)$$

这说明定积分的值与原函数的选取无关,当然应该选取表达式最简单即表达式中常数项为零的原函数计算定积分.

在计算定积分时,应该明确:积分变量从积分下限变化到积分上限,在积分区间上取值.若能够直接应用 §4.2 不定积分基本公式或 §4.4 不定积分第一换元积分法则求出原函数,

则直接应用牛顿-莱不尼兹公式求定积分.

应用牛顿-莱不尼兹公式,考虑常量函数 $y=0$ 在任意闭区间 $[a,b]$ 上的定积分,注意到常量函数 $y=0$ 的一个原函数为 $F(x)=0$,有

$$\int_a^b 0\mathrm{d}x = 0\Big|_a^b = 0-0=0$$

说明常量函数 $y=0$ 在任意闭区间上的定积分值一定等于零.

例 1　求定积分 $\int_{-1}^{2}(9x^2+4x)\mathrm{d}x$.

解: $\int_{-1}^{2}(9x^2+4x)\mathrm{d}x=(3x^3+2x^2)\Big|_{-1}^{2}=32-(-1)=33$

例 2　求定积分 $\int_0^1 (x-1)^9\mathrm{d}x$.

解: $\int_0^1 (x-1)^9\mathrm{d}x=\int_0^1 (x-1)^9\mathrm{d}(x-1)=\frac{1}{10}(x-1)^{10}\Big|_0^1=\frac{1}{10}\times(0-1)=-\frac{1}{10}$

例 3　求定积分 $\int_0^4 \frac{1}{1+2x}\mathrm{d}x$.

解: $\int_0^4 \frac{1}{1+2x}\mathrm{d}x=\frac{1}{2}\int_0^4\frac{1}{1+2x}\mathrm{d}(1+2x)=\frac{1}{2}\ln|1+2x|\Big|_0^4=\frac{1}{2}(\ln 9-\ln 1)=\ln 3$

例 4　求定积分 $\int_{-2}^{0}\frac{x}{(1+x^2)^2}\mathrm{d}x$.

解: $\int_{-2}^{0}\frac{x}{(1+x^2)^2}\mathrm{d}x=\frac{1}{2}\int_{-2}^{0}\frac{1}{(1+x^2)^2}\mathrm{d}(1+x^2)=-\frac{1}{2(1+x^2)}\Big|_{-2}^{0}=-\left(\frac{1}{2}-\frac{1}{10}\right)=-\frac{2}{5}$

例 5　求定积分 $\int_1^4 \frac{\mathrm{e}^{\sqrt{x}}}{\sqrt{x}}\mathrm{d}x$.

解: $\int_1^4 \frac{\mathrm{e}^{\sqrt{x}}}{\sqrt{x}}\mathrm{d}x=2\int_1^4 \mathrm{e}^{\sqrt{x}}\mathrm{d}(\sqrt{x})=2\mathrm{e}^{\sqrt{x}}\Big|_1^4=2(\mathrm{e}^2-\mathrm{e})=2\mathrm{e}^2-2\mathrm{e}$

例 6　求定积分 $\int_1^{\mathrm{e}}\frac{\ln x}{x}\mathrm{d}x$.

解: $\int_1^{\mathrm{e}}\frac{\ln x}{x}\mathrm{d}x=\int_1^{\mathrm{e}}\ln x\mathrm{d}(\ln x)=\frac{1}{2}\ln^2 x\Big|_1^{\mathrm{e}}=\frac{1}{2}\times(1-0)=\frac{1}{2}$

例 7　求定积分 $\int_0^3 \frac{\mathrm{e}^x}{1+\mathrm{e}^x}\mathrm{d}x$.

解: $\int_0^3 \frac{\mathrm{e}^x}{1+\mathrm{e}^x}\mathrm{d}x=\int_0^3\frac{1}{1+\mathrm{e}^x}\mathrm{d}(1+\mathrm{e}^x)=\ln(1+\mathrm{e}^x)\Big|_0^3=\ln(1+\mathrm{e}^3)-\ln 2=\ln\frac{1+\mathrm{e}^3}{2}$

在例2至例7中,应用§4.4不定积分第一换元积分法则求出原函数,这时自变量 x 始终从积分下限变化到积分上限,不要误认为中间变量 u 从积分下限变化到积分上限.

例 8　填空题

若定积分 $\int_0^1(2x+k)\mathrm{d}x=0$,则常数 $k=$ ______.

解: 计算定积分

$$\int_0^1(2x+k)\mathrm{d}x=(x^2+kx)\Big|_0^1=(1+k)-0=1+k$$

再从已知条件得到关系式 $1+k=0$,因此常数

$$k=-1$$

于是应将"-1"直接填在空内.

考虑有界分段函数 $f(x)$ 在闭区间 $[a,b]$ 上的定积分,其分界点将积分区间 $[a,b]$ 分成几个小闭区间,根据 §5.1 定积分基本运算法则 5,其在闭区间 $[a,b]$ 上的定积分等于在这几个小闭区间上的定积分之和.至多适当改变被积函数在分段积分区间端点处的函数值,就可以使得它在分段积分区间上连续,根据 §5.1 定积分的定义,这样做不影响定积分的值,再应用牛顿-莱不尼兹公式求得结果.

有界分段函数定积分的计算可以概括为:分段积分,然后相加.

例 9 已知分段函数

$$f(x)=\begin{cases}2x, & 0\leqslant x\leqslant 1\\ 3x^2, & 1<x\leqslant 2\end{cases}$$

求定积分 $\int_0^2 f(x)\mathrm{d}x$.

解: 被积函数 $f(x)$ 的分界点 $x=1$ 将积分区间 $[0,2]$ 分成两个小闭区间:$[0,1]$ 与 $[1,2]$.当积分变量 x 从点 $x=0$ 变化到点 $x=1$ 时,被积函数 $f(x)=2x$;当积分变量 x 从点 $x=1$ 变化到点 $x=2$ 时,被积函数 $f(x)=3x^2$.所以定积分

$$\begin{aligned}&\int_0^2 f(x)\mathrm{d}x\\ =&\int_0^1 f(x)\mathrm{d}x+\int_1^2 f(x)\mathrm{d}x=\int_0^1 2x\mathrm{d}x+\int_1^2 3x^2\mathrm{d}x=x^2\Big|_0^1+x^3\Big|_1^2=(1-0)+(8-1)=8\end{aligned}$$

在应用牛顿-莱不尼兹公式求定积分时,必须注意被积函数在积分区间上连续这个条件.若被积函数在积分区间上某点处间断且无界,当然不可积,则不能直接应用牛顿-莱不尼兹公式求解.如由于函数 $f(x)=\dfrac{1}{x^2}$ 在闭区间 $[-1,1]$ 上点 $x=0$ 处间断且无界,因而积分

$$\int_{-1}^1\frac{1}{x^2}\mathrm{d}x\neq-\frac{1}{x}\Big|_{-1}^1=-[1-(-1)]=-2$$

案例解决: 因为边际成本为 $MC=Q^2-4Q+6$,边际收益为 $MR=105-2Q$,
所以边际利润 $L'(Q)=99+2Q-Q^2$,
当产量在 11 台的基础上再增加 2 台时,总利润变化额

$$\begin{aligned}\Delta L&=\int_{11}^{13}L'(Q)dQ=\int_{11}^{13}(99+2Q-Q^2)dQ\\ &=(99Q+Q^2-\frac{Q^3}{3})\Big|_{11}^{13}=-42.67(\text{万元})\end{aligned}$$

§5.4 定积分换元积分法则

对应于不定积分第二换元积分法则,有定积分换元积分法则,它是计算定积分的一种重要方法.

定积分换元积分法则 已知函数 $f(x)$ 在闭区间 $[a,b]$ 上连续，对定积分 $\int_a^b f(x)\mathrm{d}x$ 作变量代换 $x=\varphi(t)$. 如果函数 $x=\varphi(t)$ 在闭区间 $[\alpha,\beta]$ 上单调可导，一阶导数 $\varphi'(t)$ 在闭区间 $[\alpha,\beta]$ 上连续，且函数值 $\varphi(\alpha)=a,\varphi(\beta)=b$，则定积分

$$\int_a^b f(x)\mathrm{d}x=\int_\alpha^\beta f(\varphi(t))\varphi'(t)\mathrm{d}t$$

证：由于函数 $f(x)$ 在闭区间 $[a,b]$ 上连续，从而函数 $f(x)$ 在闭区间 $[a,b]$ 上存在原函数，设函数 $F(x)$ 为 $f(x)$ 在闭区间 $[a,b]$ 上的一个原函数，根据 §5.3 牛顿-莱不尼兹公式，有定积分

$$\int_a^b f(x)\mathrm{d}x=F(b)-F(a)$$

由于函数 $F(x)$ 为 $f(x)$ 在闭区间 $[a,b]$ 上的一个原函数，从而有微分

$$\mathrm{d}F(x)=F'(x)\mathrm{d}x=f(x)\mathrm{d}x$$

根据 §2.7 定理 2.4 关于微分形式不变性的结论，当变量 x 不是自变量而是中间变量，即变量 x 为自变量 t 的函数 $x=\varphi(t)$ 时，同样有微分

$$\mathrm{d}F(x)=f(x)\mathrm{d}x$$

即有

$$\mathrm{d}F(\varphi(t))=f(\varphi(t))\mathrm{d}\varphi(t)=f(\varphi(t))\varphi'(t)\mathrm{d}t$$

因而得到一阶导数

$$(F(\varphi(t)))'=f(\varphi(t))\varphi'(t)$$

这说明函数 $F(\varphi(t))$ 为 $f(\varphi(t))\varphi'(t)$ 的一个原函数. 根据 §5.3 牛顿-莱不尼兹公式，有定积分

$$\int_\alpha^\beta f(\varphi(t))\varphi'(t)\mathrm{d}t=F(\varphi(\beta))-F(\varphi(\alpha))=F(b)-F(a)$$

所以得到定积分

$$\int_a^b f(x)\mathrm{d}x=\int_\alpha^\beta f(\varphi(t))\varphi'(t)\mathrm{d}t$$

这个法则说明：对定积分 $\int_a^b f(x)\mathrm{d}x$ 在作变量代换 $x=\varphi(t)$ 的同时，必须相应替换积分限. 换限时要注意：换元后的积分下限对应于换元前的积分下限，换元后的积分上限对应于换元前的积分上限；在换元前的积分下限小于换元前的积分上限的情况下，换元后的积分下限不一定小于换元后的积分上限. 这样将原积分变量为变量 x 的定积分化为新积分变量为变量 t 的定积分，当变量代换后的原函数解出后，不必将原函数表达式中的变量 t 用 $\varphi^{-1}(x)$ 代回，只要变量 t 分别用换元后的积分上限、积分下限代入得到的原函数值相减，就得到所求定积分的值.

定积分换元积分法则可以概括为：既换元又换限.

若定积分被积函数含根式 $\sqrt[n]{ax+b}$（a,b 为常数，且 $a\neq 0$；n 为大于 1 的正整数），则可以令变量

$$t=\sqrt[n]{ax+b}$$

即作变量代换

$$x=\frac{1}{a}(t^n-b)$$

同时换限,根据 §5.3 牛顿-莱不尼兹公式求得结果.

例 1 求定积分$\int_0^4 \frac{1}{\sqrt{x}+1}\mathrm{d}x$.

解:令变量$t=\sqrt{x}$,即作变量代换$x=t^2(t\geqslant 0)$,从而微分$\mathrm{d}x=2t\mathrm{d}t$;当$x=0$时,$t=0$,当$x=4$时,$t=2$,所以定积分

$$\begin{aligned}&\int_0^4 \frac{1}{\sqrt{x}+1}\mathrm{d}x\\ &=\int_0^2 \frac{1}{t+1}\cdot 2t\mathrm{d}t=2\int_0^2 \frac{(t+1)-1}{t+1}\mathrm{d}t=2\int_0^2\left(1-\frac{1}{t+1}\right)\mathrm{d}t=2(t-\ln|t+1|)\Big|_0^2\\ &=2[(2-\ln 3)-0]=4-2\ln 3\end{aligned}$$

例 2 求定积分$\int_1^3 \frac{\sqrt{x}}{x+1}\mathrm{d}x$.

解:令变量$t=\sqrt{x}$,即作变量代换$x=t^2(t\geqslant 0)$,从而微分$\mathrm{d}x=2t\mathrm{d}t$;当$x=1$时,$t=1$,当$x=3$时,$t=\sqrt{3}$,所以定积分

$$\begin{aligned}&\int_1^3 \frac{\sqrt{x}}{x+1}\mathrm{d}x\\ &=\int_1^{\sqrt{3}} \frac{t}{t^2+1}\cdot 2t\mathrm{d}t=2\int_1^{\sqrt{3}} \frac{(t^2+1)-1}{t^2+1}\mathrm{d}t=2\int_1^{\sqrt{3}}\left(1-\frac{1}{t^2+1}\right)\mathrm{d}t=2(t-\arctan t)\Big|_1^{\sqrt{3}}\\ &=2\left[\left(\sqrt{3}-\frac{\pi}{3}\right)-\left(1-\frac{\pi}{4}\right)\right]=2\sqrt{3}-2-\frac{\pi}{6}\end{aligned}$$

例 3 求定积分$\int_0^8 \frac{1}{\sqrt[3]{x}+1}\mathrm{d}x$.

解:令变量$t=\sqrt[3]{x}$,即作变量代换$x=t^3$,从而微分$\mathrm{d}x=3t^2\mathrm{d}t$;当$x=0$时,$t=0$,当$x=8$时,$t=2$,所以定积分

$$\begin{aligned}&\int_0^8 \frac{1}{\sqrt[3]{x}+1}\mathrm{d}x\\ &=\int_0^2 \frac{1}{t+1}\cdot 3t^2\mathrm{d}t=3\int_0^2 \frac{(t^2-1)+1}{t+1}\mathrm{d}t=3\int_0^2\left(t-1+\frac{1}{t+1}\right)\mathrm{d}t\\ &=3\left(\frac{1}{2}t^2-t+\ln|t+1|\right)\Big|_0^2=3(\ln 3-0)=3\ln 3\end{aligned}$$

例 4 单项选择题

已知函数$f(x)$在闭区间$[a,b]$上连续,k为非零常数,若作变量代换$x=kt$,则定积分$\int_a^b f(x)\mathrm{d}x$化为( ).

(a) $\frac{1}{k}\int_{\frac{a}{k}}^{\frac{b}{k}} f(kt)\mathrm{d}t$ (b) $k\int_{\frac{a}{k}}^{\frac{b}{k}} f(kt)\mathrm{d}t$

(c) $\frac{1}{k}\int_{ka}^{kb} f(kt)\mathrm{d}t$ (d) $k\int_{ka}^{kb} f(kt)\mathrm{d}t$

解:注意到定积分换元积分法则的要点是既换元又换限,对定积分$\int_a^b f(x)\mathrm{d}x$作变量代

换 $x = kt$，从而微分 $\mathrm{d}x = k\mathrm{d}t$；当 $x = a$ 时，$t = \dfrac{a}{k}$，当 $x = b$ 时，$t = \dfrac{b}{k}$，因此定积分

$$\int_a^b f(x)\mathrm{d}x = \int_{\frac{a}{k}}^{\frac{b}{k}} f(kt)k\mathrm{d}t = k\int_{\frac{a}{k}}^{\frac{b}{k}} f(kt)\mathrm{d}t$$

这个正确答案恰好就是备选答案(b)，所以选择(b).

应用定积分换元积分法则及§5.1定理5.1关于定积分与积分变量记号无关的结论，讨论奇函数在关于原点的对称闭区间上的定积分.

定理5.4　已知函数 $f(x)$ 在关于原点的对称闭区间 $[-a,a]$ $(a>0)$ 上连续，如果函数 $f(x)$ 为奇函数，则定积分

$$\int_{-a}^{a} f(x)\mathrm{d}x = 0$$

证：根据§5.1定积分基本运算法则5，定积分

$$\int_{-a}^{a} f(x)\mathrm{d}x = \int_{-a}^{0} f(x)\mathrm{d}x + \int_0^a f(x)\mathrm{d}x$$

对定积分 $\int_{-a}^{0} f(x)\mathrm{d}x$ 作变量代换 $x=-t$，从而微分 $\mathrm{d}x=-\mathrm{d}t$；当 $x=-a$ 时，$t=a$，当 $x=0$ 时，$t=0$. 再根据§5.1定积分基本运算法则3，定积分

$$\int_{-a}^{0} f(x)\mathrm{d}x = \int_a^0 f(-t)(-\mathrm{d}t) = \int_0^a f(-t)\mathrm{d}t$$

又根据§5.1定理5.1关于定积分与积分变量记号无关的结论，将积分变量记号 t 改写为 x，因而定积分

$$\int_{-a}^{0} f(x)\mathrm{d}x = \int_0^a f(-x)\mathrm{d}x$$

因此得到定积分

$$\int_{-a}^{a} f(x)\mathrm{d}x = \int_0^a f(-x)\mathrm{d}x + \int_0^a f(x)\mathrm{d}x = \int_0^a (f(-x)+f(x))\mathrm{d}x$$

由于函数 $f(x)$ 为奇函数，从而有关系式 $f(-x)=-f(x)$，所以定积分

$$\int_{-a}^{a} f(x)\mathrm{d}x = \int_0^a (-f(x)+f(x))\mathrm{d}x = \int_0^a 0\mathrm{d}x = 0$$

例5　填空题

定积分 $\int_{-1}^{1} x^3\cos x\mathrm{d}x =$ ______.

解：注意到积分区间 $[-1,1]$ 是关于原点的对称闭区间，这时应该首先考察被积函数 $f(x)=x^3\cos x$ 的奇偶性. 由于关系式

$$f(-x) = (-x)^3\cos(-x) = -x^3\cos x = -f(x)$$

说明被积函数 $f(x)=x^3\cos x$ 为奇函数，因此所求定积分

$$\int_{-1}^{1} x^3\cos x\mathrm{d}x = 0$$

于是应将"0"直接填在空内.

应用定积分换元积分法则及§5.1定理5.1关于定积分与积分变量记号无关的结论，还可以证明两个定积分的值相等.

例 6 证明:定积分

$$\int_0^1 x^m(1-x)^n \mathrm{d}x = \int_0^1 (1-x)^m x^n \mathrm{d}x$$

其中 m,n 为正整数.

证:对定积分$\int_0^1 x^m(1-x)^n \mathrm{d}x$ 作变量代换 $x=1-t$,从而微分 $\mathrm{d}x=-\mathrm{d}t$;当$x=0$ 时,$t=1$,当 $x=1$ 时,$t=0$,根据 §5.1 定积分基本运算法则 3,所以定积分

$$\int_0^1 x^m(1-x)^n \mathrm{d}x$$

$$=\int_1^0 (1-t)^m[1-(1-t)]^n(-\mathrm{d}t) = \int_0^1 (1-t)^m t^n \mathrm{d}t$$

(将积分变量记号 t 改写为 x)

$$=\int_0^1 (1-x)^m x^n \mathrm{d}x$$

§5.5 定积分分部积分法则

对应于不定积分分部积分法则,有定积分分部积分法则,它是计算定积分的另外一种重要方法.

定积分分部积分法则 如果函数 $u=u(x)$,$v=v(x)$ 在闭区间$[a,b]$上都可导,且一阶导数 $u'(x)$,$v'(x)$ 在闭区间$[a,b]$上都连续,则定积分

$$\int_a^b u\mathrm{d}v = uv\Big|_a^b - \int_a^b v\mathrm{d}u$$

证:根据 §2.2 导数基本运算法则 2,有一阶导数

$$(uv)' = u'v + uv'$$

即有

$$uv' = (uv)' - u'v$$

等号两端在闭区间$[a,b]$上皆取定积分,得到定积分

$$\int_a^b uv'\mathrm{d}x = \int_a^b (uv)'\mathrm{d}x - \int_a^b u'v\mathrm{d}x$$

根据 §2.7 函数微分表达式,有关系式 $u'\mathrm{d}x=\mathrm{d}u$,$v'\mathrm{d}x=\mathrm{d}v$,又由于任何函数都为其一阶导数的一个原函数,因此函数 uv 为其一阶导数$(uv)'$ 的一个原函数,所以定积分

$$\int_a^b u\mathrm{d}v = uv\Big|_a^b - \int_a^b v\mathrm{d}u$$

这个法则说明:所求定积分等于两项之差,被减项为原被积表达式中微分记号 d 前后两个函数的积在积分区间上的改变量,减项为原被积表达式中微分记号 d 前后两个函数调换位置所构成的定积分.这样就将所求定积分$\int_a^b u\mathrm{d}v$ 归结为求作为减项的定积分$\int_a^b v\mathrm{d}u$,再直接应用 §5.3 牛顿-莱不尼兹公式求解.

凡是需要应用不定积分分部积分法则求原函数的定积分,都应该应用定积分分部积分法则求解.定积分分部积分法则主要能够解决对数函数、反三角函数的定积分及一部分但不是全部函数乘积的定积分,分下列两种基本情况讨论这些定积分.

1. 第一种基本情况

被积函数为对数函数或反三角函数,这时直接应用定积分分部积分法则求解.

例 1 求定积分$\int_1^2 \ln x \mathrm{d}x$.

解:$\int_1^2 \ln x \mathrm{d}x$

$$= x\ln x\Big|_1^2 - \int_1^2 x\mathrm{d}(\ln x) = (2\ln 2 - 0) - \int_1^2 x\frac{1}{x}\mathrm{d}x = 2\ln 2 - \int_1^2 \mathrm{d}x = 2\ln 2 - x\Big|_1^2$$

$$= 2\ln 2 - (2-1) = 2\ln 2 - 1$$

例 2 求定积分$\int_0^1 \arctan x \mathrm{d}x$.

解:$\int_0^1 \arctan x \mathrm{d}x$

$$= x\arctan x\Big|_0^1 - \int_0^1 x\mathrm{d}(\arctan x) = \left(\frac{\pi}{4} - 0\right) - \int_0^1 x\frac{1}{1+x^2}\mathrm{d}x = \frac{\pi}{4} - \frac{1}{2}\int_0^1 \frac{1}{1+x^2}\mathrm{d}(1+x^2)$$

$$= \frac{\pi}{4} - \frac{1}{2}\ln(1+x^2)\Big|_0^1 = \frac{\pi}{4} - \frac{1}{2}(\ln 2 - 0) = \frac{\pi}{4} - \frac{\ln 2}{2}$$

2. 第二种基本情况

(1) 被积函数为乘积 $x^n e^x$(n 为正整数),这时必须首先应用 §4.3 非线性凑微分将乘积 $e^x dx$ 凑微分,然后应用定积分分部积分法则求解;

(2) 被积函数为乘积 $x^n \sin x$ 或 $x^n \cos x$(n 为正整数),这时必须首先应用 §4.3 非线性凑微分将乘积 $\sin x dx$ 或 $\cos x dx$ 凑微分,然后应用定积分分部积分法则求解;

(3) 被积函数为乘积 $x^\alpha \ln x(\alpha \neq -1)$,这时必须首先应用 §4.3 非线性凑微分将乘积 $x^\alpha dx$ 凑微分,然后应用定积分分部积分法则求解.

例 3 求定积分$\int_0^1 xe^x \mathrm{d}x$.

解:$\int_0^1 xe^x\mathrm{d}x = \int_0^1 x\mathrm{d}(e^x) = xe^x\Big|_0^1 - \int_0^1 e^x\mathrm{d}x = (e-0) - e^x\Big|_0^1 = e - (e-1) = 1$

例 4 求定积分$\int_0^{\frac{\pi}{2}} x\cos x \mathrm{d}x$.

解:$\int_0^{\frac{\pi}{2}} x\cos x \mathrm{d}x$

$$= \int_0^{\frac{\pi}{2}} x\mathrm{d}(\sin x) = x\sin x\Big|_0^{\frac{\pi}{2}} - \int_0^{\frac{\pi}{2}} \sin x\mathrm{d}x = \left(\frac{\pi}{2} - 0\right) + \cos x\Big|_0^{\frac{\pi}{2}} = \frac{\pi}{2} + (0-1) = \frac{\pi}{2} - 1$$

例 5 求定积分$\int_1^e x\ln x \mathrm{d}x$.

解:$\int_1^e x\ln x \mathrm{d}x$

$$= \frac{1}{2}\int_1^e \ln x\mathrm{d}(x^2) = \frac{1}{2}\left[x^2\ln x\Big|_1^e - \int_1^e x^2\mathrm{d}(\ln x)\right] = \frac{1}{2}\left[(e^2 - 0) - \int_1^e x^2\frac{1}{x}\mathrm{d}x\right]$$

$$= \frac{1}{2}\left(e^2 - \int_1^e x\mathrm{d}x\right) = \frac{1}{2}\left(e^2 - \frac{1}{2}x^2\Big|_1^e\right) = \frac{1}{2}\left[e^2 - \frac{1}{2}(e^2 - 1)\right] = \frac{1}{2}\left(\frac{e^2}{2} + \frac{1}{2}\right) = \frac{e^2}{4} + \frac{1}{4}$$

有时联合应用 §5.4 定积分换元积分法则与定积分分部积分法则求解定积分.

例 6 求定积分$\int_0^{\pi^2}\sin\sqrt{x}\,\mathrm{d}x$.

解:令变量 $t=\sqrt{x}$,即作变量代换 $x=t^2(t\geqslant 0)$,从而微分 $\mathrm{d}x=2t\mathrm{d}t$;当$x=0$ 时,$t=0$,当 $x=\pi^2$ 时,$t=\pi$,所以定积分

$$\begin{aligned}&\int_0^{\pi^2}\sin\sqrt{x}\,\mathrm{d}x\\&=\int_0^{\pi}\sin t\cdot 2t\mathrm{d}t=2\int_0^{\pi}t\sin t\mathrm{d}t=-2\int_0^{\pi}t\mathrm{d}(\cos t)=-2\left(t\cos t\Big|_0^{\pi}-\int_0^{\pi}\cos t\mathrm{d}t\right)\\&=-2\left[(-\pi-0)-\sin t\Big|_0^{\pi}\right]=2\pi+2\times(0-0)=2\pi\end{aligned}$$

§5.6 广义积分

上面所讨论的定积分是以有穷积分区间与有界被积函数为前提的,这样的定积分称为常义积分.但是在实际问题中,有时需要考虑有界函数在无穷区间上的积分,这样的积分称为广义积分.广义积分有三种基本情况:第一种是有界函数 $f(x)$ 在无穷区间$(-\infty,b]$上的积分$\int_{-\infty}^{b}f(x)\mathrm{d}x$;第二种是有界函数 $f(x)$ 在无穷区间$[a,+\infty)$上的积分$\int_a^{+\infty}f(x)\mathrm{d}x$;第三种是有界函数 $f(x)$ 在无穷区间$(-\infty,+\infty)$上的积分$\int_{-\infty}^{+\infty}f(x)\mathrm{d}x$.自然提出这样的问题:广义积分代表什么?广义积分与常义积分$\int_a^b f(x)\mathrm{d}x$ 之间有什么联系?显然,有穷闭区间$[a,b]$当左端点 $a\to-\infty$ 时的极限区间就是无穷区间$(-\infty,b]$,有穷闭区间$[a,b]$当右端点 $b\to+\infty$ 时的极限区间就是无穷区间$[a,+\infty)$,于是有下面的定义.

定义 5.2 已知函数 $f(x)$ 在有穷闭区间$[a,b]$上连续,那么:

(1) 当$a\to-\infty$时,若常义积分$\int_a^b f(x)\mathrm{d}x$的极限存在,则称广义积分$\int_{-\infty}^{b}f(x)\mathrm{d}x$收敛,记作

$$\int_{-\infty}^{b}f(x)\mathrm{d}x=\lim_{a\to-\infty}\int_a^b f(x)\mathrm{d}x$$

(2) 当$b\to+\infty$时,若常义积分$\int_a^b f(x)\mathrm{d}x$的极限存在,则称广义积分$\int_a^{+\infty}f(x)\mathrm{d}x$收敛,记作

$$\int_a^{+\infty}f(x)\mathrm{d}x=\lim_{b\to+\infty}\int_a^b f(x)\mathrm{d}x$$

(3) 若广义积分$\int_{-\infty}^{0}f(x)\mathrm{d}x$ 与$\int_0^{+\infty}f(x)\mathrm{d}x$ 都收敛,则称广义积分$\int_{-\infty}^{+\infty}f(x)\mathrm{d}x$ 收敛,记作

$$\int_{-\infty}^{+\infty}f(x)\mathrm{d}x=\int_{-\infty}^{0}f(x)\mathrm{d}x+\int_0^{+\infty}f(x)\mathrm{d}x$$

若上述常义积分的极限不存在,则称相应的广义积分发散,这时它无意义,不代表任何数.

如何计算广义积分?如果函数 $F(x)$ 为被积函数 $f(x)$ 的一个原函数,分下列三种基本情况讨论广义积分.

1. 第一种基本情况

$$\int_{-\infty}^{b} f(x)\mathrm{d}x$$

$$= \lim_{a\to-\infty}\int_{a}^{b} f(x)\mathrm{d}x = \lim_{a\to-\infty} F(x)\Big|_{a}^{b} = \lim_{a\to-\infty}(F(b)-F(a)) = F(b) - \lim_{a\to-\infty} F(a)$$

$$= F(b) - \lim_{x\to-\infty} F(x) = F(x)\Big|_{-\infty}^{b}$$

2. 第二种基本情况

$$\int_{a}^{+\infty} f(x)\mathrm{d}x$$

$$= \lim_{b\to+\infty}\int_{a}^{b} f(x)\mathrm{d}x = \lim_{b\to+\infty} F(x)\Big|_{a}^{b} = \lim_{b\to+\infty}(F(b)-F(a)) = \lim_{b\to+\infty} F(b) - F(a)$$

$$= \lim_{x\to+\infty} F(x) - F(a) = F(x)\Big|_{a}^{+\infty}$$

3. 第三种基本情况

$$\int_{-\infty}^{+\infty} f(x)\mathrm{d}x = \int_{-\infty}^{0} f(x)\mathrm{d}x + \int_{0}^{+\infty} f(x)\mathrm{d}x = F(x)\Big|_{-\infty}^{0} + F(x)\Big|_{0}^{+\infty}$$

$$= F(x)\Big|_{-\infty}^{+\infty}$$

上述讨论说明：广义积分的计算可以省略极限记号，写成 §5.3 牛顿-莱不尼兹公式的形式，当然，在原函数表达式中积分变量 x 用无穷积分限代入，意味着求极限运算. 在计算广义积分过程中，经常应用下列函数的极限：

1. 指数函数 $y = \mathrm{e}^x$

观察指数函数 $y = \mathrm{e}^x$ 的图形，如图 5－2，容易得到极限

$$\lim_{x\to-\infty} \mathrm{e}^x = 0$$

$$\lim_{x\to+\infty} \mathrm{e}^x = +\infty$$

可以推广为

$$\lim_{u(x)\to-\infty} \mathrm{e}^{u(x)} = 0$$

$$\lim_{u(x)\to+\infty} \mathrm{e}^{u(x)} = +\infty$$

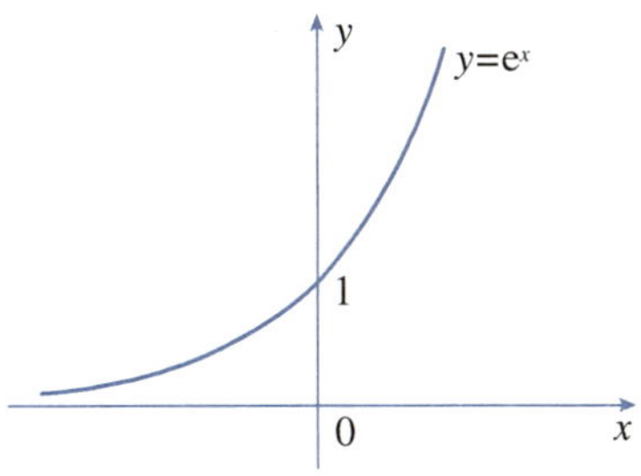

图 5－2

2. 对数函数 $y = \ln x$

观察对数函数 $y = \ln x$ 的图形，如图 5－3，容易得到极限

$$\lim_{x\to+\infty} \ln x = +\infty$$

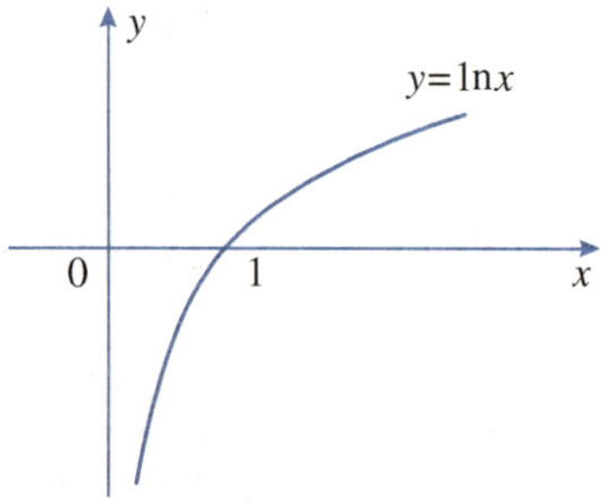

图 5-3

3. 反正切函数 $y=\arctan x$

观察反正切函数 $y=\arctan x$ 的图形，如图 5-4，容易得到极限

$$\lim_{x\to-\infty}\arctan x=-\frac{\pi}{2}$$

$$\lim_{x\to+\infty}\arctan x=\frac{\pi}{2}$$

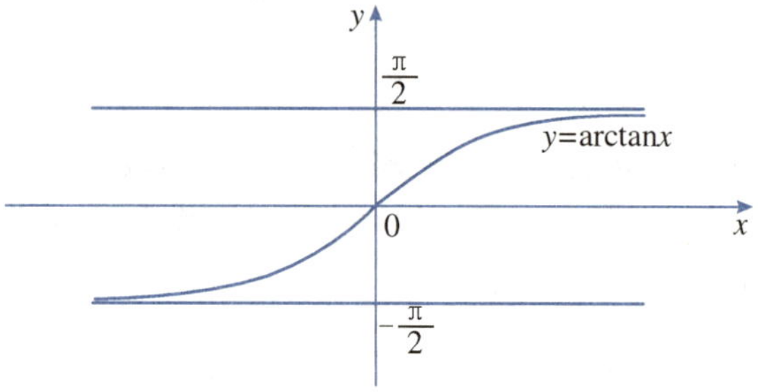

图 5-4

综合上面的讨论，求广义积分的步骤如下：

步骤 1　求出被积函数的一个原函数；

步骤 2　计算原函数从积分下限到积分上限的改变量，其中在原函数表达式中积分变量用无穷积分限代入，意味着求极限运算.

例 1　求广义积分 $\int_{2}^{+\infty}\frac{1}{x^3}dx$.

解：$$\int_{2}^{+\infty}\frac{1}{x^3}dx=\int_{2}^{+\infty}x^{-3}dx=-\frac{1}{2}x^{-2}\Big|_{2}^{+\infty}=-\frac{1}{2x^2}\Big|_{2}^{+\infty}=-\left(0-\frac{1}{8}\right)=\frac{1}{8}$$

例 2　求广义积分 $\int_{\frac{2}{\pi}}^{+\infty}\frac{\sin\frac{1}{x}}{x^2}dx$.

解：$$\int_{\frac{2}{\pi}}^{+\infty}\frac{\sin\frac{1}{x}}{x^2}dx=-\int_{\frac{2}{\pi}}^{+\infty}\sin\frac{1}{x}d\left(\frac{1}{x}\right)=\cos\frac{1}{x}\Big|_{\frac{2}{\pi}}^{+\infty}=1-0=1$$

例 3　求广义积分 $\int_{-\infty}^{0}e^{3x}dx$.

解：$$\int_{-\infty}^{0}e^{3x}dx=\frac{1}{3}\int_{-\infty}^{0}e^{3x}d(3x)=\frac{1}{3}e^{3x}\Big|_{-\infty}^{0}=\frac{1}{3}\times(1-0)=\frac{1}{3}$$

例 4　求广义积分$\int_{e}^{+\infty}\frac{1}{x\ln^{2}x}\mathrm{d}x$.

解:$\int_{e}^{+\infty}\frac{1}{x\ln^{2}x}\mathrm{d}x=\int_{e}^{+\infty}\frac{1}{\ln^{2}x}\mathrm{d}(\ln x)=-\frac{1}{\ln x}\Big|_{e}^{+\infty}=-(0-1)=1$

例 5　已知广义积分$\int_{-\infty}^{+\infty}\frac{k}{1+x^{2}}\mathrm{d}x=1$,求常数 k 的值.

解:计算广义积分

$$\int_{-\infty}^{+\infty}\frac{k}{1+x^{2}}\mathrm{d}x=k\arctan x\Big|_{-\infty}^{+\infty}=k\left[\frac{\pi}{2}-\left(-\frac{\pi}{2}\right)\right]=k\pi$$

再从已知条件得到关系式 $k\pi=1$,所以常数

$$k=\frac{1}{\pi}$$

广义积分发散的情况有两种,第一种情况是当积分变量 x 趋于无穷限时,被积函数的原函数为无穷大量如广义积分$\int_{1}^{+\infty}\frac{1}{\sqrt{x}}\mathrm{d}x=2\sqrt{x}\Big|_{1}^{+\infty}$;第二种情况是当积分变量 x 趋于无穷限时,被积函数的原函数振荡无极限如广义积分$\int_{0}^{+\infty}\cos x\mathrm{d}x=\sin x\Big|_{0}^{+\infty}$.

§ 5.7　平面图形的面积

平面图形的面积

考虑一类特殊平面图形,它们是特殊的曲线四边形或特殊的曲线三边形或特殊的曲线两边形,如图 5-5、图 5-6、图 5-7 及图 5-8,自下向上观察其图形,上下两条曲线边分别为曲线$y=\varphi(x)$ 与 $y=\psi(x)$($\varphi(x)\geqslant\psi(x)\geqslant 0$),左右平行(重合)于 y 轴的直线边分别为直线 $x=a$ 与 $x=b$ 或上下两条曲线边交点的横坐标分别为 $x=a$ 与 $x=b(a<b)$.

特殊的曲线四边形是指四条边中有一对对边为平行于 y 轴的直线边,特殊的曲线三边形是指三条边中有一条边为平行于 y 轴的直线边,特殊的曲线两边形是指两条边中有一条边在上面,而另一条边在下面. 根据 § 5.1 定积分的几何意义,这类特殊的曲线四边形或特殊的曲线三边形或特殊的曲线两边形的面积等于两块同底但不同曲边的曲边梯形面积之差,即

$$S=\int_{a}^{b}\varphi(x)\mathrm{d}x-\int_{a}^{b}\psi(x)\mathrm{d}x=\int_{a}^{b}(\varphi(x)-\psi(x))\mathrm{d}x$$

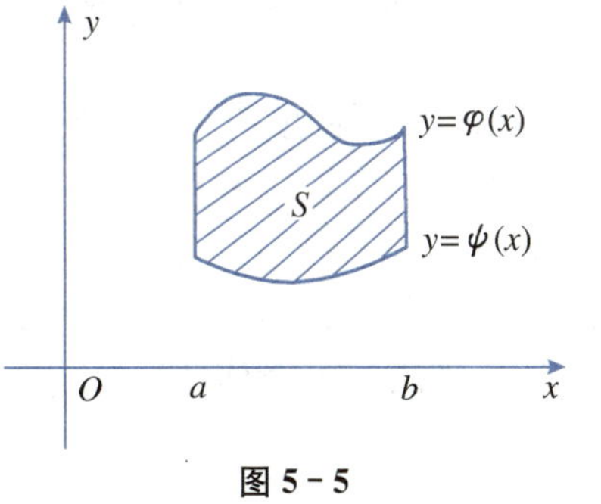

图 5-5

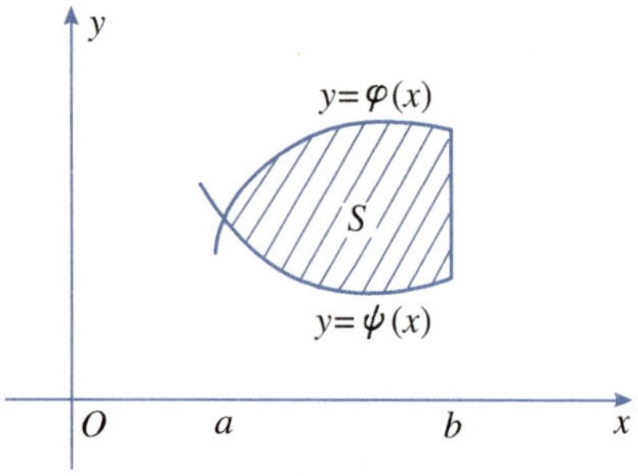

图 5-6

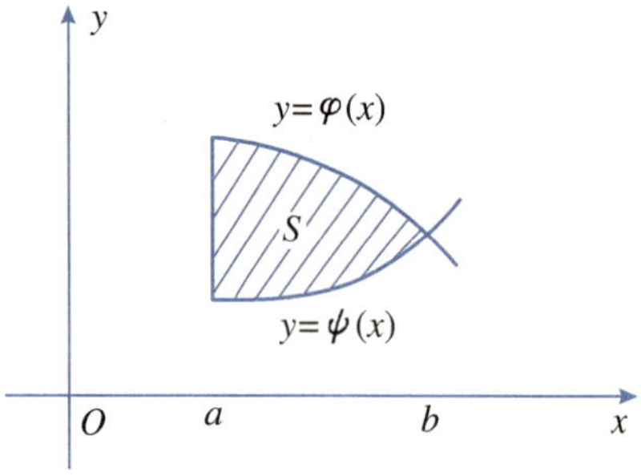

图 5-7

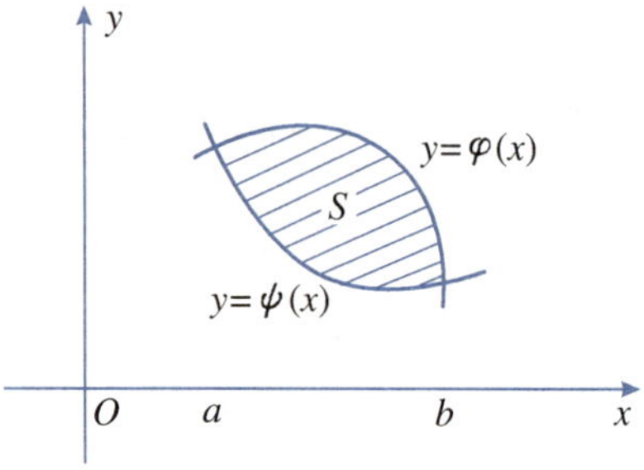

图 5-8

若上下两条曲线边 $y=\varphi(x)$，$y=\psi(x)$ 不都在 x 轴上方，可以证明上述计算面积的公式仍然成立.

综合上面的讨论，计算上述特殊的曲线四边形或曲线三边形或曲线两边形面积 S 的步骤如下：

步骤 1　必须画出围成平面图形的各条边，其中常见的上下两条曲线边为直线、抛物线或基本初等函数曲线，对于上述特殊的曲线三边形或曲线两边形，需求出上下两条曲线边交点的横坐标；

步骤 2　确定并计算代表所求面积的定积分：上面曲线边减下面曲线边对应被积函数，左面与右面平行(重合)于 y 轴的直线边或上下两条曲线边交点的横坐标分别对应积分下限、积分上限. 即面积

$$S=\int_a^b(\varphi(x)-\psi(x))\mathrm{d}x$$

对于任意连续曲线围成的平面图形，可以用经过曲线交点的平行于 y 轴的直线将它分成若干个上述特殊平面图形，其面积之和即为此平面图形的面积.

例 1 求由曲线 $y=\mathrm{e}^x$ 与直线 $y=x-1,x=0,x=1$ 围成平面图形的面积 S.

解: 画出曲线 $y=\mathrm{e}^x$ 与直线 $y=x-1,x=0,x=1$，得到它们围成的平面图形，如图 5 -9.

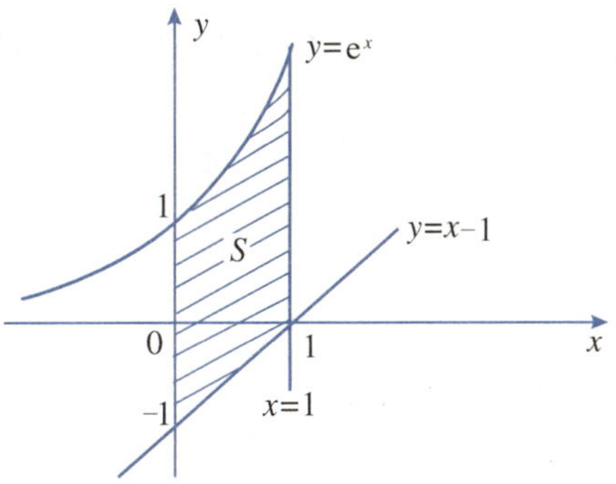

图 5-9

注意到这个平面图形是特殊的曲线四边形，其中上下两条曲线边分别为曲线 $y=\mathrm{e}^x$ 与直线 $y=x-1$，左面直线边为 y 轴即直线 $x=0$，右面平行于 y 轴的直线边为直线 $x=1$. 所以所求平面图形的面积

$$\begin{aligned}S&=\int_0^1[\mathrm{e}^x-(x-1)]\mathrm{d}x=\int_0^1(\mathrm{e}^x-x+1)\mathrm{d}x=\left(\mathrm{e}^x-\frac{1}{2}x^2+x\right)\Big|_0^1\\&=\left(\mathrm{e}+\frac{1}{2}\right)-1=\mathrm{e}-\frac{1}{2}\end{aligned}$$

例 2 求由曲线 $y=\dfrac{1}{x}$ 与直线 $y=x,x=2$ 围成平面图形的面积 S.

解: 画出曲线 $y=\dfrac{1}{x}$ 与直线 $y=x,x=2$，得到它们围成的平面图形，如图 5-10.

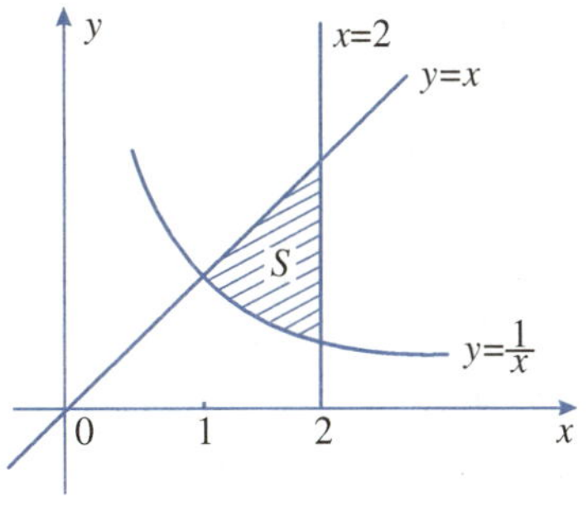

图 5-10

注意到这个平面图形是特殊的曲线三边形，其中上下两条曲线边分别为直线 $y=x$ 与曲

线 $y=\frac{1}{x}$,左面上下两条曲线边交点的横坐标为$x=1$,而右面平行于 y 轴的直线边则为直线 $x=2$. 所以所求平面图形的面积

$$S=\int_1^2\left(x-\frac{1}{x}\right)\mathrm{d}x=\left(\frac{1}{2}x^2-\ln|x|\right)\Big|_1^2=(2-\ln 2)-\frac{1}{2}$$

$$=\frac{3}{2}-\ln 2$$

例 3 求由抛物线 $y=x^2$ 与直线 $x+y=2$ 围成平面图形的面积 S.

解:画出抛物线 $y=x^2$ 与直线 $x+y=2$,得到它们围成的平面图形,如图 5-11.

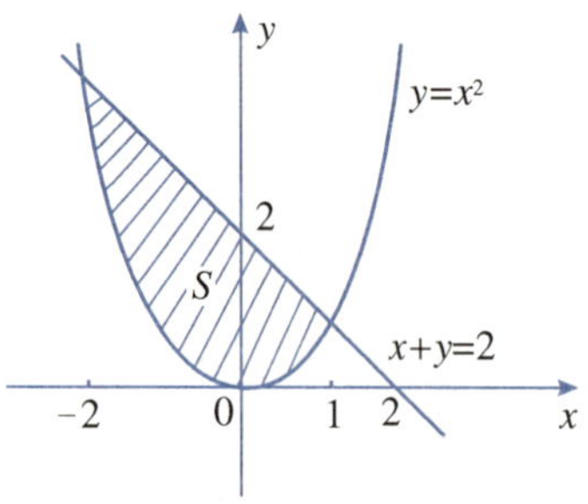

图 5-11

注意到这个平面图形是特殊的曲线两边形,其中上下两条曲线边分别为直线 $x+y=2$ 即 $y=2-x$ 与抛物线$y=x^2$,左面与右面它们交点的横坐标分别为$x=-2$ 与 $x=1$. 所以所求平面图形的面积

$$S=\int_{-2}^1[(2-x)-x^2]\mathrm{d}x=\int_{-2}^1(2-x-x^2)\mathrm{d}x=\left(2x-\frac{1}{2}x^2-\frac{1}{3}x^3\right)\Big|_{-2}^1$$

$$=\frac{7}{6}-\left(-\frac{10}{3}\right)=\frac{9}{2}$$

根据 §5.1 定积分的几何意义,也可以反过来求得一种特殊定积分的值.

例 4 单项选择题

根据定积分的几何意义,定积分$\int_{-1}^1\sqrt{1-x^2}\,\mathrm{d}x=($ $)$.

(a)0 (b)1

(c) $\frac{\pi}{2}$ (d)π

解:注意到所给定积分代表上半圆 $y=\sqrt{1-x^2}$ 与 x 轴围成平面图形的面积S,如图 5-12.

显然,这块面积是半径为 1 的圆面积的一半,因此所求定积分

$$\int_{-1}^1\sqrt{1-x^2}\,\mathrm{d}x=S=\frac{1}{2}\pi\times 1^2=\frac{\pi}{2}$$

这个正确答案恰好就是备选答案(c),所以选择(c).

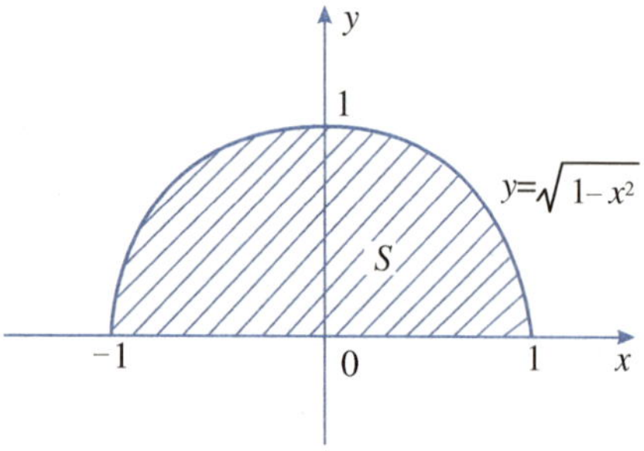

图 5-12

[拓展阅读]

牛顿与莱不尼兹的故事

莱不尼兹，堪称博学多才的数学符号大师. 他曾说:“要发明，就要挑选恰当的符号，要做到这一点，就要用含义简明的少量符号来表达和比较忠实地描述事物的内在本质，从而最大限度地减少人的思维劳动.”正像阿拉伯数字促进算术和代数发展一样，莱不尼兹所创造的这些数学符号对微积分的发展起了很大的促进作用，欧洲大陆的数学得以迅速发展，莱不尼兹的巧妙符号功不可没. 除积分、微分符号外，他创设的符号还有商“a/b”、比“$a:b$”、相似“$\sim$”、全等“$\cong$”、并“$\cup$”、交“$\cap$”以及函数和行列式符号.

牛顿是世界著名的物理学家、数学家和天文学家. 牛顿工作的最大特点是勤奋和独立思考，他有时不分昼夜的工作，常常好几个星期都在实验室里度过. 他说:“我不知道在别人看来我是什么样的人. 但在自己看来，我不过就像是一个在海滨玩耍的小孩，为不时发现比寻常更为光滑的一块卵石或比寻常更为美丽的一片贝壳而沾沾自喜，而对于展现在我面前的浩瀚的真理的海洋，却全然没有发现.”

牛顿和莱不尼兹都是时代的科学巨人，微积分之所以能成为独立的学科，成为基本的数学工具被广泛应用于自然科学的各个领域，给整个自然科学带来革命性的影响，主要有四种类型的问题:第一类，变速运动求瞬时速度的问题;第二类，求曲线的切线问题;第三类，求函数的最大值和最小值问题;第四类，求曲线长、曲边梯形面积、不规则物体体积、物体的重心、压强等问题. 解决这些科学问题的需求是促使微积分产生的因素，主要是牛顿与莱不尼兹做出的贡献.

但牛顿与莱不尼兹建立微积分的出发点不同:牛顿是在力学研究的基础上，运用几何方法研究微积分的;莱不尼兹主要是在研究曲线的切线和面积的问题上运用分析学方法研究微积分要领的.

他们对微积分具体内容的研究不同:牛顿先有导数概念，后有积分概念，在积分上，牛顿偏重于求积分的逆运算，即不定积分;而莱不尼兹先有积分概念，后有导数概念，侧重于求微分的和，即定积分.

牛顿认为，微积分是纯几何的自然延伸，关心的是微积分在物理学中的应用. 经验、具体和谨慎是他的工作特点;而莱不尼兹关心的是广泛意义下的微积分，力求创造建立微积分的完善体系，大胆而毫不犹豫地宣布了新学科的诞生. 虽然牛顿和莱布尼兹研究微积分的方法不同，但他们殊途同归，各自独立完成了微积分的创建.

尽管牛顿发现微积分要比莱不尼兹早若干年，但他很晚才出版自己的著作，没有及时发表微积分的研究成果，所以关于谁先发明微积分的争论是当时科学界争吵的一件大事.

因此，恩格斯在论述微积分产生过程时说，微积分“是由牛顿和莱不尼兹大体上完成的，但不是由他们发明的”.

习　题　五

5.01　求下列函数的一阶导数：

(1) $F(x)=\int_0^x\sqrt{1+t^2}\,\mathrm{d}t$　　(2) $F(x)=\int_x^0\sqrt{1+t^2}\,\mathrm{d}t$

(3) $F(x)=\int_1^{2x}t^3\mathrm{e}^t\,\mathrm{d}t$　　(4) $F(x)=\int_1^{\sqrt{x}}t^3\mathrm{e}^t\,\mathrm{d}t$

5.02　求下列极限：

(1) $\lim\limits_{x\to0}\dfrac{\int_0^x\mathrm{e}^{t^2}\,\mathrm{d}t}{x}$　　(2) $\lim\limits_{x\to0}\dfrac{\int_0^x\ln(1+2t)\,\mathrm{d}t}{1-\cos x}$

5.03　已知变上限定积分$\int_a^x f(t)\,\mathrm{d}t=x^3+x$，求一阶导数 $f'(x)$ 与常数 a.

5.04　求下列定积分：

(1) $\int_0^2 x^3\,\mathrm{d}x$　　(2) $\int_4^9\dfrac{1}{\sqrt{x}}\,\mathrm{d}x$

(3) $\int_0^2\mathrm{e}^x\,\mathrm{d}x$　　(4) $\int_0^{\frac{\pi}{4}}\sec^2x\,\mathrm{d}x$

5.05　求下列定积分：

(1) $\int_0^4\dfrac{1}{3x+2}\,\mathrm{d}x$　　(2) $\int_0^2\dfrac{1}{4+x^2}\,\mathrm{d}x$

(3) $\int_0^1 x^2\mathrm{e}^{x^3}\,\mathrm{d}x$　　(4) $\int_{\frac{\pi^2}{4}}^{\pi^2}\dfrac{\sin\sqrt{x}}{\sqrt{x}}\,\mathrm{d}x$

(5) $\int_{\mathrm{e}}^{\mathrm{e}^2}\dfrac{1}{x\ln^2x}\,\mathrm{d}x$　　(6) $\int_0^{\frac{\pi}{6}}\cos^3x\,\mathrm{d}x$

5.06　已知分段函数

$$f(x)=\begin{cases}1+x, & x<0\\ 1-x, & x\geqslant 0\end{cases}$$

求定积分$\int_{-1}^1 f(x)\,\mathrm{d}x$.

5.07　求下列定积分：

(1) $\int_{\frac{1}{2}}^1\dfrac{1}{\sqrt{2x-1}+1}\,\mathrm{d}x$　　(2) $\int_1^9\dfrac{1}{x+\sqrt{x}}\,\mathrm{d}x$

(3) $\int_1^4\dfrac{\sqrt{x-1}}{x}\,\mathrm{d}x$　　(4) $\int_1^8\dfrac{2}{x+\sqrt[3]{x}}\,\mathrm{d}x$

5.08　求定积分$\int_{-\pi}^{\pi}x^2\mathrm{siu}x\,\mathrm{d}x$.

5.09　已知函数 $f(x)$ 为连续函数，证明：定积分

$$\int_1^2 f(3-x)\,\mathrm{d}x=\int_1^2 f(x)\,\mathrm{d}x$$

5.10 求下列定积分：

(1) $\int_1^e \ln x \mathrm{d}x$ (2) $\int_0^{\sqrt{3}} \arctan x \mathrm{d}x$

5.11 求下列定积分：

(1) $\int_0^2 x e^x \mathrm{d}x$ (2) $\int_0^{\frac{\pi}{2}} x \sin x \mathrm{d}x$

(3) $\int_0^{\frac{\pi}{6}} x \cos x \mathrm{d}x$ (4) $\int_1^2 x \ln x \mathrm{d}x$

5.12 求下列广义积分：

(1) $\int_0^{+\infty} e^{-2x} \mathrm{d}x$ (2) $\int_{-\infty}^1 \frac{1}{1+x^2} \mathrm{d}x$

5.13 求由曲线 $y=\sin x$ 与直线 $y=2, x=0, x=\frac{\pi}{2}$ 围成平面图形的面积 S.

5.14 求由曲线 $y=\ln x$ 与直线 $y=0, x=3$ 围成平面图形的面积 S.

5.15 求由抛物线 $y=x^2$ 与 $y=\sqrt{x}$ 围成平面图形的面积 S.

5.16 已知函数曲线 $y=e^x$，求：

(1) 此函数曲线上点$(1,e)$处的切线方程；

(2) 由此曲线、其上点$(1,e)$处的切线与 y 轴围成平面图形的面积 S.

5.17 填空题

(1) 函数 $F(x)=\int_0^x (t-1)(t-2)^2 \mathrm{d}t$ 的单调增加区间为______.

(2) 若定积分$\int_0^a \frac{2x}{1+x^2} \mathrm{d}x = \ln 2 (a>0)$，则常数 $a=$ ______.

(3) 已知函数 $f(n)=\int_0^{\frac{\pi}{2}} \sin^n x \mathrm{d}x$（$n$ 为正整数），则差$f(1)-f(3)=$ ______.

(4) 定积分$\int_{-2}^1 |x| \mathrm{d}x=$ ______.

(5) 设函数 $f(x)$ 为无穷区间$(-\infty, +\infty)$上的连续函数且为奇函数，若定积分$\int_0^1 f(x)\mathrm{d}x=-1$，则定积分$\int_{-1}^0 f(x)\mathrm{d}x=$ ______.

(6) 若函数 xe^x 为 $f(x)$ 的一个原函数，则定积分$\int_0^1 x f'(x)\mathrm{d}x=$ ______.

(7) 广义积分$\int_{-\infty}^0 x e^{-x^2} \mathrm{d}x=$ ______.

(8) 根据定积分的几何意义，定积分$\int_0^2 \sqrt{4-x^2}\mathrm{d}x=$ ______.

5.18 单项选择题

(1) 定积分$\int_a^b f(x)\mathrm{d}x$ 的值与(　　)无关.

(a) 积分下限 a (b) 积分上限 b

(c) 对应关系“f” (d) 积分变量记号 x

(2) 一阶导数$\frac{\mathrm{d}}{\mathrm{d}x}\int_0^1 \arctan x \mathrm{d}x=$(　　).

(a)0　　(b) $\frac{1}{2}$

(c) $\frac{\pi}{4}$　　(d)1

(3) 函数曲线 $y=\int_0^x e^{-t^3}dt$ 在定义域内(　　).

(a) 有极值有拐点　　(b) 有极值无拐点

(c) 无极值有拐点　　(d) 无极值无拐点

(4) 若定积分 $\int_1^k (3x^2-2x)dx=2k^2(k\neq 0)$,则常数 $k=$(　　).

(a) -3　　(b)3

(c) -2　　(d)2

(5) 设函数 $f(x)$ 在闭区间[0,2]上连续,若令变量 $t=2x$,则定积分 $\int_0^1 f(2x)dx$ 化为(　　).

(a) $\frac{1}{2}\int_0^1 f(t)dt$　　(b) $2\int_0^1 f(t)dt$

(c) $\frac{1}{2}\int_0^2 f(t)dt$　　(d) $2\int_0^2 f(t)dt$

(6) 已知函数 $f(x)$ 的二阶导数 $f''(x)$ 在闭区间[1,2]上连续,若函数值 $f(1)=1$, $f(2)=2$,一阶导数值 $f'(1)=3$, $f'(2)=4$,则定积分 $\int_1^2 xf''(x)dx=$(　　).

(a)1　　(b)2

(c)3　　(d)4

(7) 广义积分 $\int_1^{+\infty}\frac{1}{x\sqrt{x}}dx=$(　　).

(a) -2　　(b)2

(c) -1　　(d)1

(8) 已知函数 $f(x)$ 在闭区间 $[a,b](a>0)$ 上连续,在开区间 (a,b) 内存在一点 x_0,使得函数值 $f(x_0)=0$,且当 $a\leqslant x<x_0$ 时,函数 $f(x)>0$;当 $x_0<x\leqslant b$ 时,函数 $f(x)<0$. 若函数 $F(x)$ 为 $f(x)$ 的一个原函数,则由曲线 $y=f(x)$ 与直线 $y=0, x=a, x=b$ 围成平面图形的面积 $S=$(　　).

(a) $F(b)-F(a)$　　(b) $F(a)-F(b)$

(c) $2F(x_0)-F(b)-F(a)$　　(d) $F(b)+F(a)-2F(x_0)$

后续内容（上） 二元函数微分学

知识目标

- 理解二元函数的定义.
- 了解二元函数偏导数与全微分的定义.
- 掌握二元函数极值存在的必要条件和充分条件.

能力目标

- 会求二元函数的偏导数与全微分.
- 会求二元函数的极值.
- 能应用二元函数微分解决实际问题.

素养目标

通过“二元函数微分学”的学习和训练，让学生明白复杂的大千世界描述事物的指标不唯一，具体事物具体分析，考虑问题要周全，才能客观衡量具体事物. 求二元函数偏导数的方法也引导学生在遇到复杂问题时可以灵活对待，化繁为简，用已知解决未知. 培养学生自我学习、持续发展的精神，引导学生树立正确的价值观.

本章知识思维导图

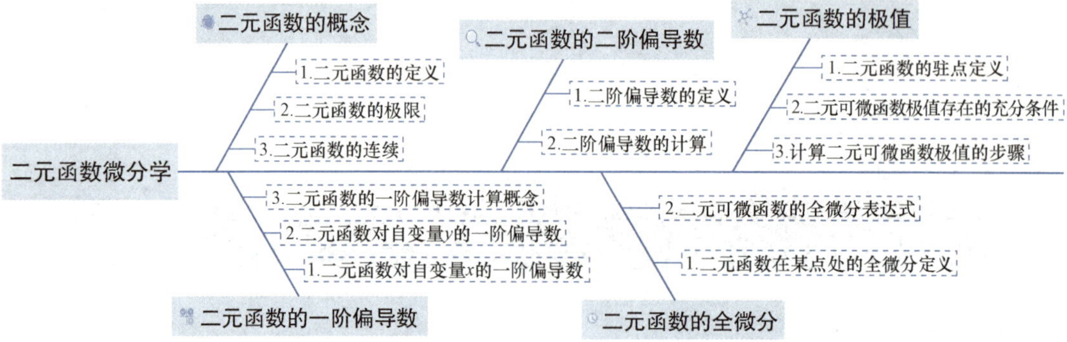

【引导案例】

两种型号的钢笔的产量为多少时,利润最大

某厂生产两种型号的钢笔,甲种每支售价为 10 元,乙种每支售价为 9 元.生产甲种型号钢笔 x 支,乙种型号钢笔 y 支的总费用为 $400+2x+3y+0.01(3x^2+xy+3y^2)$ 元.问两种型号的钢笔的产量各为多少时,企业利润最大?

分析:此题讨论两种型号的钢笔的产量为多少时,利润最大,属二元函数的最优化问题,应先根据问题建立二元函数关系,再考虑二元函数求极值问题.

一 二元函数的一阶偏导数

已知变量 x,y 及 z,当变量 x,y 相互毫无联系地在某个二元有序实数数组的非空集合 D 内任取一组数值时,若变量 z 符合对应规则 f 的取值恒为唯一确定的实数值与之对应,则称对应规则 f 表示变量 z 为 x,y 的二元函数,记作 $z=f(x,y)$.其中变量 x,y 称为自变量,自变量 x,y 的取值范围 D 称为二元函数定义域;二元函数 z 也称为因变量,二元函数 z 的取值范围称为二元函数值域,记作 G;对应规则 f 也称为对应关系或函数关系.

二元函数表达式主要有两种:一种是 $z=f(x,y)$,称为二元显函数;另一种是由方程式 $F(x,y,z)=0$ 确定变量 z 为 x,y 的二元函数,称为二元隐函数.

已知二元函数 $f(x,y)$ 在点 (x_0,y_0) 附近有定义,当点 (x,y) 无限接近于点 (x_0,y_0) 即 $(x,y)\to(x_0,y_0)$ 时,若二元函数 $f(x,y)$ 无限接近于常数 A,则称当 $(x,y)\to(x_0,y_0)$ 时二元函数 $f(x,y)$ 的极限为 A,记作 $\lim\limits_{(x,y)\to(x_0,y_0)} f(x,y)=A$.

已知二元函数 $f(x,y)$ 在定义域内点 (x_0,y_0) 处及其附近有定义,若有关系式 $\lim\limits_{(x,y)\to(x_0,y_0)} f(x,y)=f(x_0,y_0)$,则称二元函数 $f(x,y)$ 在点 (x_0,y_0) 处连续.

若二元函数 $f(x,y)$ 在区域 E 上每一点处都连续,则称二元函数 $f(x,y)$ 在区域 E 上连续,并称二元函数 $f(x,y)$ 为区域 E 上的二元连续函数.下面所讨论的二元函数都是定义区域上的二元连续函数.

对于二元函数,若同时考虑两个自变量都在变化,则它的变化比较复杂,不便于讨论,于是分别讨论只有一个自变量变化而引起的二元函数变化情况.

定义后.1 已知二元函数 $z=f(x,y)$,若自变量 x 变化而自变量 y 不变化,这时所给二元函数化为自变量为 x 的一元函数,其对自变量 x 的一阶导数称为二元函数 $z=f(x,y)$ 对自变量 x 的一阶偏导数,记作

$$f'_x(x,y) \text{ 或 } z'_x \text{ 或 } \frac{\partial}{\partial x}f(x,y) \text{ 或 } \frac{\partial z}{\partial x}$$

若自变量 y 变化而自变量 x 不变化,这时所给二元函数化为自变量为 y 的一元函数,其对自变量 y 的一阶导数称为二元函数 $z=f(x,y)$ 对自变量 y 的一阶偏导数,记作

$$f'_y(x,y) \text{ 或 } z'_y \text{ 或 } \frac{\partial}{\partial y}f(x,y) \text{ 或 } \frac{\partial z}{\partial y}$$

由此可知:求二元函数 $z=f(x,y)$ 对自变量 x 的一阶偏导数时,把自变量 y 暂时看作常量,对自变量 x 求导数;求二元函数 $z=f(x,y)$ 对自变量 y 的一阶偏导数时,把自变量 x 暂时看作常量,对自变量 y 求导数.显然,只需运用一元函数导数基本运算法则、导数基本公式及复合函数导数运算法则,就可以得到结果.

例 1 求二元函数 $z=xy$ 的一阶偏导数.

解:求二元函数 z 对自变量 x 的一阶偏导数时,把自变量 y 暂时看作常量,于是

$$z'_x=(xy)'_x=y(x)'_x=y$$

求二元函数 z 对自变量 y 的一阶偏导数时,把自变量 x 暂时看作常量,于是

$$z'_y=(xy)'_y=x(y)'_y=x$$

例 2 求二元函数 $z=x^3+3x^2y-y^3$ 的一阶偏导数.

解:$z'_x=3x^2+6xy-0=3x^2+6xy$

$$z'_y=0+3x^2-3y^2=3x^2-3y^2$$

例 3 求二元函数 $z=x^y$ 的一阶偏导数.

解:求二元函数 z 对自变量 x 的一阶偏导数时,把自变量 y 暂时看作常量,因而这时二元函数 $z=x^y$ 化为自变量为 x 的一元函数,它属于幂函数,于是

$$z'_x=yx^{y-1}$$

求二元函数 z 对自变量 y 的一阶偏导数时,把自变量 x 暂时看作常量,因而这时二元函数 $z=x^y$ 化为自变量为 y 的一元函数,它属于指数函数,于是

$$z'_y=x^y\ln x$$

例 4 求二元函数 $z=\sqrt{x^2+y^2}$ 的一阶偏导数.

解:将二元复合函数 $z=\sqrt{x^2+y^2}$ 分解为

$$z=\sqrt{u} \text{ 与 } u=x^2+y^2$$

根据一元复合函数导数运算法则,于是

$$z'_x=\frac{1}{2\sqrt{x^2+y^2}}(x^2+y^2)'_x=\frac{x}{\sqrt{x^2+y^2}}$$

$$z'_y=\frac{1}{2\sqrt{x^2+y^2}}(x^2+y^2)'_y=\frac{y}{\sqrt{x^2+y^2}}$$

例 5 求二元函数 $z=\mathrm{e}^{2x+3y}$ 的一阶偏导数.

解: $z'_x=\mathrm{e}^{2x+3y}(2x+3y)'_x=2\mathrm{e}^{2x+3y}$

$z'_y=\mathrm{e}^{2x+3y}(2x+3y)'_y=3\mathrm{e}^{2x+3y}$

例 6 求二元函数 $z=\mathrm{e}^{\sin x}\cos y$ 的一阶偏导数.

解: $z'_x=\mathrm{e}^{\sin x}(\sin x)'_x\cos y=\mathrm{e}^{\sin x}\cos x\cos y$

$z'_y=-\mathrm{e}^{\sin x}\sin y$

若求二元函数 $z=f(x,y)$ 在定义域上点 (x_0,y_0) 处的一阶偏导数值 $f'_x(x_0,y_0)$, $f'_y(x_0,y_0)$,则首先求出一阶偏导数 $f'_x(x,y)$, $f'_y(x,y)$,然后在一阶偏导数 $f'_x(x,y)$, $f'_y(x,y)$ 的表达式中,自变量 x,y 分别用数 x_0,y_0 代入所得到的数值就是所求一阶偏导数值 $f'_x(x_0,y_0)$, $f'_y(x_0,y_0)$.

例 7 填空题

已知二元函数 $f(x,y)=\dfrac{x}{x+y}$,则一阶偏导数值 $f'_x(1,2)=$ ______.

解: 计算一阶偏导数

$$f'_x(x,y)=\frac{(x+y)-x}{(x+y)^2}=\frac{y}{(x+y)^2}$$

在一阶偏导数 $f'_x(x,y)$ 的表达式中,自变量 x 用数 1 代入、自变量 y 用数 2 代入,得到所求一阶偏导数值

$$f'_x(1,2)=\frac{2}{9}$$

于是应将"$\dfrac{2}{9}$"直接填在空内.

最后考虑二元隐函数的一阶偏导数.已知方程式 $F(x,y,z)=0$ 确定变量 z 为 x,y 的二元函数 $z=z(x,y)$,如何求二元函数 z 对自变量 x,y 的一阶偏导数 z'_x, z'_y?二元函数与一元函数的情形类似,具体做法是:方程式 $F(x,y,z)=0$ 等号两端皆对自变量 x 或 y 求一阶偏导数,然后将含一阶偏导数 z'_x 或 z'_y 的项都移到等号的左端,而将不含一阶偏导数 z'_x 或 z'_y 的项都移到等号的右端,经过代数恒等变形,就得到一阶偏导数 z'_x 或 z'_y 的表达式,这个表达式中允许出现二元函数 z 的记号.在二元隐函数一阶偏导数运算过程中,要注意应用一元复合函数导数运算法则.

例 8 方程式 $x\sin z=y-z$ 确定变量 z 为 x,y 的二元函数,求一阶偏导数 $\dfrac{\partial z}{\partial y}$.

解: 方程式 $x\sin z=y-z$ 等号两端皆对自变量 y 求一阶偏导数,有

$$x\cos z\cdot\frac{\partial z}{\partial y}=1-\frac{\partial z}{\partial y}$$

即有

$$x\cos z\cdot\frac{\partial z}{\partial y}+\frac{\partial z}{\partial y}=1$$

得到

$$(x\cos z+1)\frac{\partial z}{\partial y}=1$$

所以一阶偏导数

$$\frac{\partial z}{\partial y}=\frac{1}{x\cos z+1}$$

二　二元函数的二阶偏导数

二元函数的一阶偏导数仍为自变量的二元函数，还可以考虑其对自变量求一阶偏导数.

定义后.2　二元函数 $z=f(x,y)$ 的一阶偏导数 $f'_x(x,y)$，$f'_y(x,y)$ 再分别对自变量 x，y 求一阶偏导数，所得到的偏导数称为二元函数 $z=f(x,y)$ 的二阶偏导数，共有四个，分别记作

(1) $f''_{xx}(x,y)=(f'_x(x,y))'_x$ 或 z''_{xx} 或 $\frac{\partial^2}{\partial x^2}f(x,y)$ 或 $\frac{\partial^2 z}{\partial x^2}$

(2) $f''_{xy}(x,y)=(f'_x(x,y))'_y$ 或 z''_{xy} 或 $\frac{\partial^2}{\partial x\partial y}f(x,y)$ 或 $\frac{\partial^2 z}{\partial x\partial y}$

(3) $f''_{yx}(x,y)=(f'_y(x,y))'_x$ 或 z''_{yx} 或 $\frac{\partial^2}{\partial y\partial x}f(x,y)$ 或 $\frac{\partial^2 z}{\partial y\partial x}$

(4) $f''_{yy}(x,y)=(f'_y(x,y))'_y$ 或 z''_{yy} 或 $\frac{\partial^2}{\partial y^2}f(x,y)$ 或 $\frac{\partial^2 z}{\partial y^2}$

已知二元函数，若求其二阶偏导数，必须先求出一阶偏导数，一阶偏导数表达式再对自变量求一阶偏导数，就得到二阶偏导数.

例 1　求二元函数 $z=x^3y^2-5xy^4$ 的二阶偏导数.

解: 计算一阶偏导数

$$z'_x=3x^2y^2-5y^4$$

$$z'_y=2x^3y-20xy^3$$

所以二阶偏导数

$$z''_{xx}=(3x^2y^2-5y^4)'_x=6xy^2$$

$$z''_{xy}=(3x^2y^2-5y^4)'_y=6x^2y-20y^3$$

$$z''_{yx}=(2x^3y-20xy^3)'_x=6x^2y-20y^3$$

$$z''_{yy}=(2x^3y-20xy^3)'_y=2x^3-60xy^2$$

例 2　求二元函数 $z=\frac{x}{y}$ 的二阶偏导数.

解: 计算一阶偏导数

$$z'_x=\frac{1}{y}$$

$$z'_y=-\frac{x}{y^2}$$

所以二阶偏导数

$$z''_{xx}=\left(\frac{1}{y}\right)'_x=0$$

$$z''_{xy}=\left(\frac{1}{y}\right)'_y=-\frac{1}{y^2}$$

$$z''_{yx}=\left(-\frac{x}{y^2}\right)'_x=-\frac{1}{y^2}$$

$$z''_{yy}=\left(-\frac{x}{y^2}\right)'_y=(-xy^{-2})'_y=2xy^{-3}=\frac{2x}{y^3}$$

在例 1 与例 2 中有关系式:$z''_{xy}=z''_{yx}$,这反映出在某种条件下计算二阶偏导数的一种规律. 经过深入讨论可以得到结论:如果二阶偏导数 z''_{xy} 与 z''_{yx} 都连续,则有关系式

$$z''_{xy}=z''_{yx}$$

下面所讨论的二元函数都满足这个结论的条件,因此只需计算三个二阶偏导数.

例 3 求二元函数 $z=e^{x-y}$ 的二阶偏导数.

解:计算一阶偏导数

$$z'_x=e^{x-y}(x-y)'_x=e^{x-y}$$

$$z'_y=e^{x-y}(x-y)'_y=-e^{x-y}$$

所以二阶偏导数

$$z''_{xx}=e^{x-y}(x-y)'_x=e^{x-y}$$

$$z''_{xy}=z''_{yx}=e^{x-y}(x-y)'_y=-e^{x-y}$$

$$z''_{yy}=-e^{x-y}(x-y)'_y=e^{x-y}$$

例 4 求二元函数 $z=y\sin e^x$ 的二阶偏导数.

解:计算一阶偏导数

$$z'_x=y\cos e^x\cdot(e^x)'_x=ye^x\cos e^x$$

$$z'_y=\sin e^x$$

所以二阶偏导数

$$z''_{xx}=y[e^x\cos e^x+e^x(-\sin e^x)(e^x)'_x]=ye^x(\cos e^x-e^x\sin e^x)$$

$$z''_{xy}=z''_{yx}=e^x\cos e^x$$

$$z''_{yy}=0$$

二元函数在定义域内点(x_0,y_0)处的二阶偏导数值为二阶偏导数的表达式中自变量 x,y 分别用数 x_0,y_0 代入所得到的数值.

例 5 单项选择题

已知二元函数 $z=\ln(2e^x-e^y)$,则二阶偏导数值$\left.\frac{\partial^2 z}{\partial x^2}\right|_{(0,0)}=($ $)$.

(a) -2 (b) 2

(c) -1 (d) 1

解:计算一阶偏导数

$$\frac{\partial z}{\partial x}=\frac{1}{2e^x-e^y}(2e^x-e^y)'_x=\frac{2e^x}{2e^x-e^y}$$

再计算二阶偏导数

$$\frac{\partial^2 z}{\partial x^2}=\frac{2[e^x(2e^x-e^y)-e^x\cdot 2e^x]}{(2e^x-e^y)^2}=-\frac{2e^xe^y}{(2e^x-e^y)^2}$$

于是得到二阶偏导数值

$$\left.\frac{\partial^2 z}{\partial x^2}\right|_{(0,0)}=-2$$

这个正确答案恰好就是备选答案(a)，所以选择(a).

三　二元函数的全微分

定义后.3　已知二元函数 $z=f(x,y)$ 在点 (x_0,y_0) 处及其附近有定义，且两个一阶偏导数值 $f'_x(x_0,y_0)$，$f'_y(x_0,y_0)$ 皆存在，自变量 x,y 在点 (x_0,y_0) 处分别有了改变量 Δx，Δy（$\Delta x,\Delta y$ 不同时为零），相应二元函数改变量为 Δz. 当 $\rho=\sqrt{(\Delta x)^2+(\Delta y)^2}\to 0$ 时，若差 $\Delta z-(f'_x(x_0,y_0)\Delta x+f'_y(x_0,y_0)\Delta y)$ 为无穷小量，且是比 ρ 较高阶无穷小量，则称二元函数 $z=f(x,y)$ 在点 (x_0,y_0) 处可微，并称自变量改变量 $\Delta x,\Delta y$ 的正比例函数的和 $f'_x(x_0,y_0)\Delta x+f'_y(x_0,y_0)\Delta y$ 为二元函数 $z=f(x,y)$ 在点 (x_0,y_0) 处的全微分值，记作

$$\left.dz\right|_{(x_0,y_0)}=f'_x(x_0,y_0)\Delta x+f'_y(x_0,y_0)\Delta y$$

若二元函数 $z=f(x,y)$ 在点 (x_0,y_0) 处可微，当变量 $\rho=\sqrt{(\Delta x)^2+(\Delta y)^2}$ 很小时，则二元函数 $z=f(x,y)$ 在点 (x_0,y_0) 处的改变量 Δz 近似等于在点 (x_0,y_0) 处的全微分值 $\left.dz\right|_{(x_0,y_0)}$，即

$$\Delta z\approx \left.dz\right|_{(x_0,y_0)}\quad(\rho\text{很小})$$

自然提出问题：在什么条件下，二元函数一定可微？有下面的定理.

定理后.1　如果二元函数 $z=f(x,y)$ 的两个一阶偏导数 $f'_x(x,y)$，$f'_y(x,y)$ 皆在点 (x_0,y_0) 处连续，则二元函数 $z=f(x,y)$ 在点 (x_0,y_0) 处可微.

若二元函数 $z=f(x,y)$ 在区域 E 上每一点 (x,y) 处都可微，则称二元函数 $z=f(x,y)$ 在区域 E 上可微，并称二元函数 $z=f(x,y)$ 为区域 E 上的二元可微函数. 二元可微函数 $z=f(x,y)$ 在区域 E 上任意点 (x,y) 处的全微分值称为二元可微函数 $z=f(x,y)$ 的全微分，记作

$$dz=f'_x(x,y)\Delta x+f'_y(x,y)\Delta y$$

根据 §2.7 给出的结论：自变量微分等于自变量改变量，因此对于自变量 x,y，有 $dx=\Delta x$，$dy=\Delta y$，于是得到二元可微函数 $z=f(x,y)$ 的全微分表达式为

$$dz=f'_x(x,y)dx+f'_y(x,y)dy$$

求二元可微函数的全微分并不需要新的方法，应该先求出二元可微函数的两个一阶偏导数，再将这两个一阶偏导数分别乘以相应自变量的微分，然后相加，就得到二元可微函数的全微分. 本后续内容所讨论的二元函数都是定义域上的二元可微函数.

例 1　求二元函数 $z=\ln(x^3+y^3)$ 的全微分.

解:计算一阶偏导数

$$z'_x = \frac{1}{x^3+y^3}(x^3+y^3)'_x = \frac{3x^2}{x^3+y^3}$$

$$z'_y = \frac{1}{x^3+y^3}(x^3+y^3)'_y = \frac{3y^2}{x^3+y^3}$$

所以全微分

$$dz = \frac{3x^2}{x^3+y^3}dx + \frac{3y^2}{x^3+y^3}dy = \frac{3x^2dx+3y^2dy}{x^3+y^3}$$

例 2　求二元函数 $z = \sin xy^2$ 的全微分.

解:计算一阶偏导数

$$z'_x = \cos xy^2 \cdot (xy^2)'_x = y^2\cos xy^2$$

$$z'_y = \cos xy^2 \cdot (xy^2)'_y = 2xy\cos xy^2$$

所以全微分

$$dz = y^2\cos xy^2 dx + 2xy\cos xy^2 dy = y\cos xy^2 \cdot (ydx + 2xdy)$$

例 3　方程式 $z^2 - 2ye^z = x^2$ 确定变量 z 为 x,y 的二元函数,求全微分 dz.

解:方程式 $z^2 - 2ye^z = x^2$ 等号两端皆对自变量 x 求一阶偏导数,有

$$2zz'_x - 2ye^z z'_x = 2x$$

即有

$$(z - ye^z)z'_x = x$$

得到一阶偏导数

$$z'_x = \frac{x}{z - ye^z}$$

方程式 $z^2 - 2ye^z = x^2$ 等号两端皆对自变量 y 求一阶偏导数,有

$$2zz'_y - 2(e^z + ye^z z'_y) = 0$$

即有

$$(z - ye^z)z'_y = e^z$$

得到一阶偏导数

$$z'_y = \frac{e^z}{z - ye^z}$$

所以全微分

$$dz = \frac{x}{z-ye^z}dx + \frac{e^z}{z-ye^z}dy = \frac{xdx + e^z dy}{z - ye^z}$$

二元可微函数在定义域内点(x_0,y_0)处的全微分值为全微分的表达式中自变量 x,y 分别用数 x_0,y_0 代入所得到的数值.

例 4　单项选择题

二元函数 $z = xe^y$ 的全微分 $dz =$ (　　).

(a)$e^y(dx + ydy)$　　　　(b)$e^y(dx + xdy)$

(c) $e^y(y\mathrm{d}x + \mathrm{d}y)$　　　　(d) $e^y(x\mathrm{d}x + \mathrm{d}y)$

解:计算一阶偏导数

$$z'_x = e^y$$

$$z'_y = xe^y$$

因而全微分

$$\mathrm{d}z = e^y\mathrm{d}x + xe^y\mathrm{d}y = e^y(\mathrm{d}x + x\mathrm{d}y)$$

这个正确答案恰好就是备选答案(b),所以选择(b).

四　二元函数的极值

已知二元函数 $f(x,y)$ 在点 (x_0,y_0) 处及其附近有定义,对于点 (x_0,y_0) 附近很小范围内任意点 $(x,y)\neq(x_0,y_0)$,若恒有 $f(x_0,y_0)>f(x,y)$,则称二元函数值 $f(x_0,y_0)$ 为二元函数 $f(x,y)$ 的极大值,点 (x_0,y_0) 为二元函数 $f(x,y)$ 的极大值点;若恒有 $f(x_0,y_0)<f(x,y)$,则称二元函数值 $f(x_0,y_0)$ 为二元函数 $f(x,y)$ 的极小值,点 (x_0,y_0) 为二元函数 $f(x,y)$ 的极小值点.极大值与极小值统称为极值,极大值点与极小值点统称为极值点.下面讨论如何求二元函数的极值.

定义后.4　若二元函数 $f(x,y)$ 在点 (x_0,y_0) 处的两个一阶偏导数值皆为零,即 $f'_x(x_0,y_0)=0$,且 $f'_y(x_0,y_0)=0$,则称点 (x_0,y_0) 为二元函数 $f(x,y)$ 的驻点.

经过深入的讨论可以得到结论:对于二元可微函数,极值点一定是驻点,但驻点不一定是极值点,那么,驻点在什么情况下一定是极值点,又在什么情况下一定不是极值点?

定理后.2　已知点 (x_0,y_0) 为二元可微函数 $f(x,y)$ 的驻点,且二阶偏导数 $f''_{xx}(x,y)$, $f''_{xy}(x,y)$, $f''_{yy}(x,y)$ 皆在驻点 (x_0,y_0) 处及其附近连续,引进记号 $A=f''_{xx}(x_0,y_0)$, $B=f''_{xy}(x_0,y_0)$, $C=f''_{yy}(x_0,y_0)$,那么:

(1) 如果关系式 $B^2-AC<0$ 且有 $A<0$,则驻点 (x_0,y_0) 为二元可微函数 $f(x,y)$ 的极大值点;

(2) 如果关系式 $B^2-AC<0$ 且有 $A>0$,则驻点 (x_0,y_0) 为二元可微函数 $f(x,y)$ 的极小值点;

(3) 如果关系式 $B^2-AC>0$,则驻点 (x_0,y_0) 不是二元可微函数 $f(x,y)$ 的极值点.

综合上面的讨论,求二元可微函数 $f(x,y)$ 的极值的步骤如下:

步骤 1　确定二元可微函数 $f(x,y)$ 的定义域 D.

步骤 2　计算一阶偏导数 $f'_x(x,y)$, $f'_y(x,y)$.

步骤 3　令一阶偏导数 $f'_x(x,y)=0$,且 $f'_y(x,y)=0$,若此方程组无解,则二元可微函数 $f(x,y)$ 无驻点,当然无极值.否则求出二元可微函数 $f(x,y)$ 的全部驻点,并转入步骤 4.

步骤 4　计算二阶偏导数 $f''_{xx}(x,y)$, $f''_{xy}(x,y)$, $f''_{yy}(x,y)$,得到在驻点处的二阶偏导数值 A,B,C,根据定理后.2 判断驻点是否为极值点,计算极值点处的二元函数值即为极值.

例 1　填空题

二元函数 $f(x,y)=3x+2y-xy-6$ 的驻点为点______.

解:二元函数定义域为整个 xy 平面,计算一阶偏导数

$$f'_x(x,y)=3-y$$

$$f'_y(x,y)=2-x$$

令一阶偏导数

$$\begin{cases}f'_x(x,y)=0\\f'_y(x,y)=0\end{cases}$$

即有方程组

$$\begin{cases}3-y=0\\2-x=0\end{cases}$$

解此方程组,得到根为

$$\begin{cases}x=2\\y=3\end{cases}$$

因而二元函数 $f(x,y)=3x+2y-xy-6$ 的驻点为点(2,3),于是应将"(2,3)"直接填在空内.

例 2　求二元函数 $f(x,y)=4(x-y)-x^2-y^2$ 的极值.

解:二元函数定义域 D 为整个 xy 平面,计算一阶偏导数

$$f'_x(x,y)=4-2x$$

$$f'_y(x,y)=-4-2y$$

令一阶偏导数

$$\begin{cases}f'_x(x,y)=0\\f'_y(x,y)=0\end{cases}$$

得到驻点(2,-2).再计算二阶偏导数

$$f''_{xx}(x,y)=-2$$

$$f''_{xy}(x,y)=0$$

$$f''_{yy}(x,y)=-2$$

它们都是常数.当然,在驻点(2,-2)处也不例外,有二阶偏导数值

$$A=f''_{xx}(2,-2)=-2$$

$$B=f''_{xy}(2,-2)=0$$

$$C=f''_{yy}(2,-2)=-2$$

由于关系式

$$B^2-AC=0^2-(-2)\times(-2)=-4<0$$

且有

$$A=-2<0$$

根据定理后.2，所以驻点 $(2,-2)$ 为极大值点，极大值为 $f(2,-2)=8$.

例 3 求二元函数 $f(x,y)=\mathrm{e}^{x}(x+y^{2}+2y)$ 的极值.

解：二元函数定义域 D 为整个 xy 平面，计算一阶偏导数

$$f'_x(x,y)=\mathrm{e}^{x}(x+y^{2}+2y)+\mathrm{e}^{x}=\mathrm{e}^{x}(x+y^{2}+2y+1)$$

$$f'_y(x,y)=\mathrm{e}^{x}(2y+2)$$

令一阶偏导数

$$\begin{cases} f'_x(x,y)=0 \\ f'_y(x,y)=0 \end{cases}$$

得到驻点 $(0,-1)$. 再计算二阶偏导数

$$f''_{xx}(x,y)=\mathrm{e}^{x}(x+y^{2}+2y+1)+\mathrm{e}^{x}=\mathrm{e}^{x}(x+y^{2}+2y+2)$$

$$f''_{xy}(x,y)=\mathrm{e}^{x}(2y+2)$$

$$f''_{yy}(x,y)=2\mathrm{e}^{x}$$

从而在驻点 $(0,-1)$ 处的二阶偏导数值

$$A=f''_{xx}(0,-1)=1$$

$$B=f''_{xy}(0,-1)=0$$

$$C=f''_{yy}(0,-1)=2$$

由于关系式

$$B^{2}-AC=0^{2}-1\times 2=-2<0$$

且有

$$A=1>0$$

根据定理后.2，所以驻点 $(0,-1)$ 为极小值点，极小值为 $f(0,-1)=-1$.

例 4 求二元函数 $f(x,y)=(y-1)^{2}-(x+1)^{2}+1$ 的极值.

解：二元函数定义域 D 为整个 xy 平面，计算一阶偏导数

$$f'_x(x,y)=-2(x+1)(x+1)'_x=-2(x+1)$$

$$f'_y(x,y)=2(y-1)(y-1)'_y=2(y-1)$$

令一阶偏导数

$$\begin{cases} f'_x(x,y)=0 \\ f'_y(x,y)=0 \end{cases}$$

得到驻点 $(-1,1)$. 再计算二阶偏导数

$$f''_{xx}(x,y)=-2$$

$$f''_{xy}(x,y)=0$$

$$f''_{yy}(x,y)=2$$

它们都是常数. 当然，在驻点 $(-1,1)$ 处也不例外，有二阶偏导数值

$$A=f''_{xx}(-1,1)=-2$$

$$B=f''_{xy}(-1,1)=0$$

$$C=f''_{yy}(-1,1)=2$$

由于关系式

$$B^{2}-AC=0^{2}-(-2)\times 2=4>0$$

根据定理后.2,所以驻点$(-1,1)$不是极值点.又由于驻点$(-1,1)$为唯一驻点,因而所给二元可微函数$f(x,y)$无极值点,当然无极值.

案例解决:

由总成本函数为$C=400+2x+3y+0.01(3x^2+xy+3y^2)$

总收益函数为$R=10x+9y$

故利润函数$L=R-C$

$=10x+9y-[400+2x+3y+0.01(3x^2+xy+3y^2)]$

$=8x+6y-0.03x^2-0.01xy-0.03y^2-400$

记作:$L(x,y)=8x+6y-0.03x^2-0.01xy-0.03y^2-400$

求极值

(1) 令$\begin{cases}L'_x=8-0.06x-0.01y=0\\L'_y=6-0.01x-0.06y=0\end{cases}$,得唯一驻点$(120,80)$

无使一阶偏导不存在点

(2) $L''_{xx}=-0.06,L''_{xy}=-0.01,L''_{yy}=-0.06$

$\therefore A=-0.06,B=-0.01,C=-0.06$

$\therefore B^2-AC=(-0.01)^2-(-0.06)\times(-0.06)<0,\therefore(120,80)$为极值点

又$\because A=-0.06<0,\therefore(120,80)$为极大值点

$\because(120,80)$为唯一极值点,且为极大值点

$\therefore(120,80)$为最大值点

则甲种型号钢笔生产120支,乙种型号钢笔生产80支,可使企业利润最大.

[拓展阅读]

数学家简介——微积分先驱

达朗贝尔(D'Alembert,1717—1783),法国著名的数学家、物理学家和天文学家.他一生出版了许多论文与专著,其中最著名的有8卷巨著《数学手册》、力学专著《动力学》、23卷的《文集》、《百科全书》的序言等.他的很多研究成果记载于《宇宙体系的几个要点研究》中.

自牛顿和莱不尼兹创立微积分后,数学发展到一个新阶段.欧洲大陆数学家继续在分析方法上不断探索而迅速发展,进入数学分析的开拓时期,达朗贝尔是重要的开拓者之一,其成就仅次于欧拉、拉格朗日、拉普拉斯和伯努利.

达朗贝尔在数学领域的各个方面都有所建树,是个多产的科学家.他明确提出导数是增量之比的极限.在无穷级数的研究中,给出了正项级数的达朗贝尔判别法则.他同时是三角级数理论的奠基人.在高阶常微分方程的研究中,给出降阶法作为一种基本解法,也为偏微分方程的出现做出了巨大的贡献.另外,在复数的性质、概率论等方面都有所研究,而且还很早地证明了代数的基本定理.

后续内容(下)　无穷级数

知识目标

- 理解无穷级数的概念与基本运算法则.
- 掌握正项级数与交错级数的定义.

能力目标

- 会判断正项级数的敛散性.
- 会判断交错级数的敛散性.

素养目标

通过“无穷级数”的学习和训练,引导学生理解无穷多项求和收敛于其和的值,是一个由无限转化为有限的过程,在这个过程中,告诉学生实现理想信念的道路是艰辛的,只有不断攀登,才能逼近极限,取得成功.培养学生辩证唯物主义的世界观和方法论.

本章知识思维导图

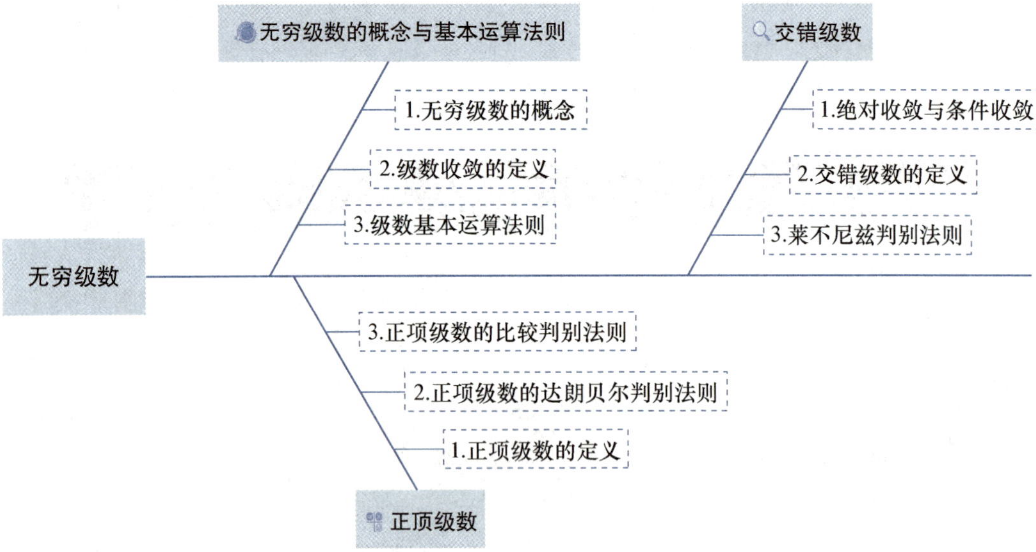

一　无穷级数的概念与基本运算法则

在 §1.3 讨论了数列极限，现在从另外一个角度讨论数列.

定义后.5　已知数列

$$y_1, y_2, y_3, y_4, \cdots, y_n, \cdots$$

它的全部项相加称为无穷级数，简称为级数，记作

$$\sum_{n=1}^{\infty} y_n = y_1 + y_2 + y_3 + y_4 + \cdots$$

其中 y_n 是数列的一般项，也称为级数 $\sum\limits_{n=1}^{\infty} y_n$ 的一般项.

自然提出问题：有穷个数相加得到的是一个确定的和数，而无穷个数相加得到的是什么?怎样才算得到一个确定的和数?这需要以极限的观点给出规定.

考虑级数 $\sum\limits_{n=1}^{\infty} y_n$ 前 n 项部分和

$$S_n = y_1 + y_2 + \cdots + y_{n-1} + y_n$$

当项数 n 取值为确定的正整数时，相应的部分和是一个确定的和数. 所有部分和构成一个数列

$$S_1, S_2, \cdots, S_{n-1}, S_n, \cdots$$

显然，当项数 n 无限增大时，部分和数列的极限情况就代表了级数的情况.

定义后.6　已知级数 $\sum_{n=1}^{\infty} y_n$，其前 n 项部分和为 S_n. 若极限 $\lim_{n\to\infty} S_n = S$(有限值)，则称级数 $\sum_{n=1}^{\infty} y_n$ 收敛，并称它的和等于 S，记作 $\sum_{n=1}^{\infty} y_n = S$；若极限 $\lim_{n\to\infty} S_n$ 不存在，则称级数 $\sum_{n=1}^{\infty} y_n$ 发散，它不等于任何数，即没有和.

根据这个定义，讨论级数的敛散性就归结为讨论部分和数列的极限是否存在.

收敛级数的一般项具有什么性质？下面的定理回答了这个问题.

定理后.3　如果级数 $\sum_{n=1}^{\infty} y_n$ 收敛，则一般项 y_n 的极限

$$\lim_{n\to\infty} y_n = 0$$

证: 由于已知级数 $\sum_{n=1}^{\infty} y_n$ 收敛，当然不妨设它的和等于有限值 S，从而有极限 $\lim_{n\to\infty} S_n = S$ 与 $\lim_{n\to\infty} S_{n-1} = S$，又由于前 n 项部分和

$$S_n = y_1 + y_2 + \cdots + y_{n-1} + y_n$$

前 $n-1$ 项部分和

$$S_{n-1} = y_1 + y_2 + \cdots + y_{n-1}$$

因此一般项 y_n 可以表示为

$$y_n = S_n - S_{n-1}$$

所以一般项 y_n 的极限

$$\lim_{n\to\infty} y_n = \lim_{n\to\infty}(S_n - S_{n-1}) = S - S = 0$$

推论　如果一般项 y_n 的极限 $\lim_{n\to\infty} y_n$ 不存在，或虽然存在但不为零，则级数 $\sum_{n=1}^{\infty} y_n$ 发散.

当然，如果一般项 y_n 的极限 $\lim_{n\to\infty} y_n = 0$，则级数 $\sum_{n=1}^{\infty} y_n$ 可能收敛，也可能发散，须进一步判别.

例 1　判别级数

$$\sum_{n=1}^{\infty} \frac{1}{n(n+1)} = \frac{1}{1\times 2} + \frac{1}{2\times 3} + \frac{1}{3\times 4} + \frac{1}{4\times 5} + \cdots$$

的敛散性.

解: 由于级数一般项 $y_n = \dfrac{1}{n(n+1)}$ 的极限

$$\lim_{n\to\infty} \frac{1}{n(n+1)} = 0$$

因而级数 $\sum_{n=1}^{\infty} \dfrac{1}{n(n+1)}$ 可能收敛，也可能发散，须进一步判别.

注意到级数前 n 项部分和

$$S_n = \frac{1}{1\times 2} + \frac{1}{2\times 3} + \frac{1}{3\times 4} + \cdots + \frac{1}{(n-1)n} + \frac{1}{n(n+1)}$$

$$= \frac{2-1}{1\times 2}+\frac{3-2}{2\times 3}+\frac{4-3}{3\times 4}+\cdots+\frac{n-(n-1)}{(n-1)n}+\frac{(n+1)-n}{n(n+1)}$$
$$= \left(1-\frac{1}{2}\right)+\left(\frac{1}{2}-\frac{1}{3}\right)+\left(\frac{1}{3}-\frac{1}{4}\right)+\cdots+\left(\frac{1}{n-1}-\frac{1}{n}\right)+\left(\frac{1}{n}-\frac{1}{n+1}\right)$$
$$= 1-\frac{1}{n+1}$$

因此部分和数列的极限

$$\lim_{n\to\infty} S_n = \lim_{n\to\infty}\left(1-\frac{1}{n+1}\right)=1$$

所以级数 $\sum\limits_{n=1}^{\infty}\frac{1}{n(n+1)}$ 收敛,它的和等于1,即级数

$$\sum_{n=1}^{\infty}\frac{1}{n(n+1)}=1$$

例 2 判别级数

$$\sum_{n=1}^{\infty}\ln\frac{n}{n+1}=\ln\frac{1}{2}+\ln\frac{2}{3}+\ln\frac{3}{4}+\ln\frac{4}{5}+\cdots$$

的敛散性.

解:由于级数一般项 $y_n=\ln\frac{n}{n+1}$ 的极限

$$\lim_{n\to\infty}\ln\frac{n}{n+1}=\ln 1=0$$

因而级数 $\sum\limits_{n=1}^{\infty}\ln\frac{n}{n+1}$ 可能收敛,也可能发散,须进一步判别.

注意到级数前 n 项部分和

$$\begin{aligned} S_n &= \ln\frac{1}{2}+\ln\frac{2}{3}+\ln\frac{3}{4}+\cdots+\ln\frac{n-1}{n}+\ln\frac{n}{n+1} \\ &= (\ln 1-\ln 2)+(\ln 2-\ln 3)+(\ln 3-\ln 4)+\cdots+[\ln(n-1)-\ln n] \\ &\quad +[\ln n-\ln(n+1)] \\ &= -\ln(n+1) \end{aligned}$$

因此部分和数列的极限

$$\lim_{n\to\infty} S_n=\lim_{n\to\infty}[-\ln(n+1)]=-\infty$$

所以级数 $\sum\limits_{n=1}^{\infty}\ln\frac{n}{n+1}$ 发散.

例 3 判别级数

$$\sum_{n=1}^{\infty}\sqrt[n]{0.01}=0.01+\sqrt{0.01}+\sqrt[3]{0.01}+\sqrt[4]{0.01}+\cdots$$

的敛散性.

解:由于级数一般项 $y_n=\sqrt[n]{0.01}$ 的极限

$$\lim_{n\to\infty}\sqrt[n]{0.01}=\lim_{n\to\infty}(0.01)^{\frac{1}{n}}=(0.01)^0=1\neq 0$$

根据定理后.3的推论,所以级数$\sum\limits_{n=1}^{\infty}\sqrt[n]{0.01}$发散.

下面讨论一类非常重要的几何级数

$$\sum_{n=1}^{\infty}aq^{n-1}=a+aq+aq^2+aq^3+\cdots(a\neq 0)$$

的敛散性.几何级数的特征是一般项为变量n的指数函数,即任意相邻两项的后项与前项之比值皆相等,等于常数q,这个比值q称为公比,说明几何级数就是公比为q的等比数列全部项相加.根据公比q的取值范围,分下列三种情况讨论:

1. $|q|<1$

根据§1.3极限的概念,容易得到级数一般项$y_n=aq^{n-1}$的极限

$$\lim_{n\to\infty}aq^{n-1}=0$$

于是进一步考察部分和数列的极限.注意到等比数列的前n项和

$$S_n=a+aq+aq^2+\cdots+aq^{n-1}=\frac{a(1-q^n)}{1-q}$$

因此部分和数列的极限

$$\lim_{n\to\infty}S_n=\lim_{n\to\infty}\frac{a(1-q^n)}{1-q}=\frac{a}{1-q}$$

所以这时几何级数$\sum\limits_{n=1}^{\infty}aq^{n-1}$收敛,它的和为$\dfrac{a}{1-q}$.

2. $|q|>1$

由于级数一般项$y_n=aq^{n-1}$的极限

$$\lim_{n\to\infty}aq^{n-1}=\infty$$

因此这时几何级数$\sum\limits_{n=1}^{\infty}aq^{n-1}$发散.

3. $|q|=1$

当$q=-1$时,由于级数一般项$y_n=aq^{n-1}$的极限

$$\lim_{n\to\infty}aq^{n-1}=\lim_{n\to\infty}(-1)^{n-1}a\text{ 不存在}$$

因此这时几何级数$\sum\limits_{n=1}^{\infty}aq^{n-1}$发散;

当$q=1$时,由于级数一般项$y_n=aq^{n-1}$的极限

$$\lim_{n\to\infty}aq^{n-1}=\lim_{n\to\infty}a=a\neq 0$$

因此这时几何级数$\sum\limits_{n=1}^{\infty}aq^{n-1}$也发散.

综合上面的讨论,得到几何级数

$$\sum_{n=1}^{\infty}aq^{n-1}(a\neq 0)\begin{cases}\text{收敛且和为}\dfrac{a}{1-q}, & |q|<1\\ \text{发散}, & |q|\geqslant 1\end{cases}$$

最后给出级数基本运算法则:

法则1 如果级数$\sum\limits_{n=1}^{\infty}u_n$与$\sum\limits_{n=1}^{\infty}v_n$都收敛,则级数$\sum\limits_{n=1}^{\infty}(u_n\pm v_n)$也收敛,且级数

$$\sum_{n=1}^{\infty}(u_n \pm v_n) = \sum_{n=1}^{\infty} u_n \pm \sum_{n=1}^{\infty} v_n$$

法则 2 如果级数 $\sum\limits_{n=1}^{\infty} v_n$ 收敛，k 为常数，则级数 $\sum\limits_{n=1}^{\infty} kv_n$ 也收敛，且级数

$$\sum_{n=1}^{\infty} kv_n = k\sum_{n=1}^{\infty} v_n$$

如果级数 $\sum\limits_{n=1}^{\infty} v_n$ 发散，k 为非零常数，则级数 $\sum\limits_{n=1}^{\infty} kv_n$ 也发散.

法则 3 级数的前面加上或去掉有限项，得到新级数，那么：

如果原级数收敛，则新级数也收敛，且其和等于原级数的和加上或减去有限项的和；

如果原级数发散，则新级数也发散.

例 4 填空题

级数 $\sum\limits_{n=1}^{\infty}\left(\dfrac{1}{2^n}+\dfrac{1}{3^n}\right)$ 的和为______.

解：所给级数的一般项为 $y_n = \dfrac{1}{2^n}+\dfrac{1}{3^n}$. 注意到级数 $\sum\limits_{n=1}^{\infty}\dfrac{1}{2^n}$ 为首项 $a=\dfrac{1}{2}$，公比 $q=\dfrac{1}{2}$ 的几何级数，级数 $\sum\limits_{n=1}^{\infty}\dfrac{1}{3^n}$ 为首项 $a=\dfrac{1}{3}$，公比 $q=\dfrac{1}{3}$ 的几何级数，它们当然都收敛，根据级数基本运算法则 1，所以级数 $\sum\limits_{n=1}^{\infty}\left(\dfrac{1}{2^n}+\dfrac{1}{3^n}\right)$ 也收敛，且级数

$$\sum_{n=1}^{\infty}\left(\frac{1}{2^n}+\frac{1}{3^n}\right)=\sum_{n=1}^{\infty}\frac{1}{2^n}+\sum_{n=1}^{\infty}\frac{1}{3^n}=\frac{\frac{1}{2}}{1-\frac{1}{2}}+\frac{\frac{1}{3}}{1-\frac{1}{3}}=1+\frac{1}{2}=\frac{3}{2}$$

于是应将“$\dfrac{3}{2}$”直接填在空内.

二 正项级数

定义后.7 若 $y_n > 0(n=1,2,\cdots)$，则称级数

$$\sum_{n=1}^{\infty} y_n = y_1 + y_2 + y_3 + y_4 + \cdots$$

为正项级数.

正项级数是基本而重要的一类级数，其特征是各项取值皆为正. 正项级数有许多性质，如无论加括号或去括号都不改变其敛散性. 如何判别正项级数的敛散性？有达朗贝尔(D'Alembert) 判别法则.

达朗贝尔判别法则 已知正项级数 $\sum\limits_{n=1}^{\infty} y_n(y_n>0;n=1,2,\cdots)$，且极限 $\lim\limits_{n\to\infty}\dfrac{y_{n+1}}{y_n}=l$，那么：

如果 $l<1$，则正项级数 $\sum\limits_{n=1}^{\infty} y_n$ 收敛；

如果 $l>1$，则正项级数 $\sum_{n=1}^{\infty} y_n$ 发散.

例 1　判别正项级数 $\sum_{n=1}^{\infty} \frac{n}{3^n}$ 的敛散性.

解：级数一般项 $y_n=\frac{n}{3^n}$，在 y_n 的表达式中，把 n 换成 $n+1$，得到 $y_{n+1}=\frac{n+1}{3^{n+1}}$，注意到幂恒等关系式，从而有关系式 $3^{n+1}=3^n\cdot 3$，计算极限

$$\lim_{n\to\infty}\frac{y_{n+1}}{y_n}=\lim_{n\to\infty}\frac{\frac{n+1}{3^{n+1}}}{\frac{n}{3^n}}=\lim_{n\to\infty}\frac{n+1}{3n}=\frac{1}{3}<1$$

根据达朗贝尔判别法则，所以正项级数 $\sum_{n=1}^{\infty} \frac{n}{3^n}$ 收敛.

例 2　判别正项级数 $\sum_{n=1}^{\infty} \frac{1}{n!}$ 的敛散性.

解：级数一般项 $y_n=\frac{1}{n!}$，从而 $y_{n+1}=\frac{1}{(n+1)!}$，注意到阶乘的定义，从而有关系式 $(n+1)!=(n+1)n!$，计算极限

$$\lim_{n\to\infty}\frac{y_{n+1}}{y_n}=\lim_{n\to\infty}\frac{\frac{1}{(n+1)!}}{\frac{1}{n!}}=\lim_{n\to\infty}\frac{1}{n+1}=0<1$$

根据达朗贝尔判别法则，所以正项级数 $\sum_{n=1}^{\infty} \frac{1}{n!}$ 收敛.

例 3　判别正项级数 $\sum_{n=1}^{\infty} \frac{5^n}{(2n+1)!}$ 的敛散性.

解：级数一般项 $y_n=\frac{5^n}{(2n+1)!}$，从而 $y_{n+1}=\frac{5^{n+1}}{(2n+3)!}$，注意到阶乘的定义，从而有关系式 $(2n+3)!=(2n+3)(2n+2)(2n+1)!$，计算极限

$$\lim_{n\to\infty}\frac{y_{n+1}}{y_n}=\lim_{n\to\infty}\frac{\frac{5^{n+1}}{(2n+3)!}}{\frac{5^n}{(2n+1)!}}=\lim_{n\to\infty}\frac{5}{(2n+3)(2n+2)}=0<1$$

根据达朗贝尔判别法则，所以正项级数 $\sum_{n=1}^{\infty} \frac{5^n}{(2n+1)!}$ 收敛.

例 4　判别正项级数 $\sum_{n=1}^{\infty} \frac{10^n}{n^{10}}$ 的敛散性.

解：级数一般项 $y_n=\frac{10^n}{n^{10}}$，从而 $y_{n+1}=\frac{10^{n+1}}{(n+1)^{10}}$，应用 §1.5 关于未定式极限第三种基本情况的一般结果，计算极限

$$\lim_{n\to\infty}\frac{y_{n+1}}{y_n}=\lim_{n\to\infty}\frac{\frac{10^{n+1}}{(n+1)^{10}}}{\frac{10^n}{n^{10}}}=\lim_{n\to\infty}\frac{10n^{10}}{(n+1)^{10}}=10>1$$

根据达朗贝尔判别法则,所以正项级数$\sum\limits_{n=1}^{\infty}\frac{10^n}{n^{10}}$发散.

在应用达朗贝尔判别法则判别正项级数$\sum\limits_{n=1}^{\infty}y_n(y_n>0;n=1,2,\cdots)$的敛散性时,如果极限$\lim\limits_{n\to\infty}\frac{y_{n+1}}{y_n}=1$,则正项级数$\sum\limits_{n=1}^{\infty}y_n$可能收敛,也可能发散,这时应该考虑应用比较判别法则判别它的敛散性.

比较判别法则 已知正项级数$\sum\limits_{n=1}^{\infty}u_n(u_n>0;n=1,2,\cdots)$与$\sum\limits_{n=1}^{\infty}v_n(v_n>0;n=1,2,\cdots)$,且$u_n\leqslant v_n(n=1,2,\cdots)$,那么:

如果正项级数$\sum\limits_{n=1}^{\infty}v_n$收敛,则正项级数$\sum\limits_{n=1}^{\infty}u_n$也收敛;

如果正项级数$\sum\limits_{n=1}^{\infty}u_n$发散,则正项级数$\sum\limits_{n=1}^{\infty}v_n$也发散.

下面讨论另一类非常重要的广义调和级数

$$\sum_{n=1}^{\infty}\frac{1}{n^p}=1+\frac{1}{2^p}+\frac{1}{3^p}+\frac{1}{4^p}+\cdots$$

的敛散性.广义调和级数的特征是一般项为变量n的幂函数之倒数,它当然是正项级数.经过深入的讨论,可以得到广义调和级数

$$\sum_{n=1}^{\infty}\frac{1}{n^p}\begin{cases}\text{收敛}, & p>1\\ \text{发散}, & p\leqslant 1\end{cases}$$

作为广义调和级数的特殊情况,容易得到:正项级数$\sum\limits_{n=1}^{\infty}\frac{1}{n\sqrt{n}}=\sum\limits_{n=1}^{\infty}\frac{1}{n^{\frac{3}{2}}}$为$p=\frac{3}{2}>1$的广义调和级数,当然收敛;正项级数$\sum\limits_{n=1}^{\infty}\frac{1}{n^2}$为$p=2>1$的广义调和级数,当然收敛;正项级数$\sum\limits_{n=1}^{\infty}\frac{1}{\sqrt{n}}=\sum\limits_{n=1}^{\infty}\frac{1}{n^{\frac{1}{2}}}$为$p=\frac{1}{2}<1$的广义调和级数,当然发散.

作为广义调和级数的特殊情况,正项级数

$$\sum_{n=1}^{\infty}\frac{1}{n}=1+\frac{1}{2}+\frac{1}{3}+\frac{1}{4}+\cdots$$

为$p=1$的广义调和级数,它是一个重要的正项级数,称为调和级数,当然发散.

下面讨论与调和级数$\sum\limits_{n=1}^{\infty}\frac{1}{n}$有密切联系的正项级数$\sum\limits_{n=1}^{\infty}\frac{1}{2n}$与$\sum\limits_{n=1}^{\infty}\frac{1}{2n-1}$的敛散性.由于调和级数$\sum\limits_{n=1}^{\infty}\frac{1}{n}$发散,根据级数基本运算法则2,因而正项级数$\sum\limits_{n=1}^{\infty}\frac{1}{2n}$也发散;由于有不等式$2n-1<2n$,从而有$\frac{1}{2n-1}>\frac{1}{2n}(n=1,2,\cdots)$,又正项级数$\sum\limits_{n=1}^{\infty}\frac{1}{2n}$发散,根据比较判别法则,

所以正项级数$\sum_{n=1}^{\infty}\frac{1}{2n-1}$也发散.

当正项级数的一般项与广义调和级数的一般项容易比较大小时，须以广义调和级数作为比较标准，应用比较判别法则判别它的敛散性. 特别地，若所给正项级数$\sum_{n=1}^{\infty}y_n(y_n>0;n=1,2,\cdots)$的一般项$y_n$为变量$n$的有理分式，且分母最高幂次减分子最高幂次之差为$\alpha$，则所给正项级数一般项$y_n$须与分式$\frac{1}{n^\alpha}$进行比较.

例 5　判别正项级数$\sum_{n=1}^{\infty}\frac{1}{n^2+1}$的敛散性.

解:注意到所给正项级数一般项$y_n=\frac{1}{n^2+1}$为有理分式，分母最高幂次减分子最高幂次之差为$\alpha=2-0=2$，因而一般项$y_n=\frac{1}{n^2+1}$须与分式$\frac{1}{n^2}$进行比较. 由于$n^2+1>n^2$，从而有

$$\frac{1}{n^2+1}<\frac{1}{n^2}\quad(n=1,2,\cdots)$$

又正项级数$\sum_{n=1}^{\infty}\frac{1}{n^2}$为$p=2>1$的广义调和级数，当然收敛. 根据比较判别法则，所以正项级数$\sum_{n=1}^{\infty}\frac{1}{n^2+1}$也收敛.

例 6　判别正项级数$\sum_{n=1}^{\infty}\frac{1+n^2}{1+n^3}$的敛散性.

解:注意到所给正项级数一般项$y_n=\frac{1+n^2}{1+n^3}$为有理分式，分母最高幂次减分子最高幂次之差为$\alpha=3-2=1$，因而一般项$y_n=\frac{1+n^2}{1+n^3}$须与分式$\frac{1}{n}$进行比较. 由于容易得到不等式$1+n^3\leqslant n+n^3=n(1+n^2)$，从而有

$$\frac{1}{1+n^3}\geqslant\frac{1}{n(1+n^2)}$$

即有

$$\frac{1+n^2}{1+n^3}\geqslant\frac{1}{n}\quad(n=1,2,\cdots)$$

又正项级数$\sum_{n=1}^{\infty}\frac{1}{n}$为调和级数，当然发散. 根据比较判别法则，所以正项级数$\sum_{n=1}^{\infty}\frac{1+n^2}{1+n^3}$也发散.

三　交错级数

各项具有任意正负号的级数称为任意项级数，如何判别其敛散性?有绝对值判别法则.

绝对值判别法则　已知任意项级数$\sum_{n=1}^{\infty}y_n$，如果其各项绝对值组成的正项级数$\sum_{n=1}^{\infty}|y_n|$

收敛,则此任意项级数 $\sum_{n=1}^{\infty} y_n$ 也收敛.

当然,如果正项级数 $\sum_{n=1}^{\infty} |y_n|$ 发散,则任意项级数 $\sum_{n=1}^{\infty} y_n$ 可能收敛,也可能发散,须进一步判别.

定义后.8 已知任意项级数 $\sum_{n=1}^{\infty} y_n$,若正项级数 $\sum_{n=1}^{\infty} |y_n|$ 收敛,则称任意项级数 $\sum_{n=1}^{\infty} y_n$ 绝对收敛;若正项级数 $\sum_{n=1}^{\infty} |y_n|$ 发散,且任意项级数 $\sum_{n=1}^{\infty} y_n$ 收敛,则称任意项级数 $\sum_{n=1}^{\infty} y_n$ 条件收敛.

绝对收敛级数有很多性质,如任意交换各项的位置都不改变其敛散性,而条件收敛级数却没有这个性质,因此有必要区分收敛级数是绝对收敛还是条件收敛.

任意项级数有两种特殊类型:一种是正项级数,另一种是交错级数.

定义后.9 若 $y_n > 0 (n = 1, 2, \cdots)$,则称级数

$$\sum_{n=1}^{\infty} (-1)^{n-1} y_n = y_1 - y_2 + y_3 - y_4 + \cdots$$

为交错级数.

交错级数是重要的一类级数,其特征是各项的正负号交替出现. 如何判别交错级数的敛散性?当然可以应用绝对值判别法则,即:如果正项级数 $\sum_{n=1}^{\infty} y_n (y_n > 0; n = 1, 2, \cdots)$ 收敛,则交错级数 $\sum_{n=1}^{\infty} (-1)^{n-1} y_n$ 也收敛,且为绝对收敛.

显然,判别正项级数敛散性的达朗贝尔判别法则与比较判别法则都可以应用于判别交错级数是否绝对收敛.

例 1 判别交错级数 $\sum_{n=1}^{\infty} (-1)^{n-1} \frac{2n-1}{2^n}$ 的敛散性.

解:首先判别正项级数 $\sum_{n=1}^{\infty} \frac{2n-1}{2^n}$ 的敛散性. 级数一般项 $y_n = \frac{2n-1}{2^n}$,从而得到 $y_{n+1} = \frac{2n+1}{2^{n+1}}$,计算极限

$$\lim_{n\to\infty} \frac{y_{n+1}}{y_n} = \lim_{n\to\infty} \frac{\frac{2n+1}{2^{n+1}}}{\frac{2n-1}{2^n}} = \lim_{n\to\infty} \frac{2n+1}{2(2n-1)} = \frac{1}{2} < 1$$

根据达朗贝尔判别法则,于是正项级数 $\sum_{n=1}^{\infty} \frac{2n-1}{2^n}$ 收敛. 其次根据绝对值判别法则,所以交错级数 $\sum_{n=1}^{\infty} (-1)^{n-1} \frac{2n-1}{2^n}$ 也收敛,且为绝对收敛.

在应用绝对值判别法则判别交错级数 $\sum_{n=1}^{\infty} (-1)^{n-1} y_n (y_n > 0; n = 1, 2, \cdots)$ 的敛散性时,如果正项级数 $\sum_{n=1}^{\infty} y_n$ 发散,则说明交错级数 $\sum_{n=1}^{\infty} (-1)^{n-1} y_n$ 非绝对收敛,这时应该应用莱不尼

兹判别法则判别它是否条件收敛.

莱不尼兹判别法则 已知交错级数 $\sum_{n=1}^{\infty}(-1)^{n-1}y_n(y_n>0;n=1,2,\cdots)$，如果极限 $\lim_{n\to\infty}y_n=0$，且 $y_{n+1}\leqslant y_n(n=1,2,\cdots)$，则交错级数 $\sum_{n=1}^{\infty}(-1)^{n-1}y_n$ 收敛.

下面讨论一个重要的交错级数

$$\sum_{n=1}^{\infty}(-1)^{n-1}\frac{1}{n}=1-\frac{1}{2}+\frac{1}{3}-\frac{1}{4}+\cdots$$

的敛散性.

首先由于正项级数 $\sum_{n=1}^{\infty}\frac{1}{n}$ 为调和级数，当然发散，于是交错级数 $\sum_{n=1}^{\infty}(-1)^{n-1}\frac{1}{n}$ 非绝对收敛. 其次判别它是否条件收敛，注意到 $y_n=\frac{1}{n}$，$y_{n+1}=\frac{1}{n+1}$，有

$$\lim_{n\to\infty}y_n=\lim_{n\to\infty}\frac{1}{n}=0$$

$$\frac{1}{n+1}<\frac{1}{n}\text{ 即 }y_{n+1}<y_n\quad(n=1,2,\cdots)$$

根据莱不尼兹判别法则，所以交错级数 $\sum_{n=1}^{\infty}(-1)^{n-1}\frac{1}{n}$ 收敛，且为条件收敛.

例 2 判别交错级数 $\sum_{n=1}^{\infty}(-1)^{n-1}\frac{1}{\sqrt{n}}$ 的敛散性.

解: 首先由于正项级数 $\sum_{n=1}^{\infty}\frac{1}{\sqrt{n}}$ 为 $p=\frac{1}{2}<1$ 的广义调和级数，当然发散，于是交错级数 $\sum_{n=1}^{\infty}(-1)^{n-1}\frac{1}{\sqrt{n}}$ 非绝对收敛. 其次判别它是否条件收敛，注意到 $y_n=\frac{1}{\sqrt{n}}$，$y_{n+1}=\frac{1}{\sqrt{n+1}}$，有

$$\lim_{n\to\infty}y_n=\lim_{n\to\infty}\frac{1}{\sqrt{n}}=0$$

$$\frac{1}{\sqrt{n+1}}<\frac{1}{\sqrt{n}}\text{ 即 }y_{n+1}<y_n\quad(n=1,2,\cdots)$$

根据莱不尼兹判别法则，所以交错级数 $\sum_{n=1}^{\infty}(-1)^{n-1}\frac{1}{\sqrt{n}}$ 收敛，且为条件收敛.

显然，对于交错级数 $\sum_{n=1}^{\infty}(-1)^{n-1}y_n(y_n>0;n=1,2,\cdots)$，如果极限 $\lim_{n\to\infty}y_n$ 不存在，或虽然存在但不为零，则此交错级数一般项 $(-1)^{n-1}y_n$ 的极限

$$\lim_{n\to\infty}(-1)^{n-1}y_n\text{ 不存在}$$

根据定理后 . 3 的推论，所以交错级数 $\sum_{n=1}^{\infty}(-1)^{n-1}y_n$ 发散.

[拓展阅读]

数学微启示

“数学大神”欧拉的故事：勇于创新 坚持不懈

欧拉——数学史上最多产的数学家

欧拉(Euler,1707—1783),瑞士数学家，是18世纪数学界最杰出的人物之一,是数学史上最多产的数学家.在许多数学的分支中可以经常见到以他的名字命名的重要常数、公式和定理,他为微积分的发展与微分方程、变分法的创建作出了巨大的贡献.

在1748年,他把无穷小分析改造为完整的理论,给出指数函数、对数函数的分析定义以及多元函数的定义;在1755—1774年,他把导函数作为微分学的基本概念,明确提出了不定积分与定积分的概念,给出了求不定积分的基本方法,引入二重积分的概念以及用二次积分计算二重积分的方法等.欧拉的代表性著作有《无限小分析引论》《微分学》《积分学》,这些著作是18世纪数学家的必读书籍.

欧拉最大的功绩是扩展了微积分的领域,为微分几何及分析学的一些重要分支(如无穷级数、微分方程等)的产生与发展奠定了基础.欧拉把无穷级数由一般的运算工具转变为一个重要的研究项目.此外,他对调和级数亦有所研究,并相当精确地计算出欧拉常数的值,其值近似为0.57721566490153286060651209…….

习题答案

习 题 一

1.01 $V=V(x)=x(a-2x)^2 \quad \left(0<x<\dfrac{a}{2}\right)$

1.02 $S=S(x)=4x^2+\dfrac{216}{x}(\mathrm{m}^2) \quad (x>0)$

1.03 $T=T(r)=2\pi a\left(\dfrac{250}{r}+r^2\right)$(元) $\quad (r>0)$

1.04 $\overline{C}=\overline{C}(x)=\dfrac{1}{5}x+4+\dfrac{20}{x} \quad (x>0)$

1.05 $L=L(Q)=-6Q^2+24Q-10$(万元) $\left(0<Q<\dfrac{28}{5}\right)$

1.06 (1)1 (2) $\dfrac{2}{3}$

(3) $\dfrac{1}{2}$ (4) $\dfrac{\pi}{4}$

1.07 2

1.08 (1)0 (2)∞

1.09 (1)-6 (2)1

(3) $\dfrac{1}{2}$ (4) $\dfrac{2}{5}$

1.10 (1) $\dfrac{5}{6}$ (2)1

(3) $\sqrt{2}$ (4)2

1.11 (1)∞ (2)5

(3)0 (4)$\frac{2}{7}$

1.12 (1)0 (2)3

(3)$\frac{1}{3}$ (4)2

1.13 (1)e (2)e^5

(3)e^9 (4)e^{-8}

1.14 ln3

1.15 $\frac{1}{3}$

1.16 $\frac{1}{4}$

1.17 (1)9 (2)-1

(3)0 (4)∞

(5)1 (6)3

(7)$-\frac{1}{2}$ (8)1

1.18 (1)(d) (2)(b)

(3)(d) (4)(a)

(5)(c) (6)(d)

(7)(c) (8)(b)

习　题　二

2.01 -12

2.02 $\frac{1}{9}$

2.03 (1)$\frac{1}{4}+16x^3$ (2)$x^5-\frac{36}{x^7}$

(3)$-\frac{2}{x^3}$ (4)$\frac{3}{2}\sqrt{x}-\frac{3}{2\sqrt{x}}$

(5)$\frac{1-x^2}{(1+x^2)^2}$ (6)$\frac{1}{(1-x)^2}$

2.04 (1)$5^x\ln5-5x^4$ (2)$-10^x\ln10$

(3)$(2x+x^2\ln2)2^x$ (4)e^x-e

(5)$(x+3)e^x$ (6)$\frac{xe^x}{(1+x)^2}$

2.05 (1)$\frac{1}{x\ln2}-\frac{1}{x\ln5}$ (2)$10^x\left(\ln10\lg x+\frac{1}{x\ln10}\right)$

(3) $2x\ln x + x$

(4) $\dfrac{\ln x - 1}{\ln^2 x}$

(5) $-\dfrac{\ln x}{x^2}$

(6) $-\dfrac{x+1}{x(x+\ln x)^2}$

2.06 (1) $-\dfrac{\cos x}{(1+\sin x)^2}$

(2) $-\dfrac{x\sin x + \cos x}{x^2}$

(3) $e^x(\tan x + \sec^2 x)$

(4) $\ln x\cot x + \cot x - x\ln x\csc^2 x$

2.07 (1) $\dfrac{\sqrt{1-x^2} + 2x\arcsin x}{(1-x^2)^2}$

(2) $\arccos x - \dfrac{x}{\sqrt{1-x^2}}$

(3) $2x\arctan x + 1$

(4) $\dfrac{2}{1+x^2}$

2.08 (1) $60(1+2x)^{29}$

(2) $\dfrac{x}{\sqrt{1+x^2}}$

(3) $\dfrac{e^{\sqrt{x}}}{2\sqrt{x}}$

(4) $\dfrac{1}{x+1}$

(5) $-\dfrac{\sin\ln x}{x}$

(6) $\sec^2\left(x-\dfrac{\pi}{8}\right)$

(7) $\dfrac{3x^2}{\sqrt{1-x^6}}$

(8) $-\dfrac{2}{1+4x^2}$

2.09 (1) $30x^2(1+x^3)^9$

(2) $3(1+10^x)^2 10^x \ln 10$

(3) $\dfrac{1}{2(\sqrt{x}+x)}$

(4) $\dfrac{1}{2x\sqrt{1+\ln x}}$

(5) $e^{\sin x}\cos x$

(6) $e^x \cos e^x$

(7) $\dfrac{2x}{1+x^4}$

(8) $\dfrac{2\arctan x}{1+x^2}$

2.10 (1) $\dfrac{1}{x\ln x\ln\ln x}$

(2) $-20\sin 5x\cos^3 5x$

(3) $(2x-1)e^{\frac{1}{x}}$

(4) $\dfrac{3x\cos 3x - \sin 3x}{x^2}$

2.11 (1) $27 - 27\ln 3$

(2) π^2

2.12 (1) $\dfrac{y-2x}{2y-x}$

(2) $\dfrac{2x}{3(y^2-1)}$

(3) $\dfrac{3ex^2 - y}{e^y + x}$

(4) $\dfrac{ye^y - 2xy}{1 - xye^y}$

2.13 (1) $12x^2 - 12x$

(2) $6x\ln x + 5x$

(3) $-2e^x\sin x$

(4) $\dfrac{2(1-\ln x)}{x^2}$

2.14 $13e$

2.15 (1) $(12x^2 - 4x^3)dx$

(2) $\dfrac{\sin x - x\cos x}{\sin^2 x}dx$

(3) $\frac{e^x}{1+e^x}dx$　　(4) $(1-x)e^{-x}dx$

2.16　$-\frac{y^2}{xy+1}dx$

2.17　(1) $\frac{1}{2}$　　(2) $-\frac{1}{2\sqrt{x^3}}$

(3) $-\frac{2x}{1+x^4}$　　(4) $e^{f(x)}f'(x)$

(5) 2　　(6) $-\frac{1}{e}$

(7) $\frac{1}{x}$　　(8) 0.02

2.18　(1)(c)　　(2)(b)

(3)(c)　　(4)(a)

(5)(c)　　(6)(b)

(7)(a)　　(8)(c)

习　题　三

3.01　(1) $\frac{2}{5}$　　(2) $\frac{1}{10}$

(3) 2　　(4) $\frac{3}{e}$

(5) $\frac{5}{2}$　　(6) 3

3.02　(1) $\frac{3}{2}$　　(2) $\frac{e}{2}$

(3) 1　　(4) $\frac{1}{6}$

3.03　$3x-y-1=0$

3.04　$(-2,2)$

3.05　$4x-y-5=0$

3.06　(1) 单调增加区间$(-\infty,+\infty)$

无极值

(2) 单调增加区间$(-\infty,0)$　单调减少区间$(0,+\infty)$

极大值 $f(0)=1$

(3) 单调增加区间$(-\infty,1)$　单调减少区间$(1,+\infty)$

极大值 $f(1)=0$

(4) 单调减少区间$(0,2)$　单调增加区间$(2,+\infty)$

极小值 $f(2)=4-8\ln 2$

(5) 单调减少区间$(-\infty,0)$,$(1,+\infty)$　单调增加区间$(0,1)$

极小值 $f(0)=0$　极大值 $f(1)=1$

(6) 单调增加区间$(-\infty,-3),(1,+\infty)$　单调减少区间$(-3,1)$

极大值 $f(-3)=6e^{-3}$　极小值 $f(1)=-2e$

3.07　提示:当 $x>0$ 时,函数 $f(x)=(1+x)\ln(1+x)-\arctan x$ 单调增加

3.08　(1) 最大值 $f(0)=1$　(2) 最小值 $f(2)=\ln 2+1$

3.09　(1) 最大值 $f(9)=\frac{3}{2}$　最小值 $f(1)=-\frac{1}{2}$

(2) 最大值 $f(1)=\frac{1}{2}$　最小值 $f(0)=0$

3.10　(1) 上凹区间$(-\infty,+\infty)$

无拐点

(2) 下凹区间$(-\infty,0)$　上凹区间$(0,+\infty)$

拐点$(0,-2)$

(3) 上凹区间$(0,1)$　下凹区间$(1,+\infty)$

拐点$(1,-1)$

(4) 上凹区间$(-\infty,0),(1,+\infty)$　下凹区间$(0,1)$

拐点$(0,3),(1,2)$

3.11　(1) 单调增加区间$(-\infty,-1),(1,+\infty)$　单调减少区间$(-1,1)$

极大值 $y\Big|_{x=-1}=2$　极小值 $y\Big|_{x=1}=-2$

下凹区间$(-\infty,0)$　上凹区间$(0,+\infty)$

拐点$(0,0)$

(2) 单调减少区间$(-\infty,0)$　单调增加区间$(0,+\infty)$

极小值 $y\Big|_{x=0}=0$

下凹区间$(-\infty,-1),(1,+\infty)$　上凹区间$(-1,1)$

拐点$(-1,\ln 2),(1,\ln 2)$

3.12　$x=18\text{m}$, $u=12\text{m}$

3.13　$x=6\text{m}$, $h=3\text{m}$

3.14　$r=\sqrt[3]{\frac{V_0}{2\pi}}$, $\frac{h}{r}=2$

3.15　$x=200\text{t}$

3.16　$x=45\ \text{kg}$, $L(45)=800$ 元

3.17　(1) $-\frac{3}{2}$　(2) $2x$

(3) 3　(4) -1

(5) 0　(6) $\ln 2$

(7) $(-\infty,+\infty)$　(8) $(0,1)$

3.18　(1)(d)　(2)(a)

(3)(c)　(4)(c)

(5)(c)　(6)(b)

(7)(c)　(8)(c)

习　题　四

4.01　(1) $3x^3+2x^2+c$　(2) $-\frac{1}{x^2}+\frac{1}{x^3}+c$

(3) $\sqrt{3}x-\frac{2}{3}\sqrt{x^3}+c$　(4) $\frac{1}{6}x^2-3\ln|x|+c$

(5) $\frac{1}{2}x^2+3x+2\ln|x|+c$　(6) $\frac{1}{3}x^3+2\ln|x|-\frac{1}{3x^3}+c$

4.02　(1) $\frac{10^x}{\ln 10}-\frac{10}{11}\sqrt[10]{x^{11}}+c$　(2) $\frac{2^x3^x}{\ln 2+\ln 3}+c$

(3) e^x-x+c　(4) $x\sin 2-\cos x+c$

(5) $\tan x+c$　(6) $-\frac{1}{x}+\arctan x+c$

4.03　(1) $\frac{1}{10}(x-1)^{10}+c$　(2) $\frac{1}{2}\ln|1+2x|+c$

(3) $\frac{1}{3}e^{3x}+c$　(4) $4\sin\frac{x}{4}+c$

(5) $-\frac{1}{4}\cot 4x+c$　(6) $\arcsin\frac{x}{3}+c$

4.04　(1) $\frac{1}{12}(x^2-3)^6+c$　(2) $-\frac{1}{2(1+x^2)}+c$

(3) $-\frac{1}{2}\cos(x^2+1)+c$　(4) $\frac{1}{3}\ln|1+x^3|+c$

(5) $-\frac{1}{3}e^{-x^3}+c$　(6) $\frac{1}{3}\arctan x^3+c$

4.05　(1) $e^{-\frac{1}{x}}+c$　(2) $\cos\frac{1}{x}+c$

(3) $-\sin\frac{1}{x}+c$　(4) $2e^{\sqrt{x}}+c$

(5) $2\sin\sqrt{x}+c$　(6) $2\arctan\sqrt{x}+c$

4.06　(1) $\frac{1}{2}\ln^2 x+c$　(2) $-\frac{1}{\ln x}+c$

(3) $-\cos\ln x+c$　(4) $\ln(1+e^x)+c$

(5) $\sin e^x+c$　(6) $\arctan e^x+c$

4.07　(1) $-\frac{1}{6}\cos^6 x+c$　(2) $\frac{1}{1+\cos x}+c$

(3) $-\cos x+\frac{1}{3}\cos^3 x+c$ (4) $2\sqrt{1+\sin x}+c$

(5) $\ln|\sin x|+c$ (6) $e^{\sin x}+c$

4.08 $\frac{1}{3}\sin^3 x-\frac{1}{5}\sin^5 x+c$

4.09 (1) $\ln|x+2|+c$ (2) $x-2\ln|x+2|+c$

(3) $\frac{\sqrt{2}}{2}\arctan\frac{x}{\sqrt{2}}+c$ (4) $\frac{1}{2}\ln(x^2+2)+c$

4.10 (1) $-\frac{1}{x-2}+c$ (2) $\ln\left|\frac{x+1}{x+2}\right|+c$

4.11 (1) $\sqrt{2x-1}-\ln(\sqrt{2x-1}+1)+c$ (2) $2\sqrt{x}-2\arctan\sqrt{x}+c$

(3) $2\arctan\sqrt{x-1}+c$ (4) $3\ln|\sqrt[3]{x}+1|+c$

4.12 (1) $\frac{2x}{x^2+1}$

(2) $x\ln(x^2+1)-2x+2\arctan x+c$

4.13 (1) $x\sin x+\cos x+c$ (2) $\frac{1}{3}x^3\ln x-\frac{1}{9}x^3+c$

4.14 (1) $x^2e^x-2xe^x+2e^x+c$ (2) $x^2\sin x+2x\cos x-2\sin x+c$

4.15 (1) $2\sqrt{x}e^{\sqrt{x}}-2e^{\sqrt{x}}+c$ (2) $-2\sqrt{x}\cos\sqrt{x}+2\sin\sqrt{x}+c$

4.16 (1) $\frac{1}{2}e^{x^2}-xe^x+e^x+c$ (2) $\ln|\ln x|+\frac{1}{2}x^2\ln x-\frac{1}{4}x^2+c$

4.17 (1) $2xe^{x^2}$ (2) $\sqrt{2}$

(3) $u(x)+\frac{1}{v(x)}+c$ (4) $\ln|\sin x+\cos x|+c$

(5) $-F\left(\frac{1}{x}\right)+c$ (6) $\ln F(x)+c$

(7) $\int t^2 f(t)\,dt$ (8) $e^{\cos x}\cos x-e^{\cos x}+c$

4.18 (1)(c) (2)(b)

(3)(a) (4)(d)

(5)(b) (6)(d)

(7)(a) (8)(a)

习　题　五

5.01 (1) $\sqrt{1+x^2}$ (2) $-\sqrt{1+x^2}$

(3) $16x^3e^{2x}$ (4) $\frac{1}{2}xe^{\sqrt{x}}$

5.02 (1)1 (2)2

5.03 $f'(x)=6x$ $\quad a=0$

5.04 (1)4 (2)2

(3)e^2-1 (4)1

5.05 (1) $\frac{\ln 7}{3}$ (2) $\frac{\pi}{8}$

(3) $\frac{e}{3}-\frac{1}{3}$ (4)2

(5) $\frac{1}{2}$ (6) $\frac{11}{24}$

5.06 1

5.07 (1)$1-\ln 2$ (2)$2\ln 2$

(3)$2\sqrt{3}-\frac{2\pi}{3}$ (4)$3\ln\frac{5}{2}$

5.08 0

5.09 提示:作变量代换 $x=3-t$

5.10 (1)1 (2) $\frac{\sqrt{3}\pi}{3}-\ln 2$

5.11 (1)e^2+1 (2)1

(3) $\frac{\pi}{12}+\frac{\sqrt{3}}{2}-1$ (4)$2\ln 2-\frac{3}{4}$

5.12 (1) $\frac{1}{2}$ (2) $\frac{3\pi}{4}$

5.13 $\pi-1$

5.14 $3\ln 3-2$

5.15 $\frac{1}{3}$

5.16 (1)$y=ex$

(2) $\frac{e}{2}-1$

5.17 (1)$(1,+\infty)$ (2)1

(3) $\frac{1}{3}$ (4) $\frac{5}{2}$

(5)1 (6)e

(7) $-\frac{1}{2}$ (8)π

5.18 (1)(d) (2)(a)

(3)(d) (4)(b)

(5)(c) (6)(d)

(7)(b) (8)(c)

附　录

《九章算术》简介

《九章算术》是中国传统数学最重要的著作，是我国古代流传至今最早的一本数学著作，标志着我国初期数学体系的形成.

《九章算术》的完成，经历了相当长的历史时期，成书的年代众说纷纭，多数人认为在西汉末期到东汉初期，也有人认为在西汉中期. 可见《九章算术》并非出自一家之手，它很可能是多人加工整理的结果，并流传下来，最后成书应在公元前后，但基本的体例应在秦以前形成.

《九章算术》内容丰富，全书共有 246 道应用题，大体按数学运算性质分为九类，组成九章，每章为一卷，各卷名称及内容如下：

第一章，方田：主要是讲平面图形的面积计算和分数的算法.

第二章，粟米：主要是讲各种比例问题.

第三章，衰分：主要是讲比例分配问题.

第四章，少广：讲开方问题.

第五章，商功：讲立体的体积计算问题.

第六章，均输：主要是讲根据均输法纳税和输送等方面的问题.

第七章，盈不足：主要是讲算术中的盈亏问题的解法和比较问题.

第八章，方程：讲多元一次方程组应用问题.

第九章，勾股：主要是讲勾股定理的应用.

对于以上每类问题都有统一解法，相当于一些初等数学定理和公式，但是都没有证明，解法大部分是正确的，有些是近似的，极少数不正确.

印度在五、六世纪有“三率法”,但是比《九章算术》晚几百年.

《九章算术》足可与古希腊的欧几里得的《几何原本》东西辉映.这两部著作各具特色,归纳起来有以下三点:

第一,体例不同.《几何原本》以形式逻辑贯穿全书,《九章算术》以性质不同把问题分类编排.

第二,《几何原本》以几何为主,略有算术内容,《九章算术》则包含算数、代数、几何内容,是当时的数学全书.

第三,《几何原本》中没有谈到应用问题,而《九章算术》则以解应用题为主.

这两部数学书的特点在东西方有深刻的影响,形成东西方数学的不同风格.